无线紫外光通信技术与应用

赵太飞　宋　鹏　著

U0311869

科学出版社
北　京

内 容 简 介

　　无线光通信是一种新型的通信技术，同时具有光纤通信和移动通信的优势。光的直线传播使无线光通信的应用范围受到了一定的限制，而"日盲"紫外光可以利用大气散射实现非直视通信，有效地克服其他无线光通信的不足，因此具有较强的应用价值。本书详细阐述"日盲"紫外光通信的散射链路特性，分析无线紫外光路径损耗模型，对紫外光通信中的分集接收技术进行讨论，采用蒙特卡罗方法仿真紫外光通信的基本原理，提出紫外光通信系统设计方案，研究直升机助降中无线紫外光引导方法和装甲编队中无线紫外光隐秘通信技术。

　　本书可作为高等院校通信工程、电子信息类专业本科生、研究生的教材，也可作为研究人员和工程技术人员的参考用书。

图书在版编目（CIP）数据

　　无线紫外光通信技术与应用 / 赵太飞，宋鹏著. —北京：科学出版社
2018.1

　　ISBN 978-7-03-055321-8

　　Ⅰ. ①无⋯　Ⅱ. ①赵⋯ ②宋⋯　Ⅲ. ①紫外线通信　Ⅳ. ①TN929.1

中国版本图书馆 CIP 数据核字（2017）第 280295 号

责任编辑：宋无汗　杨　丹　王　苏 / 责任校对：郭瑞芝
责任印制：张　伟 / 封面设计：陈　敬

科 学 出 版 社 出版
北京东黄城根北街 16 号
邮政编码：100717
http://www.sciencep.com

北京中石油彩色印刷有限责任公司 印刷
科学出版社发行　各地新华书店经销
*
2018 年 1 月第 一 版　开本：720×1000　B5
2019 年 2 月第三次印刷　印张：16
字数：322 000
定价：**95.00 元**
（如有印装质量问题，我社负责调换）

前　　言

随着现代社会信息的日益膨胀，信息传输容量的剧增，现行的无线微波通信出现频带拥挤、资源缺乏等现象，开发大容量、高码率的无线光通信是未来通信发展的主要趋势。无线光通信是一种新型的通信技术，同时具备光纤通信和移动通信的优势，具有通信容量大、保密性能好、适应能力强等优点，受到人们的广泛重视。光的直线传播使无线光通信的应用范围受到了一定的限制，而"日盲"紫外光可以利用大气散射实现非直视通信，能够有效地克服其他无线光通信的不足。本书系统地研究了紫外光通信中的调制和分集接收技术，以及在直升机助降中无线紫外光的引导方法和装甲编队中无线紫外光的隐秘通信技术。作者对此领域遇到的相关理论问题进行了深入的探索，初步研究了紫外光通信中的理论，设计了紫外光通信的硬件系统，为组网通信奠定了理论基础并提供技术支撑，是在此领域的有益尝试。

本书共9章，涉及无线紫外光通信的理论基础，无线紫外光通信的覆盖范围，无线紫外光通信中的网络接入协议。在理论分析的基础上，提出了硬件系统的设计方案，以及无线紫外光在直升机助降中的引导方法和装甲编队中隐秘通信的应用方法。

本书第1章由西安理工大学的赵太飞教授和西安工程大学的宋鹏副教授合著；第2~4章、第9章由宋鹏副教授编写；第5~8章由赵太飞教授编写。全书由赵太飞教授定稿。本书是西安理工大学光电工程技术研究中心集体研究的成果，张爱利、官亚洲、王小瑞、冯艳玲、刘雪、刘一杰以及西安工程大学电子信息学院的熊扬宇、王建余等参与了本书的研究内容。西安理工大学的柯熙政教授一直关心和支持作者的研究工作，对本书提出了许多宝贵意见，在此表示深切的谢意！

本书的有关工作得到国家自然科学基金项目（U1433110、61001069）、光纤传感与通信教育部重点实验室开放基金项目（2014-03）、陕西省自然科学基础研究计划项目（2011JQ8028）、陕西省科技计划工业公关项目（2014K05-18）、陕西省教育厅产业化培育项目（2013JC09）、陕西省复杂系统控制与智能信息处理重点实验室项目（2016CP05）、西安市碑林区科技计划项目（GX1617、GX1302）、西安市科学计划项目（CXY1012(2)）等的资助，在此一并表示感谢。

本书是作者进行无线紫外光通信技术研究工作的初步总结，由于水平有限，书中难免存在不妥之处，欢迎读者不吝指正。

作　者
2017 年 5 月

目　　录

第1章 无线紫外光通信理论基础

通信技术在人们的日常生活中是非常重要的。通信的终极目标是实现任何人、任何时间、任何地方以任何通信方式的通信。在地形地貌比较复杂的场合，传统的无线通信和有线通信方式已经不能满足军事通信的需求。随着信息科技的发展，为了更好地满足战争需要，各国都在寻找更新颖、更隐蔽、更安全和抗干扰能力更强的通信方式。无线紫外光通信就是在这种需求下产生的。早在 20 世纪五六十年代，人们就开始研究紫外光探测技术[1]。紫外光火灾侦测技术、紫外光消毒技术、紫外光防伪技术等被应用于民用和军事领域[2]。紫外光学技术在军事上还有其独特的应用，主要有紫外光通信、紫外告警、紫外侦查和紫外制导等[3]。利用无线紫外光进行通信是近些年才开始的。根据紫外光本身的一些物理效应和环境的特点，主要将其应用在军事通信上。

目前的通信方式主要有无线通信、有线通信、光纤通信和微波通信等[4]。这些通信方式在军事通信中起到了非常重要的作用，但同时也存在些许不足。无线电波和微波通信易于被窃听、干扰和破坏，也不适合"无线电寂静"的情景。有线和光纤通信需要铺设相应的线路，在通信时不能灵活、机动和快速反应，在军事通信和战场中，极易受到破坏。光纤通信的优点是传输容量大且保密性能好，目前多用于民用通信，它的缺点是机动性差、建设难并且容易遭到破坏[3]。虽然无线激光通信具有很多优点，但也存在一些问题，无线激光通信要求发送端和接收端在进行通信时严格对准，在非常复杂的环境中，通信系统的性能会受到严重的影响。无线紫外光通信具有非直视通信、抗干扰能力强和全天候工作等优点，能够在复杂的通信环境中传播信息，因此受到了人们的重视，已经成为军事通信的一个研究热点。

1.1 无线紫外光通信

紫外光是电磁波谱中波长为 10～400nm 辐射的总称，如图 1.1 所示。根据波长的变化，将紫外光分为以下四个波段：近紫外，NUV（315～400nm）；中紫外，MUV（200～315nm）；远紫外，FUV（100～200nm）；超紫外，EUV（10～100nm）。波长小于 200nm 的紫外辐射强烈地被大气中的臭氧吸收，因此只适用于真空条件下的研究与应用，故被称为真空紫外。波长高于 280nm 的波段，由于辐射太强，多数光学系统性能受到限制；而波长低于 200nm 的波段，氧气分子的强吸收作用导致传输严重受限，无法进行通信。因此，无线紫外光通信常指利用中紫外波段（UVC，200～280nm）进行通信。

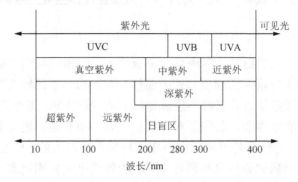

图 1.1　紫外光光谱图[5]

　　无线紫外光通信是一种新型的通信模式，是利用紫外光在大气信道中的散射进行信息传输的。无线"日盲"紫外光通信的原理如图 1.2 所示。200～280nm 波段的太阳辐射被大气平流层的臭氧分子强烈吸收，因此在近地太阳光谱中几乎没有该波段的紫外光，该波段被称为"日盲"波段。利用"日盲"波段的紫外光进行通信时，背景噪声比较小，具有较强的抗干扰能力，并且能进行全天候工作。由于大气中存在大量的大气分子、悬浮颗粒等粒子，紫外光信号在传输过程中存在很强的散射现象，该散射特性能够使无线紫外光通信系统以非直视（non-line-of-sight，NLOS）方式传输紫外光信号，从而能适应复杂环境下的通信。

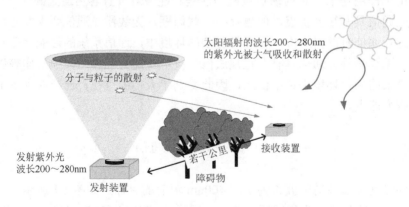

图 1.2　无线"日盲"紫外光通信原理图

　　无线紫外光通信是通过信号在大气中的散射进行通信的，和其他通信方式相比，无线紫外光通信有如下优点[6]。

窃听率低：由于大气分子、悬浮颗粒等粒子的散射和吸收作用，紫外光信号在传输过程中的能量衰减很快，信号强度按照指数的规律衰减。信号场强的指数衰减是与通信距离有关的函数。换句话说，若一个无线紫外通信系统的通信距离是 2km，那么在 2km 之外就探测不到紫外光信号，从而可以根据距离的要求调整通信系统的发送功率，敌方就不易截获紫外光信号。

位辨率低：一方面，紫外光用肉眼很难看到，因此在通信时，难以用肉眼找到发射光源的位置；另一方面，无线紫外光通信是一种散射通信，因此难以从散射信号中判别信号源的位置。

抗干扰能力强：无线紫外光通信采用"日盲"波段的紫外光作为信息传输的载体，由于臭氧分子对太阳光中该波段紫外光的强烈吸收，近地低空大气中该波段的光谱很少，因此通信环境可以近似为无背景噪声环境。无线紫外光在大气中的衰减极大，因此敌方不能采用传统意义上的干扰方式对我方进行干扰。

非直视通信：由于大气分子对无线紫外光信号的散射作用，信号可以通过散射的形式到达接收端，从而可以绕过障碍物通过 NLOS 方式进行信息传播。无线紫外光通信的非直视特性克服了其他自由空间光通信必须工作在直视（line-of-sight，LOS）方式的弱点。

全方位全天候工作：无线紫外光不仅可以进行定向通信，也可以通过散射的形式进行非直视通信，从而能够应用在复杂的地形并能绕过山丘和楼宇等障碍物。由于气候和地形地貌的变化，可见光、红外等通信方式的性能受到很大的限制，但对于无线紫外光通信来说，在复杂多变的地貌或者气候恶劣的条件下都可以顺利进行通信。一般采用 200～280nm 的波长范围进行无线紫外光通信，地表在这个波段的辐射少，因此日光对通信系统的影响非常小，可以不分昼夜地进行工作。

无需捕获、瞄准和跟踪：无线紫外光通过散射进行信息传输，发送端以某一角度发射信号，接收端以某一角度接收信号，发送端和接收端在空间会形成一个共同的区域称为有效散射体，信号经过有效散射体的散射后到达接收端。因此，只要接收端在发送端的覆盖范围之内，接收端就可以接收到无线紫外光信号。

无线紫外光非直视通信适合应用在有障碍物、隐蔽性强和作战环境复杂的场合。因此，世界各大军事强国都非常重视无线紫外光通信系统的研究。

1.2　无线紫外光通信的研究现状

1.2.1　国外研究现状

国外对无线紫外光通信的研究起步比较早，1939 年美国就研究了紫外光源、探测器和滤光片的性能。在此后的五六十年间，美国在无线紫外光通信领域的研究取得了很大的进步。1960 年，美国海军开始在无线紫外光通信方面进行相关研究。1965 年，Koller[7]对紫外光的辐射特性进行了研究。

1968 年，麻省理工学院的学术论文中研究了 26km 范围内的无线紫外光通信大气散射链路模型，实验的紫外光源采用大功率氙灯，光电探测器采用光电倍增管[8]。

1985～1986 年，美国的 Geller 等[6]研制了一套无线"日盲"紫外光短距离通信系统，该通信系统可工作在直视和非直视两种方式下。1985 年时通信速率为 1200bit/s，1986 年将通信速率提高到了 2400bit/s，误码率小于 10^{-5}，直视和非直视的通信距离分别达到了 3km 和 1km。

2004 年，英国 BAE 系统公司建立了基于无线"日盲"紫外光非直视通信的无人值守地面传感器网络，在通信距离为几百米范围内，通信速率为几百 kbit/s，误码率小于 10^{-7}[9]。

2009 年，以色列大学研究了无线紫外光波段分别为 520nm 和 270nm 的海下通信[10]，在比较清洁的海水和通信速率为 100Mbit/s 的条件下，两个紫外波段分别实现了通信距离为 170m 和 10m 的通信。

2010 年，美国加利福尼亚大学的徐正元团队研究了室外无线紫外光通信网络的接入协议[11]。

2011 年，希腊雅典大学的 Vavoulas 等仿真分析了无线紫外光多跳网络中孤立节点的概率[12]，同时分析了无线紫外光网络的连通性问题[13]。

2012 年，加拿大麦克马斯特大学的 Kashani 等研究了基于 LEDs 的无线通信中串行链路和并行链路中继的优化位置，分析了中继链路数和信道参数的差异对系统性能的影响[14]。

2013 年，美国弗吉尼亚大学的 Noshad 等[15]采用 M 阵列的光谱幅度编码方法研究了无线紫外光非直视通信，接收端采用双光电倍增管，研究了数据率和距离的关系。

1.2.2　国内研究现状

国内对无线紫外光通信的研究起步比较晚，目前的研究大部分还处在理论探讨阶段。国内对无线紫外光通信的研究主要如下。

1999 年，北京理工大学以低压充气汞灯为发射光源，实现了无线紫外光非直视通信。实验表明，通信距离在 500m 之内的通信效果良好。

2005 年，国防科学技术大学以低压碘灯为发射光源，研制了一套无线紫外光非直视通信系统实验样机。该样机可以在通信距离为 8m 内实现语音和高速率通信，通信速率最大达到了 48kbit/s[16]。

2007 年，重庆大学研制出了无线紫外光通信系统，其通信距离达到了 50m，通信速率达到了 1200bit/s[17]。

2011 年，西安理工大学以紫外光 LED 为光源，实现了点到点的语音和图像通信。同年，国防科学技术大学研究了障碍物对无线紫外光非直视通信链路的影响[18]。

2012 年，北京邮电大学团队将分集接收技术应用在无线紫外光通信系统中，为提高系统的信道容量、传输速率和传输距离提供了有效的方法[19]。2013 年，该团队建立了蒙特卡罗仿真模型，通过实验达到了良好的效果[20]。

2013 年，重庆通信学院研究了基于多输入多输出和空时编码技术的无线紫外光通信系统模型，使无线紫外光通信系统的传输性能得到了提高[21]。

除此之外，电子科技大学、西安光学精密机械研究所和西安电子科技大学等也对无线紫外光通信进行了相关研究。

1.3 无线紫外光通信原理

无线紫外光通信具有可以实现非直视通信方式、全天候全方位工作、抗干扰能力强等优点。体积小、费用低、重量轻、可靠性高的无线紫外光电器件的出现，使无线紫外光通信逐渐成为当前无线光网络的一个研究热点。

1.3.1 无线紫外光散射通信

无线紫外光信号在信道中经过大气中多种微粒的散射最终到达接收端。接收端接收到的能量大小与多个因素有关，包括大气对光波的散射特性、发送仰角、接收仰角、发送光源的发散角和接收视场角等。此外，无线紫外光信号的传输伴随着多径传输现象，若在发送端和接收端之间光子仅被散射一次，则称为单次散射通信；若发生两次或两次以上散射，则称为多次散射通信。

1. 无线紫外光单次散射通信

在无线紫外光通信中，紫外光子经过大气的吸收和散射作用最终被接收端接收。紫外光子经过一次散射到达接收端的通信称为单次散射，如图 1.3 所示。Tx 为发送端，Rx 为接收端，θ_1 为发送仰角，θ_2 为接收仰角，ϕ_1 为发送端的发散角，ϕ_2 为接收视场角，V 为有效散射体，δV 为有效散射体的微分元，ζ 为有效散射体微元 δV 和接收端的连线与接收光轴的夹角。

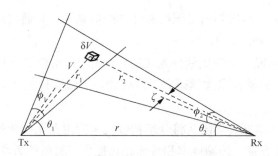

图1.3 无线紫外光单次散射通信链路

在 $t=0$ 时刻，发送端以发射功率 E_t 发送无线紫外光信号，信号经过微分元 δV 散射后，接收端接收到的能量为[22]

$$\delta E_r = \frac{E_t K_s P(u) A_r \delta V \cos \zeta \exp[-K_e(r_1 + r_2)]}{\Omega_1 r_1^2 r_2^2} \tag{1.1}$$

式中，A_r 是接收孔径的面积；K_e 是大气信道衰减系数且 $K_e = K_a + K_s$，K_a 是吸收系数，K_s 是大气的散射系数；Ω_1 是发送立体角；$P(u)$ 是散射相函数[23]。

为了简化计算模型，假定有效散射体的体积足够小，则 $\zeta = 0$，$\Omega_1 = 2\pi[1 - \cos(\phi_1/2)]$，$\theta_s = \theta_1 + \theta_2$，$r_1 = r \sin\theta_2 / \sin\theta_s$，$r_2 = r\sin\theta_1/\sin\theta_s$，则接收端的总能量为

$$E_r \approx \frac{E_t K_s P(u) A_r V \sin^4 \theta_s \exp\left[-\dfrac{K_e r}{\sin\theta_s}(\sin\theta_1 + \sin\theta_2)\right]}{2\pi r^4 \sin^2\theta_1 \sin^2\theta_2 \left(1 - \cos\dfrac{\phi_1}{2}\right)} \tag{1.2}$$

式中，V 为有效散射体的体积。实验光源采用 LED[24]，光源的发散角通常比较小，有效散射体的体积近似为两个圆锥体的体积之差，则有效散射体的体积为

$$V = \frac{1}{3}\pi(D_1^2 h_1 - D_2^2 h_2) \tag{1.3}$$

式中，h_1 和 D_1 分别为大圆锥体的高和底面半径，且 $h_1 = r_1 + r_2(\phi_2/2)$，$D_1 = h_1(\phi_1/2)$；$h_2$ 和 D_2 分别为小圆锥体的高和底面半径，且 $h_2 = r_1 - r_2(\phi_2/2)$，$D_2 = h_2(\phi_1/2)$。

将式（1.3）代入式（1.2）得到接收端的能量公式为

$$E_r \approx \frac{E_t K_s P(u) A_r \phi_1^2 \phi_2 \sin\theta_s (12\sin^2\theta_2 + \phi_2^2 \sin^2\theta_1)}{96 r \sin\theta_1 \sin^2\theta_2 \left(1 - \cos\dfrac{\phi_1}{2}\right)\exp\left[\dfrac{K_e r(\sin\theta_1 + \sin\theta_2)}{\sin\theta_s}\right]} \tag{1.4}$$

2. 无线紫外光多次散射通信

在实际的无线紫外光通信中，由于通信方式和大气条件等的影响，发送端的

紫外光子经过多次散射到达接收端。无线紫外光多次散射链路如图 1.4 所示[25]。

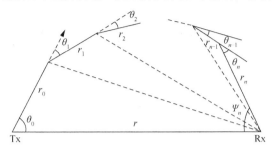

图 1.4　无线紫外光多次散射通信链路

散射距离 r 的概率分布函数为

$$f_r(r) = K_s e^{-K_s r} \tag{1.5}$$

结合瑞利散射（Rayleigh scattering）和米氏散射（Mie scattering），散射角的概率分布函数为

$$f_\theta(\theta) = \frac{K_s^R}{K_s} f_\theta^{\text{Ray}}(\theta) + \frac{K_s^M}{K_s} f_\theta^M(\theta) \tag{1.6}$$

式中，θ 的变化范围为 $[0,\pi]$。由于散射方位角和散射相函数没有依赖关系，散射方位角 ϕ 在 $[0,2\pi]$ 内服从均匀分布。散射方位角的概率分布函数为

$$f_\phi(\phi) = \frac{1}{2\pi}, \quad \phi \in [0,2\pi] \tag{1.7}$$

紫外光源在发散光束内以 θ_0 和 ϕ_0 均匀地发射光子，光子经过距离 r_0 后到达第一个散射点。发射光束内的立体角认为是一个概率分布函数为 $1/\Omega_s$ 的均匀分布，且 $\Omega_s = 2\pi[1 - \cos(\alpha_1 / 2)]$。在无穷小立体角内，被散射的概率由 $d\Omega_0 = \sin\theta_0 d\theta_0 d\phi_0$ 变为 $d\Omega_0 = 1/\Omega_s \sin\theta_0 d\theta_0 d\phi_0$。此概率经过距离 dr_0 后衰减 $e^{-K_a r_0} f_{r_0}(r_0) dr_0$，因此最后的概率为

$$dQ_0 = \frac{e^{-K_a r_0}}{\Omega_s} f_{r_0}(r_0) \sin\theta_0 d\theta_0 d\phi_0 dr_0 \tag{1.8}$$

光子到达第一个散射点后，可以将散射点近似为二次光源，二次光源遵循式（1.6）和式（1.7）发射光子。从第 i 个散射点到第 $i+1$ 个散射点（$i=1,2,\cdots$），概率 dQ_i 为

$$dQ_i = e^{-K_a r_i} f_{r_i}(r_i) f_{\theta_i}(\theta_i) f_{\phi_i}(\phi_i) \sin\theta_i d\theta_i d\phi_i dr_i \tag{1.9}$$

经过 n 次散射后，为了研究接收端接收到的这个光子，重点研究接收视场角内的一个无穷小的立体角。ψ_n 为接收端到第 n 个散射中心与基线距离的夹角，接收视场角的范围为 $[\beta_2 - \alpha_2 / 2, \beta_2 + \alpha_2 / 2]$，其中，$\beta_2$ 为接收仰角，α_2 为视场角，因此可以将光子的方向定义为

$$I_n = \begin{cases} 1, & \beta_2 - \alpha_2/2 < \psi_n < \beta_2 + \alpha_2/2 \\ 0, & \text{其他} \end{cases} \tag{1.10}$$

因此，光子离开第 n 个散射中心，到达探测器的概率为

$$dQ_n = I_n e^{-K_a r_n} f_{\theta_n}(\theta_n) f_{\phi_n}(\phi_n) \sin\theta_n d\theta_n d\phi_n \tag{1.11}$$

经过 n 次散射后，光子到达的概率为

$$P_n = \int\int\cdots\int dQ_0 \times dQ_1 \times \cdots \times dQ_n \tag{1.12}$$

紫外光源发射一个脉冲信号的能量为 E_t，则经过 n 次散射接收到的总能量为

$$E_{r,n} = \sum_{i=1}^{n} E_r(i) = E_t \sum_{i=1}^{n} P_i \tag{1.13}$$

和单次散射理论相比，多次散射能够得到更精确的路径损耗，尤其是在仰角比较大的情况下。文献[26]仿真分析了不同仰角下，无线紫外光信号经过 1～5 次散射时接收端接收到的能量。当通信距离小于 20m 时，光子的第一次散射对接收到的总能量起主导作用。随着通信距离的增加，多次散射对接收端接收到的总能量的贡献逐渐增大。当通信距离为 1000m 且发送仰角和接收仰角都为 90°时，第二次、第三次和第四次散射比其他次数散射对接收总能量的贡献大。和其他次数散射相比，第五次散射对接收到的能量基本没有贡献。

1.3.2　无线紫外光通信方式

无线紫外光通信有直视通信和非直视通信两种工作方式。直视通信指光波沿着直线传播到接收端；非直视通信指由于散射作用，信号可以绕过发送端和接收端之间的障碍物进行信息传输。与激光通信不同，无线紫外光非直视通信不需要进行对准、捕获和跟踪。

1. 无线紫外光直视通信链路模型

根据光束发散角和接收视场角的对应关系，无线紫外光直视通信分为三种类型：宽发散角发送-宽视场角接收、窄发散角发送-宽视场角接收和窄发散角发送-窄视场角接收，如图 1.5 所示[27]。

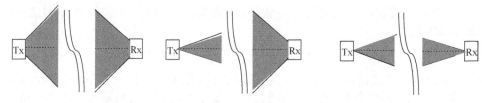

（a）宽发散角发送-宽视场角接收　　（b）窄发散角发送-宽视场角接收　　（c）窄发散角发送-窄视场角接收

图 1.5　无线紫外光直视通信类型

无线紫外光直视链路在大气自由空间中的功率衰减呈指数衰减。自由空间的路径损耗与 r^2 成正比，r 越大，路径损耗越大，接收到的能量与 r^2 成反比即 $\left(\dfrac{\lambda}{4\pi r}\right)^2$。大气衰减可表示为 $\mathrm{e}^{-K_e r}$，探测器的接收增益为 $\dfrac{4\pi A_{\mathrm{r}}}{\lambda^2}$。结合这些因素，无线紫外光直视链路接收端的接收功率表示为[28]

$$P_{\mathrm{r,LOS}} = P_{\mathrm{t}}\left(\frac{\lambda}{4\pi r}\right)^2 \mathrm{e}^{-K_e r}\frac{4\pi A_{\mathrm{r}}}{\lambda^2} \tag{1.14}$$

式（1.14）可以简化为

$$P_{\mathrm{r,LOS}} = \frac{P_{\mathrm{t}} A_{\mathrm{r}}}{4\pi r^2}\mathrm{e}^{-K_e r} \tag{1.15}$$

式中，P_{t} 是发送功率；r 是发送端与接收端的基线距离；λ 是无线紫外光波长；K_e 是大气信道衰减系数；A_{r} 为接收端孔径。从式（1.15）可以得出，接收功率通过 K_e 依赖于无线紫外光波长。K_e 根据大气条件而定，接收功率与 r^2 成反比。

2. 无线紫外光非直视通信链路模型

根据发射光束发散角、接收视场角、发送仰角、接收仰角的不同，无线紫外光非直视通信分为（a）、（b）、（c）三类，如图 1.6 所示。其中，图 1.6（a）为 NLOS（a），这种通信方式的发送仰角和接收仰角都为 90°，对收发端的位置和方向要求最低，但是信道的时延扩展较大[27]，因此能够获取的信道带宽最小；图 1.6（b）为 NLOS（b），这种通信方式的接收仰角为 90°，只对发送端的方向和散射角有要求，信道的时延扩展一般，能够获取的信道带宽处于中等；图 1.6（c）为 NLOS（c），这种通信方式的发送仰角和接收仰角都小于 90°，对收发端的角度和方位都有比较高的要求，但信道的时延扩展最小，能够获取的信道带宽较高。无线紫外光不同通信方式下的性能如表 1.1 所示。

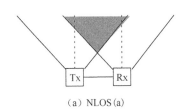 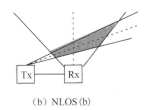 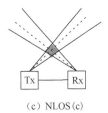

（a）NLOS（a）　　　　　（b）NLOS（b）　　　　　（c）NLOS（c）

图 1.6　无线紫外光非直视通信类型[29]

表 1.1　无线紫外光不同通信方式下的性能[29]

通信方式	发送仰角/(°)	接收仰角/(°)	全方位性	距离/km	重叠区域	通信带宽
LOS	—	—	无	2~10	有限	最宽
NLOS（a）	90	90	最好	1	无限	最窄
NLOS（b）	<90	90	较好	1.5~2	有限	较宽
NLOS（c）	<90	<90	差	2~5	有限	宽

在无线紫外光非直视通信中,假定传输能量为 P_t ,则单位立体角的能量为 $\dfrac{P_t}{\Omega_1}$ 。在无线紫外光 NLOS 单次散射通信中,考虑路径损耗和信号的衰减,发送功率 P_t 经 r_1 传输后衰减为 $\left(\dfrac{P_t}{\Omega_1}\right)\left(\dfrac{\mathrm{e}^{-K_e r_1}}{r_1^2}\right)$,经过有效散射体的散射后变为 $\left(\dfrac{P_t}{\Omega_1}\right)\left(\dfrac{\mathrm{e}^{-K_e r_1}}{r_1^2}\right)\left(\dfrac{K_s}{4\pi}P_s V\right)$ 。散射后的光束到接收端的通信链路可看作 LOS 传输,影响因素包括大气衰减和空间链路损耗,分别为 $\mathrm{e}^{-K_e r_2}$ 和 $\left(\dfrac{\lambda}{4\pi r_2}\right)^2$ 。探测器的接收增益为 $\dfrac{4\pi A_r}{\lambda^2}$ 。综上所述,无线紫外光非直视通信的单次散射过程可以分为三部分:首先,从发送端到有效散射体的路径 r_1 可视为 LOS 链路;其次,无线紫外光信号在有效散射体进行散射;最后,从散射体到接收端的路径 r_2 也可以作为 LOS 链路处理[8]。其接收光功率表达式为[28]

$$P_{r,\mathrm{NLOS}} = \left(\frac{P_t}{\Omega_1}\right)\left(\frac{\mathrm{e}^{-K_e r_1}}{r_1^2}\right)\left(\frac{K_s}{4\pi}P_s V\right)\left(\frac{\lambda}{4\pi r_2}\right)^2 \mathrm{e}^{-K_e r_2}\frac{4\pi A_r}{\lambda^2} \tag{1.16}$$

式中, $\Omega_1 = 2\pi[1-\cos(\phi_1/2)]$; P_s 为 θ_s 的相函数, θ_s 为散射角, $\theta_s = \theta_1 + \theta_2$; $r_1 = r\sin\theta_2/\sin\theta_s$; $r_2 = r\sin\theta_1/\sin\theta_s$; $V \approx r_2\phi_2 d^2$ 。将这些表达式代入式（1.16）,化简后可得[30]

$$P_{r,\mathrm{NLOS}} = \frac{P_t A_r K_s P_s \phi_2 \phi_1^2 \sin(\theta_1+\theta_2)}{32\pi^3 r \sin\theta_1\left(1-\cos\dfrac{\phi_1}{2}\right)} \exp\left[\frac{-K_e r(\sin\theta_1+\sin\theta_2)}{\sin(\theta_1+\theta_2)}\right] \tag{1.17}$$

式中, r 是通信基线距离; λ 是紫外光波长; P_t 是发送功率; K_s 是大气信道散射系数; K_e 是大气信道衰减系数; A_r 是接收孔径面积; Ω_1 是发送立体角; V 是有效散射体体积; P_s 是散射角 θ_s 的相函数。

1.3.3　无线紫外光通信技术

1. 无线紫外光通信系统结构

无线紫外光通信主要是利用大气的散射和吸收实现的。基本原理是,利用无线紫外光在大气中传播时产生的电磁场，使大气中粒子所带的电荷产生振荡，振荡的电荷产生一个或多个电偶极子，辐射出次级球面波。因为电荷振荡和原始波同步，所以次级球面波与原始波具有相同的电磁振荡频率[31]。次级球面波的波面分布和振动情况决定着散射光的散射方向。因此，发射的无线紫外光信号在大气中散射传输时，都能保持原来的信息。只要散射信号能到达光接收装置的视野区，双方即可通信，因此非直视通信方式适合障碍物多、作战环境复杂和作战隐蔽性强的场合，具有重要的战略意义。

　　无线紫外光通信系统的原理框图如图 1.7 所示，其主要由发送端、大气信道和接收端三部分组成。发送端主要完成传输信息的转换。语音传输时，首先对模拟的语音信号进行模数转换，对信号进行压缩编码处理；其次将数字信号传输到光源驱动电路，由驱动电路对紫外光光源进行控制，通过紫外光的闪烁实现信号的发射；最后使用数模转换，还原出发送端的语音信号。传输数据时则不需模数转换过程。信号通过大气信道的散射传输后被接收端接收，通过探测器将光信号转变为电信号，经过放大整形后，解调解码就可得到原始的发射信号。

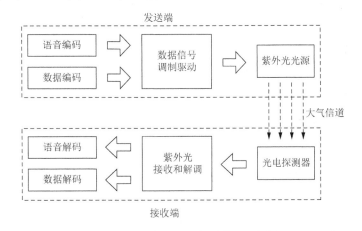

图 1.7　无线紫外光通信系统原理框图

2. 大气对无线紫外光通信的影响

　　无线紫外光在大气中传输时，通信质量会受到多种因素的影响。无线紫外光光波的自身性质（如波长、频率、脉宽和发送角度等）也对信号的传输有非常重要的影响。此外，大气中包含大量的大气分子和气溶胶微粒，这些粒子都对紫外光波有很强的吸收和散射作用。

　　大气是由各种气体分子和微粒组成的，如尘埃、烟雾等。大气吸收分为大气分子吸收和悬浮颗粒吸收。大气对所有波长的光都有一定的吸收作用，其实质就是把光能转化为大气分子的无规则运动。紫外光在低空大气中传输时，主要是臭氧分子的吸收[32]，臭氧分子的吸收带为 200～280nm。因此，臭氧的浓度将会直接影响无线紫外光信号的强度。

　　无线紫外光信号在大气的传输过程中，随着通信距离的增加，信号能量衰减很快。在无线紫外光通信中，大气分子和气溶胶粒子对无线紫外光信号进行散射，使光信号偏离原来的传输方向，从而被接收端的探测器接收。在近地海平面大气中，主要散射粒子的半径和浓度如表 1.2 所示。

表 1.2　大气散射粒子的半径和浓度[33]

类型	半径/μm	浓度/cm^{-3}
空气分子	10^{-4}	10^{19}
Aitken 核	$10^{-3}\sim10^{-2}$	$10^{-4}\sim10^{2}$
霾粒子	$10^{-2}\sim1$	$10\sim10^{3}$
雾滴	$1\sim10$	$10\sim10^{2}$
云滴	$1\sim10$	$10\sim300$
雨滴	$10^{2}\sim10^{4}$	$10^{-5}\sim10^{-2}$

　　根据无线紫外光波长与散射粒子尺寸的关系，无线紫外光通信的散射可以分为瑞利散射和米氏散射。当散射体的尺寸小于光波波长时，称为瑞利散射[34]；当散射体的尺寸与光波波长相当时，称为米氏散射。目前，对瑞利散射的理论体系研究已经很完善了。

　　由于米氏散射的理论比较复杂，通常情况下不直接使用，采用一个与大气能见度系数相关的模型来近似估算散射系数的大小。

3. 无线紫外光通信信道衰落

　　无线通信信道的衰落分为慢衰落和快衰落两种。慢衰落是由建筑物或者自然原因的阻塞效应引起的，实际表示的是信号的局部中值随时间的变化情况。大量研究表明，信号局部中值的变化比较缓慢，因此称为慢衰落[35]。快衰落是由接收端附近物体对信号的散射、发射和折射造成的。它是由接收信号分量的相位差引起的，由两个或者两个以上发射信号副本以细微的时间差距到达接收端时共同作用产生的。引起快衰落的主要原因是多径传输，因此它又可以称为多径衰落。

　　快衰落中接收信号的相位特征是由衰落过程中的频域特性、时域特性和空域特性共同刻画的。频域特性对应于多普勒扩展或时间选择性衰落，是由收发端相对运动引起的多普勒平移造成的。时域特性对应时延扩展或者频率选择性衰落，是由码间干扰引起的接收信号波形展宽形成的。空域特性对应角度扩展或者空间选择性衰落，是指多径信号到达阵列天线到达角度的展宽。

　　在无线紫外光通信中同样存在慢衰落和快衰落的情况。慢衰落是由大气湍流引起的光强起伏造成的；快衰落是由紫外光在大气中的强烈散射引起的码间干扰造成的。无线紫外光通信信道衰落是两种衰落的乘积。由于光的频率很高，一般采用强度直接检测。接收天线实际上是光电转换过程，因此无线紫外光一般不考虑选择性衰落和空间选择性衰落[35]。

1.4　无线紫外光组网通信的关键技术

无线 Mesh 网络（wireless Mesh network，WMN）是一种新型无线组网技术，能够借助多跳（multi-hop）的通信方式以更低的发射功率获得同样的覆盖范围，具有自组网、自修复、多跳级联、节点自我管理等智能优势。无线紫外光散射通信存在严重的衰减，而信号发射功率又受到很大的限制，将无线"日盲"紫外光通信和无线 Mesh 网络相结合，不仅可以充分发挥无线紫外光散射通信的优势，而且延长了有效通信距离。

1.4.1　无线 Mesh 网络结构

无线 Mesh 网络即无线网状网络，也称为多跳网络，是在移动 Ad Hoc 网络和传统的无线局域网（wireless local area network，WLAN）的基础上形成的，它是一种高容量、高速率、覆盖范围广的通信网络[36]。无线 Mesh 网络中的节点按功能可以分为两类：Mesh 路由器和 Mesh 客户端。Mesh 路由器不仅能够实现无线 Mesh 网络中的路由功能，还具有网桥或者网关的作用。为了提高无线 Mesh 网络的灵活性，一个 Mesh 路由器中通常有多个无线接口，这些无线接口可以基于相同或不同的无线技术。与传统的无线路由器相比，Mesh 路由器可以利用多跳网络，以比较小的发送功率实现相同的覆盖范围。

在传统的 WLAN 中，客户端都要通过一条与 AP（access point）连接的无线链路访问网络，用户之间若要进行通信，必须首先访问一个固定的接入点，这种网络结构称为单跳网络。但在无线 Mesh 网络中，任何节点都可以同时作为接入点和路由器，每个节点都可以作为发送端和接收端，并且任何一个节点都可以和一个或多个对等节点之间进行直接通信。这种网络结构的好处在于：若最近的接入点由于流量过大导致网络拥塞，数据包就会自动重新路由到一个流量小的邻近节点进行信息传输，直到到达网络的接收端，这样的访问方式被称为多跳访问。在无线 Mesh 网络中，要增加新的节点，只要接上电源就可以了，它能够自动进行自我配置和确定最佳的多跳传输路径；当添加或移动节点时，网络也能够自动发现拓扑的变化，同时自动地调整通信路由，以便获取最有效的传输路径。

为了扩大无线紫外光通信的覆盖范围，使它能够适用于更多应用场合，将近距离的无线紫外光通信与具有自组织、多跳性的 Ad Hoc 网络或 Mesh 网络相结合，组织成无线紫外光宽带接入通信网络。在该网络中，各个节点间利用无线"日盲"紫外光进行信息传输，各节点既是信息发送与接收的终端节点，又是负责信息转发的路由节点，每个节点可与通信范围内的任何节点直接联系。无线紫外光 Mesh

通信网络的结构如图 1.8 所示，在此网络结构中，无线紫外光通信借助 Mesh 网络的多跳传输性能，扩大了信息的传输范围，较好地解决了无线紫外光通信传输距离有限的缺点。同时，网络可以为通信节点提供多个几乎实时的迂回路径，不仅为网络业务提供冗余保护，还可以把业务汇聚到某些节点，从而更有效地接入上层网络。

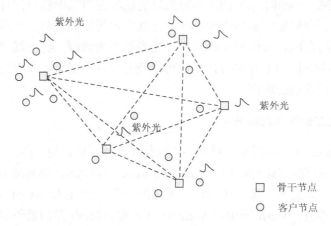

图 1.8　无线紫外光 Mesh 通信网络结构

　　无线紫外光通信具有抗干扰能力强、非直视通信、全天候工作等优点。将无线紫外光通信和无线 Mesh 网络相结合，能够充分发挥无线紫外光通信的优势。无线紫外光通信的衰减较大，通信距离受限，因而可以通过无线 Mesh 网络的多跳通信来增加无线紫外光的有效通信距离。因此，无线紫外光 Mesh 网络有着非常广泛的应用前景。

1.4.2　无线紫外光通信链路性能与信道带宽

　　当使用 10 个 24 单元阵列的紫外 LED 光源[28]，每个光源发光功率为 0.5mW，接收天线增益 G=100，通断键控（on-off keying，OOK）调制时，无线紫外光通信的数据传输速率如表 1.3 所示。其中，无线紫外 NLOS 通信方式设置发散角为 1°、视场角为 60°、发送仰角为 45°、接收仰角为 60°。近距离 LOS 方式数据传输速率可以达到 Gbit/s，而 NLOS 方式的数据传输速率相对小很多。

表 1.3　不同距离、误码率下无线紫外光通信的数据传输速率[28]

范围	直视		非直视	
	BER=10^{-3}	BER=10^{-6}	BER=10^{-3}	BER=10^{-6}
r=10m	6Gbit/s	2Gbit/s	8Mbit/s	3Mbit/s
r=100m	50Mbit/s	20Mbit/s	700kbit/s	300kbit/s
r=1000m	300kbit/s	100kbit/s	20kbit/s	9kbit/s

文献[37]分析了 NLOS 信道带宽和几何角度的关系，随着通信距离的增加，信道带宽减小，发送仰角、接收仰角、发散角和视场角变大时信道带宽也减小。信道带宽的变化在很大程度上取决于通信过程中对发送仰角和接收仰角的调节，而发散角和视场角的变化对信道带宽的变化影响相对较小。当发送仰角和接收仰角较小时，调节发送仰角比调节接收仰角对信道带宽的影响大；当发送仰角和接收仰角较大时，角度的调整对信道带宽的影响不大。而针对发散角和视场角的调整对信道带宽的影响，发散角的调整更加有效。信道带宽估计公式[37]为

$$B = \frac{\sqrt{2^{1/\alpha} - 1}}{2\pi\beta} \tag{1.18}$$

式中，α 和 β 是信道模型的参数，可以通过数值查找非线性最小均方准则最小值的方法来进行估计。

1.4.3　无线紫外光通信节点模型

无线紫外光通信是一种近距离通信。当源节点和目的节点之间的通信距离比较近时，节点之间可以直接进行信息传输。当源节点和目的节点之间的通信距离较远时，就要进行无线紫外光的组网通信，即通过多跳实现节点之间的通信。在无线紫外光的组网通信中，网络中的节点必须具有转发功能。无线紫外光 NLOS（a）类通信方式的覆盖范围在地面的投影是圆形，具有全方位性，因此节点之间的转发比较容易实现。无线紫外光 NLOS（b）和 NLOS（c）类通信方式对发送仰角、接收仰角、发散角和接收视场角有较高的要求，因此其覆盖范围有一定的方向性，接收端只有在发送端的覆盖范围之内时，接收端才能够收到发送端的信息。本书设计了如图 1.9 所示的无线紫外光通信节点模型。图 1.9（a）是柱形结构，图 1.9（b）是半球形结构。由于接收端的光端探测器价格高，而紫外 LED 光源的便宜，因此通常在一个通信节点上安装多个发送端和一个接收端。在图 1.9 中，顶端的点表示接收端，侧面上的点表示发送端，这样就可以实现定向发送和全向接收。节点的形状和面数是可以调节的，根据发射光束的发散角而定。例如，一个 LED 阵列的波束角是 18°，那么通信节点模型就设置成 20 个面。由于一个节点上有多个发送端，无论接收节点在发送节点的哪个位置，都可以选择合适的发送端进行信息的传输。

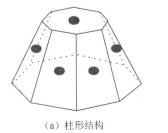　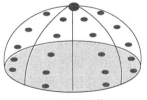

（a）柱形结构　　　　　　　　　　　（b）半球形结构

图 1.9　无线紫外光通信节点模型

1.4.4　无线紫外光分集接收技术

分集接收是指接收端对其收到的多个衰落特性互相独立（携带同一信息）的信号进行特定的处理，以降低信号电平起伏的方法。分集有两重含义：一是分散传输，使接收端能获得多个统计独立的、携带同一信息的衰落信号；二是集中处理，即接收端把收到的多个统计独立的衰落信号进行合并（包括选择与组合）以降低衰落的影响。分集接收是抗衰落的一项有效措施，通常需要使用两个或者两个以上的收发天线来实现。分集接收用来减少接收时衰落的持续时间和深度，是一种有效的通信方式，能够以比较低的成本改善无线通信的性能。分集增益可以通过空时编码的方法或者其他方式获得。无线紫外光通信信道带宽很窄，分集技术可以获得空间复用增益，从而增加信道容量。

在无线通信中，分集接收技术是一种主要的抗衰落技术，可以大大提高多径衰落信道下传输的可靠性。分集接收的基本思想是将接收到的多径信号分离成不相关的多路信号，然后把这些多路信号按一定的规则合并起来，使接收到的有用信号能量最大，进而提高接收信号的信噪比。这样的接收端中，每一个信道称为一个分集支路，一个接收端可用的支路越多，整个通信系统的抗噪声和误码率性能越好。分集技术的性能一般采用分集增益来度量，分集增益的定义为[38]

$$G = -\lim \frac{\lg P_{\mathrm{e}}}{\lg \mathrm{SNR}} \tag{1.19}$$

式中，P_{e} 是信噪比等于 SNR 时的错误概率。

典型的分集方式主要有以下几种[39]。空间分集是利用多个接收地点位置的不同，以及多个接收到的信号在统计上的不相关性，即衰落性质的不一样，实现抗衰落的性能，通常有两类变化形式——极化分集和角度分级。频率分集是利用位于不同频段的信号经衰落信道后在统计上的不相关特性，即不同频段衰落统计特性的差异，来实现抗衰落的功能。为了获得分集，载波频率之间的间隔应大于信道的相干带宽。时间分集是利用一个随机衰落信号，当两个时隙之间的间隔大于信道的相干时间时，其经历的衰落相互独立。两个样点间的衰落是统计上互不相关的，即利用时间衰落统计上的差异实现抗时间选择性衰落的功能。

在无线紫外光通信中，频率分集的实现现在是较难的。因为光源是将信号电流的强度转换成固定波段的发光强度，然后发射出去，所以进行频率分集比较困难。光电倍增管（photomultiplier tube，PMT）或者雪崩光电二极管（avalanche photo diode，APD）等光电转换器件都是将光强转换成电流，难以实现角度分集。因此，本书中的无线紫外光通信技术研究中的分集技术都是指空间分集。

无线紫外光通信分集接收技术和其他无线通信一样，常用的信号合并方法有：最大比合并（maximal ratio combining，MRC）、等增益合并（equal gain combining，

EGC）和选择比合并（selection combining，SC）[39]。图 1.10 为无线紫外光通信信号合并技术的示意图。

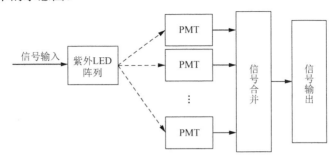

图 1.10　无线紫外光通信信号合并技术示意图

1）最大比合并

最大比合并是对接收端天线的 N 路信号进行加权，由各个支路光电转换后对应的信号电流和噪声功率的比值决定权重。设第 i 条支路的接收信号幅度是 R_i，该支路的增益是 g_i，则合并后的信号为[35]

$$R_N = \sum_{i=1}^{N} g_i R_i \tag{1.20}$$

假定每条支路的平均噪声功率是 N_0，则合并后总的噪声功率 N_T 是每条支路噪声功率的加权和，因此有

$$N_T = N_0 \sum_{i=1}^{N} g_i \tag{1.21}$$

信号合并后，信噪比为 SNR_M，则

$$\mathrm{SNR}_M = \frac{R_N}{N_T} \tag{1.22}$$

当 $g_i = R_i / N_0$ 时，SNR_M 取得最大值，有

$$\mathrm{SNR}_M = \sum_{i=1}^{N} \frac{R_i}{N_0} \tag{1.23}$$

由此可以看出，合成器输出信号的信噪比是各个支路信噪比之和，可以通过增大信噪比来降低误码率，从而获得各个支路数 N 的满分集增益，因此在三种合并方式中这种合并方式的性能是最优的。但是，由于需要知道每个支路信号的衰落幅度，因此最大比合并的复杂度是最高的[40,41]。

2）等增益合并

等增益合并也称为相位均衡，只对信道的相位偏移进行补偿而不对幅度进行补偿[42]。等增益合并并不是任何意义上的最佳合并方式，只有在假设每一路信号的信噪比相同的情况下，在信噪比最大化的意义上，它才是最佳的。它输出的结

果是各路信号幅值的叠加。设每条支路上的信号幅度为 R_i，增益为 g，则合并后的信号是

$$R_N = g\sum_{i=1}^{N} R_i \qquad (1.24)$$

假定每条支路的平均噪声功率是 N_0，则合并后总的噪声功率 N_T 是每条支路噪声功率的加权和，因此有

$$N_T = NgN_0 \qquad (1.25)$$

由于平均噪声功率是 N_0，则 N 条支路等增益合并之后输出的信噪比为

$$\mathrm{SNR_E} = \frac{\sum_{i=1}^{N} R_i}{NN_0} \qquad (1.26)$$

当分集接收支路数较大时，等增益合并与最大比合并方式相差不多。等增益合并实现比较简单，其设备也简单。

3）选择比合并

选择比合并是指检测所有分集支路的信号，以选择其中信噪比最高的那一条支路的信号作为合并器的输出，则有

$$\mathrm{SNR_S} = \mathrm{SNR_{max}} \sum_{i=1}^{N} \frac{1}{i} \qquad (1.27)$$

式中，$\mathrm{SNR_{max}}$ 是某一支路的最大信噪比。

参 考 文 献

[1]　程开富. 新型紫外摄像器件及应用[J]. 国外电子元器件, 2001, (2):4-10.

[2]　刘新勇, 鞠明. 紫外光通信及其对抗措施初探[J]. 光电技术应用, 2005, 20(5):8-9.

[3]　刘菊, 贾红辉, 尹红伟. 军用紫外光学技术的发展[J]. 光学与光电技术, 2006, (12):61-64.

[4]　KOTZIN M D. Short-range communications using diffusely scattered infrared radiation[D]. Evanston, Illinois: Northwestern University, 1981.

[5]　唐义, 倪国强, 蓝天, 等. "日盲"紫外光通信系统传输距离的仿真计算[J]. 光学技术, 2007, 33(1):27-30.

[6]　GELLER M, JOHNSON G B, YEN J H. Short-range UV communication links [C]. Proceedings of the Tactical Communication Conference, Fort Wayne, 1986.

[7]　KOLLER L R. Ultraviolet radiation [M]. 2nd ed. New York: John Wiley& Sons, 1965.

[8]　SUNSTEIN D E. A scatter communications link at ultraviolet frequencies [D]. Cambridge, MA: MIT, 1968.

[9]　MORIARTY D T, MAYNARD J A. Unique properties of solar blind ultraviolet communication systems for unattended ground sensor networks[J]. Proceedings of SPIE—The International Society for Optical Engineering, 2004, 5611:244-254.

[10]　KEDAR D, ARNON S. Subsea ultraviolet solar-blind broadband free-space optics communication[J]. Optical Engineering, 2009, 48(4):046001-1-046001-7.

[11]　LI Y, NING J, XU Z Y, et al. UVOC-MAC:A MAC protocol for outdoor ultraviolet networks [J]. IEEE ICNP, 2010: 19(6): 72-82.

[12] VAVOULAS A, SANDALIDIS H G, VAROUTAS D. Node isolation probability for serial ultraviolet UV-C multi-hop networks[J]. Journal of Optical Communications & Networking, 2011, 3(9):750-757.

[13] VAVOULAS A, SANDALIDIS H G, VAROUTAS D. Connectivity issues for ultraviolet UV-C networks[J]. Journal of Optical Communications & Networking, 2011, 3(3):199-205.

[14] KASHANI M A, SAFARI M, UYSAL M. Optimal relay placement and diversity analysis of relay-assisted free-space optical communication systems[J]. Journal of Optical Communications & Networking, 2013, 5(1):37-47.

[15] NOSHAD M, BRANDT-PEARCE M, WILSON S G. NLOS UV communications using M-ary spectral- amplitude-coding[J]. IEEE Transactions on Communications, 2013, 61(4):1544-1553.

[16] JIA H, YANG J, CHANG S, et al. Study and design on high-data-rate UV communication system[J]. Proceeding of. SPIE—The International Society for Optical Engineering, 2005, 6021:440-446.

[17] 蓝玉侦, 肖沙里, 罗亦军, 等. 日盲紫外光通信系统及调制技术的研究[J]. 光电子技术, 2007, 27(3): 206-211.

[18] ZHANG H, YIN H, JIA H, et al. Study of effects of obstacle on non-line-of-sight ultraviolet communication links [J]. Optical Society of America, 2011, 19(22):21216-21225.

[19] HAN D, LIU Y, ZHANG K, et al. Theoretical and experimental research on diversity reception technology in NLOS UV communication system [J]. Optics Express, 2012, 20(14):15833-15841.

[20] HAN D, FAN X, ZHANG K, et al. Research on multiple-scattering channel with Monte Carlo model in UV atmosphere communication [J]. Applied Optics, 2013, 52(22):5516-5522.

[21] 邵平, 李晓毅, 马宁. 基于 MIMO-OFDM 机制的紫外光通信传输系统的研究[J]. 数字通信, 2013, 40(3): 34-36.

[22] XU Z, DING H, SADLER B M, et al. Analytical performance study of solar blind non-line-of-sight ultraviolet short-range communication links[J]. Optics Letters, 2008, 33(16):1860-1862.

[23] ZACHOR A S. Aureole radiance field about a source in a scattering-absorbing medium[J]. Applied Optics, 1978, 17(12):1911-1922.

[24] XU Z, CHEN G, ABOUGALALA F. Experimental performance evaluation of non-line-of-sight ultraviolet communication systems[J]. Colloids & Surfaces A Physicochemical & Engineering Aspects, 2007, 6709(s2-s3):161-173.

[25] DING H, CHEN G, XU Z, et al. Characterization and modeling of non-line-of-sight ultraviolet scattering communication channels[C]. International Symposium on Communication Systems Networks and Digital Signal Processing. IEEE Xplore, 2010:593-597.

[26] DING H, XU Z, SADLER B M. A path loss model for non-line-of-sight ultraviolet multiple scattering channels[J]. EURASIP Journal on Wireless Communications and Networking, 2009, 2010(1):1-12.

[27] XU Z, SADLER B M. Ultraviolet communications: Potential and state-of-the-art[J]. IEEE Communications Magazine, 2008, 46(5):67-73.

[28] XU Z. Approximate performance analysis of wireless ultraviolet links[C]. IEEE International Conference on Acoustics, Speech and Signal Processing. IEEE, 2007: III-577 - III-580.

[29] 唐义, 倪国强, 张丽君, 等. 非直视紫外光通信单次散射传输模型研究[J]. 光学技术, 2007, 33(5): 759-760.

[30] GAGLIARDI R M, KARP S. Optical Communications[M]. 2nd ed. New York: John Wiley & Sons, 1995:445.

[31] PUSCHELL J J, BAYSE R. High data rate ultraviolet communication systems for the tactical battlefield[C]. Tactical Communications Conference, 1990. Vol. 1. Tactical Communications. Challenges of the 1990's, Proceedings of the IEEE Xplore, 1990(1):253-267.

[32] 陈君洪, 杨小丽. 非视线"日盲"紫外通信的大气因素研究[J]. 激光杂志, 2008, 29(4):40-41.

[33] 李雾野, 邱柯尼. 紫外光通信在军事通信系统中的应用[J]. 光学与光电技术, 2005, 3(4):19-21.

[34] 李晓峰. 星地激光通信链路原理与技术[M]. 北京:国防工业出版社, 2007.

[35] 罗畅. 非直视光通信信号处理研究与基带系统设计[D]. 北京:中国科学院研究生院, 2011.

[36] 张勇, 郭达. 无线网状网原理与技术[M]. 北京:电子工业出版社, 2007:7-11.

[37] DING H, CHEN G, MAJUMDAR A K, et al. Modeling of non-line-of-sight ultraviolet scattering channels for communication[J]. IEEE Journal on Selected Areas in Communications, 2009, 27(9):1535-1544.

[38] 贾法哈尼. 空时编码的理论与实践[M]. 任品毅, 译. 西安:西安交通大学出版社, 2007.

[39] 吴伟陵, 牛凯. 移动通信原理[M]. 北京:电子工业出版社, 2009.

[40] ALOUINI M S, SIMON M K. Error rate analysis of M-PSK with equal gain combining over Nakagami fading channels[C]. Vehicular Technology Conference, IEEE, 1999(3): 2378-2382.

[41] 张琳, 秦家银. 最大比合并分集接收性能的新的分析方法[J]. 电波科学学报, 2007, 22(2):347-350.

[42] RIZVIL U H, YILMAZ F, ALOUINI M S, et al. Performance of equal gain combining with quantized phases in Rayleigh fading channels[J]. IEEE Transactions on Communications, 2011, 59(1):13-18.

第2章 无线紫外光大气散射信道特性分析

无线紫外光通信是一种新型的信息传输手段。载波信号紫外光通过自由空间的同时，必然受到大气中各种成分、天气、气候条件的影响，通信的质量、通信系统的性能与此直接相关。为了选择适合本书研究背景的紫外光波段作为信号传播的载体，本章采用大气传输软件 LOWTRAN 从大气的光谱成分、大气吸收、大气散射、紫外光传输的数学模型等方面综合分析紫外光的大气传输特性。

2.1 无线"日盲"紫外光

太阳辐射光谱 99% 以上的波长为 150～4000nm。在这个波段范围内，大约 50% 的太阳辐射能量在可见光谱区（400～760nm），7% 在紫外光谱区（波长<400nm），43% 在红外光谱区（波长>760nm），最大能量在波长 475nm 处，数值约为 12.56J/cm^2 以上。

紫外光是一种波长为 10～400nm 的电磁辐射，由于这一波长范围内的紫外光依波长变化而表现出不同的效应，通常被划分为 NUV（315～400nm）、MUV（200～315nm）、FUV（100～200nm）、EUV（10～100nm）四个波段[1-3]。大气臭氧层（15～25km）对波长为 200～280nm 的紫外光有强烈的吸收作用，使这一波段对流层（尤其是近地）内太阳背景噪声低于 10^{-13}W/m^2，常被称为"日盲区"[4,5]，即地球表面阳光中几乎没有该波段的紫外线。若无特别说明，无线紫外光通信一般指的是利用"日盲"波段进行通信。通过 LOWTRAN 设置大气环境得到水平方向与垂直方向的透过率如图 2.1 所示，图中可以看出 250nm 左右的紫外光衰减很大。

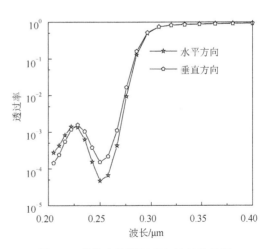

图 2.1 紫外光的透过率与波长的关系

2.2　大气的特点

大气层又叫大气圈，地球被一层很厚的大气层包围着。大气层的成分主要有氮气（78.1%）、氧气（20.9%）、氢气（0.93%），还有少量的二氧化碳、稀有气体（氦气、氖气、氩气、氪气、氙气、氡气）和水蒸气。地球表面是大气成分密度最大的地方，大气粒子的密度随高度的增加而减小，但粒子的分布却取决于当时大气层的实际条件。大气中的物质成分相当复杂，各种微粒的形态各异，而且尺度分布也非常广，其尺度为 30nm～2000μm。一般将杂质微粒分为固态微粒和液态微粒。固态微粒包括尘埃、烟雾以及各种工业污染物；液态微粒包括云滴、雾滴、雨滴、冰晶、雪花、冰雹等。但是，由于温度的差异和风等原因，大气成分是不断运动的，从而使大气经常处于运动变化之中。

根据温度、成分和电离状态在垂直方向的分布特征可将大气分为五层：对流层（小于 10km）、平流层（10～50km）、中间层（50～80km）、热成层（80～500km）和散逸层（大于 500km）。大气的垂直分布图如图 2.2 所示。其中，对紫外光传输特性影响最大的是对流层，它集中了大气含量的 80%，天气变化过程也主要发生在对流层。平流层大气密度较小，而且很稳定，对紫外光传输影响不大，中间层、热成层和散逸层对紫外光传输的影响可忽略[6]。

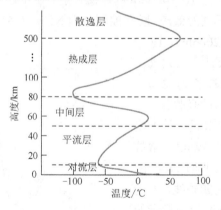

图 2.2　大气的垂直分布[6]

2.3　大气信道中影响无线紫外光通信的主要因素

无线紫外光通信以低空大气为传输介质，携带信号的紫外光在自由空间中传输时，其通信的质量、通信系统的性能、传输范围必然会受到大气中的臭氧浓度，散射粒子的浓度、大小、均匀性、几何尺寸以及工作波长等的影响。

2.3.1　大气吸收

当紫外光通过大气时，大气中的各种成分将对其产生不同程度的吸收。紫外区（0.2～0.4μm）中，0.2～0.264μm 处是臭氧的强吸收带，0.3～0.36μm 处是臭氧的弱吸收带。二氧化硫和臭氧对紫外光具有较强的吸收能力。虽然大气中臭氧的含量只占大气总量的 0.01%～0.1%，但它对太阳辐射能量的吸收很强[6]。

利用 LOWTRAN 仿真水平传输距离为 1km、能见度为 23km 时的大气传输衰减。图 2.3 为大气透过率曲线，可以看出，对紫外光吸收能力最强的是臭氧，约占总衰减的 75%。另外，臭氧的吸收带为 200～300nm，臭氧浓度的变化将强烈影响到大气的透过率，最终影响到通信的覆盖范围[7]。

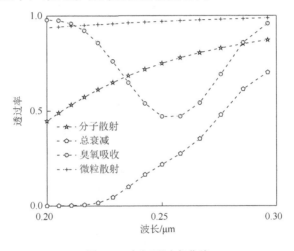

图 2.3　大气透过率曲线

臭氧是无线紫外光通信中吸收衰减的主要因素。例如，在 266nm 处，臭氧的吸收系数 $K_a(\text{km}^{-1})$ 可表示[7]为

$$K_a = 0.025d \qquad (2.1)$$

式中，d 为大气中的臭氧浓度，单位为μg/m³。从图 2.4 可以看出不同臭氧浓度对大气透过率的影响。在波长 250nm 左右臭氧的吸收最强，大于 300nm 以后臭氧对大气衰减几乎没有作用。随着臭氧浓度的增加，透过率逐渐减小。当浓度为 200μg/m³ 时，大气透过率最低，说明臭氧的吸收能力最强。臭氧浓度越高，其传输损耗就越大。臭氧的这种吸收作用，一方面减少了可进行传输信号的数量；另一方面，它又是无线紫外光通信隐秘传输的基础。正是这种吸收作用导致紫外光在大气传输中有较大的衰减因子，使在传输范围以外的信号很难被接收。

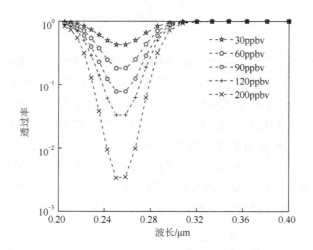

图 2.4　不同臭氧浓度对大气透过率的影响

2.3.2　大气散射

无线紫外光通信的基础是紫外光的散射特性，大气分子和气溶胶微粒对紫外光的散射，使发送端的光信号改变方向，从而被探测器接收。通常，与紫外光波长越接近的大气粒子对其散射越强。大气中主要的散射体来自大气分子和气溶胶微粒，由于尺寸的差异，它们具有不同的散射特性。分子大小比紫外光波长小很多时，是典型的瑞利散射；而气溶胶微粒比紫外光波长大很多时，是米氏散射[8,9]。研究表明：瑞利散射在晴空大气中起主导作用。因此，在理论计算中，晴朗的天气中通常只考虑瑞利散射，而忽略悬浮颗粒的散射作用，可以认为是一种合理的近似。但是对于恶劣天气，主要考虑的是米氏散射[10]。

1. 瑞利散射

瑞利散射又称分子散射，是由紫外光传输路径上的大气分子散射引起的。由于大气分子的尺度远小于波长，故大气分子散射可用小粒子近似，即瑞利散射处理。紫外光在晴朗大气中传输主要发生瑞利散射。瑞利散射系数由式（2.2）确定[11,12]：

$$K_{\mathrm{SR}} = \frac{8\pi^3[n(\lambda)^2-1]^2}{3N_\mathrm{A}\lambda^4} \times \frac{6+3\delta}{6-7\delta} \times F_{\mathrm{king}}(x) \qquad (2.2)$$

式中，N_A 表示散射体的数密度；$n(\lambda)$ 表示大气的折射率；δ 表示退偏振项；$F_{\mathrm{king}}(x)$ 为修正因子；波长 λ 的单位是 $\mu\mathrm{m}$ 。其中：

$$n(\lambda) = \frac{0.05791817}{238.0185 - \lambda^{-2}} + \frac{0.00167909}{57.362 - \lambda^{-2}} + 1$$

$$N_{\mathrm{A}} = 2.686763 \times 10^{19} \, \mathrm{mol/cm^{-3}}$$

$$F_{\mathrm{king}}(x) = \frac{6 + 3d(x)}{6 - 7d(x)}$$

计算瑞利散射的经典公式[12]为

$$K_{\mathrm{SR}} = 2.677 \times 10^{-17} \frac{P\gamma^4}{T} \tag{2.3}$$

式中，P 为大气压强；T 为热力学温度（在标准大气条件下一般取 T=300K）；γ 为紫外光波数（$\mathrm{cm^{-1}}$）。

瑞利散射发光强度与光波长的四次方成反比，前向和后向散射能量相等，散射光强为[11,12]

$$I_0 \propto \frac{1}{\lambda^4} \tag{2.4}$$

由此可以得出瑞利散射的光强角分布如图 2.5 所示，由图可见瑞利散射的对称性。由于瑞利散射大都为大气分子散射，在晴朗天气下，空气中的气溶胶微粒的浓度非常低，此时无线紫外光通信主要考虑瑞利散射。瑞利散射的相函数为[7]

$$P_{\mathrm{R}}(\theta_{\mathrm{s}}) = \frac{3}{4}(1 + \cos^2 \theta_{\mathrm{s}}) \tag{2.5}$$

图 2.6 是瑞利散射相函数，其中瑞利散射相函数在 0°～180°几乎是关于 90°对称的，前向和后向散射都是最强的，90°时相函数最小。

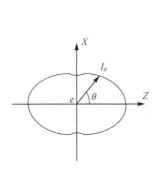

图 2.5　瑞利散射光强角分布

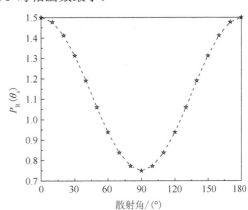

图 2.6　瑞利散射相函数

2. 米氏散射

散射体的尺寸大小与入射光波长相等时为米氏散射。通常，大气中的气溶胶微粒占绝大多数，因此一般情况下，大气中气溶胶微粒对光波的散射远大于瑞利散射，此时需要用米氏散射理论处理。然而，米氏散射理论过于复杂，不方便用于某些问题的研究。用一个常用而且简单的模型来估算紫外光的大气气溶胶散射，它将散射大小与大气能见度联系起来，其表达式为[12]

$$K_{SM} = \frac{3.91}{R_v} \times \left(\frac{\lambda_0}{\lambda}\right)^q \tag{2.6}$$

式中，R_v 为能见度（km）；λ 为波长，单位是 nm；$\lambda_0 = 550$nm；q 是由 R_v 决定的修正因子。表 2.1 为不同气象学距离对应的修正因子 q 的取值。

表 2.1　不同气象学距离对应的修正因子 q 的取值[12]

能见度 R_v	能见度等级	气象条件	q
$R_v > 50$km	9	非常晴朗	1.6
6km< R_v <50km	6~8	晴朗	1.3
1km< R_v <6km	4~6	霜	0.16 R_v +0.34
500m< R_v <1km	3	薄雾	R_v −0.5
R_v <500m	<3	大雾	0

米氏散射光强为[13]

$$I_\theta \propto \frac{1}{\lambda^N} \tag{2.7}$$

图 2.7 是米氏散射光强的分布图，由图可见米氏散射的不对称性。因为前向散射远大于后向散射，所以在无线紫外光通信中，某些情况下可以忽略后向散射和偏振光的影响。图 2.8 为米氏散射相函数，当散射角度小于 60° 时，随着不对称因子的增大，相函数也呈上升的趋势，在 60°～180° 内则呈反比趋势。

研究紫外光散射通信要用到散射相函数。而米氏散射过程相当复杂，除了使用传统的米氏散射理论外，在大气传输中模拟米氏散射相函数使用的是经验公式 Henyey-Greenstein 函数、Cronette 与 Shanks 定义的 Henyey-Greenstein 相位函数、修正 Henyey-Greenstein 函数，并且加入了可调的不对称因子 g[13,14]。

Henyey-Greenstein 相位函数（HG）为

$$p_{HG}(\theta, g) = \frac{1 - g^2}{(1 + g^2 - 2g\cos\theta)^{3/2}} \tag{2.8}$$

Cronette 与 Shanks 定义的 Henyey-Greenstein 相位函数（HG1）为

$$p_{HG1}(\theta, g) = \frac{3}{2} \times \frac{1 - g^2}{2 + g^2} \frac{1 + \cos^2\theta}{(1 + g^2 - 2g\cos\theta)^{3/2}} \tag{2.9}$$

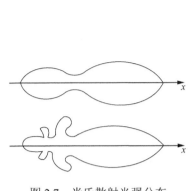

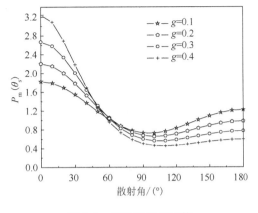

图 2.7　米氏散射光强分布　　　　　　　　图 2.8　米氏散射相函数

式（2.8）和式（2.9）只考虑了前向散射，而式（2.10）是一个混合相函数，考虑了前向和后向两种散射，修正的 Henyey-Greenstein 函数（HG2）为

$$p_{HG2}(\theta,g)=\frac{1-g^2}{4\pi}\left[\frac{1}{(1+g^2-2g\cos\theta)^{3/2}}+f\frac{0.5(3\cos^2\theta-1)}{(1+g^2)^{3/2}}\right]\quad(2.10)$$

式中，θ 为散射角；f 为散射因子。

2.4　基于 LOWTRAN 的大气无线紫外光传输特性仿真与分析

LOWTRAN 是计算大气透过率及背景辐射的软件包，由美国空军地球物理实验室提出，其光谱分辨率为 $20cm^{-1}$，最小采样间隔为 $5cm^{-1}$，可计算波长从 200nm 到无穷大的光谱频段。LOWTRAN 传输模型考虑了由大气分子散射和分子吸收引起的衰减，水分子、二氧化碳分子、臭氧分子、氮气分子、氨气分子和气溶胶微粒的散射和吸收，日光或月光的单次散射和地表散射，温度和压力的影响等。采用设置环境参数进行仿真，卡片一：选择大气模式、路径的几何类型、程序执行方式、是否包括多次散射、边界状况等；卡片二：选择气溶胶和云模式；卡片三：用于定义特定问题的几何路径参数；卡片四：计算光谱区和步长；卡片五：用 IPRT 控制程序的循环，以一次运行计算一系列问题。

采用 LOWTRAN 传输模型对紫外波段的大气传输特性进行模拟研究，分析传输距离、能见度、地理位置、气候季节、传播方向、海拔和天气情况等对大气紫外透过率的影响。

在美国标准大气下，无风无雨，图 2.9 给出了雾天能见度分别为 0.2km 和 0.5km、传输距离为 0.1km 和 0.3km 时的大气透过率。可以看出：通信距离一定时，能见度越大，通信效果越好；在能见度一定的情况下，随着通信距离的增加透过率减小，即通信质量越差。图 2.10 给出了美国标准大气下，传输距离为 1km 时不同能见度的大气透过率。

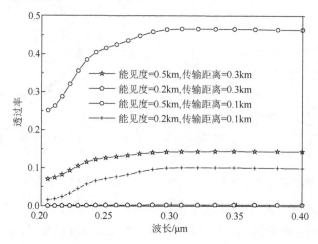

图 2.9　不同能见度与传输距离的透过率

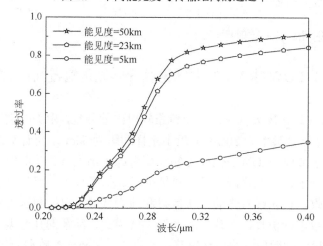

图 2.10　传输距离为 1km 时不同能见度的透过率

　　由 LOWTRAN 得出的大气紫外透过率随传输距离的变化如图 2.11 所示。总体上，紫外透过率随传输距离的增大而衰减。水平方向的紫外透过率随传输距离的增加近似按指数规律衰减；垂直方向（天顶角为 0°）的紫外透过率随传输距离的增加衰减速度逐渐降低。在同样的海拔处，大气紫外透过率沿水平路径和垂直路径传输相同的距离却具有不同的透过率，造成这种现象的原因是大气层的分层结构。因此，海平面上水平方向上的大气密度的均匀分布，使得大气紫外透过率随水平传输距离的增加而呈负指数规律分布；而在垂直于海平面的方向上，因大气密度按海拔递减而导致散射和吸收源密度降低，使得大气紫外透过率随传输距离的增加而减慢了衰减速度。

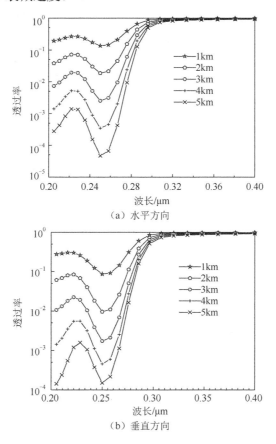

图 2.11　紫外光透过率与传输距离的关系

大气对紫外信号的吸收和散射，与信号源的波段和高度密切相关。参数为美国标准大气，乡村型气溶胶（VIS=23km），信号高度为地面上 1～10km，传输距离为 1km，紫外波段为 200～400nm。图 2.12 给出了紫外信号源和接收系统在不同高度下，大气水平方向和垂直方向的紫外透过率曲线。

由于地表大气稠密且臭氧浓度低，在 200～400nm 波段都存在透过率。随着高度的增加，大气分子密度降低，臭氧浓度增加，300～400nm 波段的透过率增加，而 200～300nm 波段的透过率迅速降低。250nm 附近的"日盲区"，透过率不随海拔而变化。在水平方向上的紫外透过率在海拔 1km 以内无显著变化；随着海拔的增加，紫外透过率逐渐增加。"日盲区"内紫外透过率的上升梯度小于其他波段，并在所选参数下在海拔为 10km 时达到最低。因为实际系统的安装高度有限，所以收发系统可安装范围被局限在有限的空间范围内。因此，仅从紫外透过率的角度考虑，安装高度对系统性能影响不大。海拔 10km 处大气紫外透过率在"日盲区"急剧下降的原因是这一层的臭氧含量增加，这一结果对地面上的无线紫外通信不会产生不利影响，但会给竖直方向的通信系统带来最大工作距离的下降。

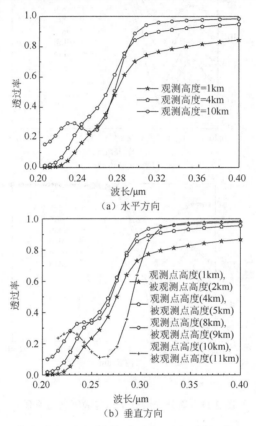

图 2.12　不同观测高度对紫外透过率的影响

　　图 2.13 给出了不同云层对紫外透过率的影响。因为无线紫外光通信的距离比较近且通信一般在低空大气环境中进行，所以低空乱层云对紫外透过率影响较大，而高层云对紫外透过率几乎没有影响。从图 2.14 中可以看出不同大气模式对紫外透过率的影响，热带大气比美国标准大气紫外透过率略高；中纬度夏季比中纬度冬季的紫外透过率略高；紫外透过率随地域分布和季节的变化不大，在 250nm 附近形成的"日盲区"几乎不随地域和季节而变化，而且能见度高时"日盲区"的透过率衰减幅度很大，因此将紫外通信系统的工作波段选择在"日盲区"是适宜的。

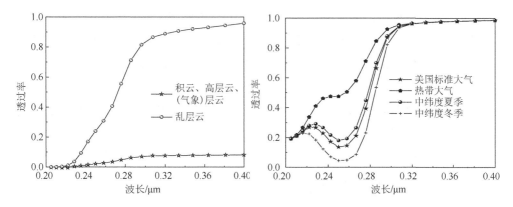

图 2.13　不同云层对紫外透过率的影响　　图 2.14　不同大气模式对紫外透过率的影响

美国标准大气在无雨、毛毛雨、小雨、中雨、大雨和超大暴雨六种情况下，沙漠和海洋在海平面能见度为23km时水平方向的大气紫外透过率如图2.15所示。

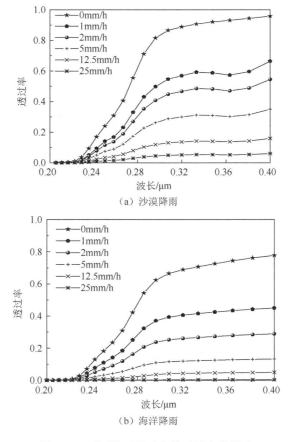

图 2.15　不同降雨量对紫外透过率的影响

　　大气紫外透过率随雨速的增大而下降，但在"日盲区"大气紫外透过率的下降幅度约为 10%，小于近紫外和中紫外区的变化幅度。如果没有其他因素影响，无线紫外光通信系统可以在雨天工作，但在超大暴雨时的透过率几乎为 0，对正常通信造成不便。紫外光不适合在雨天通信。

　　图 2.16 为美国标准大气 2、6、9 级风速下，在海平面能见度为 23km 时，海拔 200m 处的水平和垂直方向风速对紫外透过率的影响。紫外透过率随着风速的提高而减小，但其减小速度缓慢，并且减少幅度不大，说明在没有其他干扰因素的影响下，紫外通信系统可以在有风的天气下正常工作。

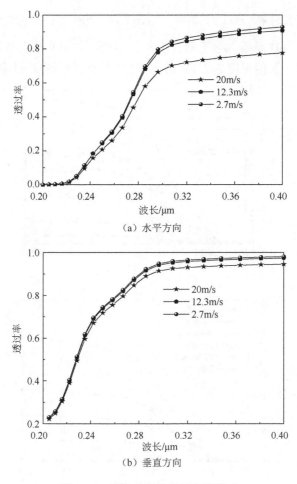

（a）水平方向

（b）垂直方向

图 2.16　风速对紫外透过率的影响

2.5　无线紫外光单次散射覆盖范围模型

本节根据无线紫外光直视和非直视通信工作方式的不同，对紫外光通信覆盖范围进行分析。各种通信方式覆盖范围大小的确定，可以通过计算各个分图中发送和接收之间线段 AM 的距离获得。

2.5.1　NLOS 方式的覆盖范围

根据无线紫外光 NLOS 通信方式的不同，对三种方式的覆盖范围进行分析，得到各种通信方式覆盖范围的具体计算公式。

1. NLOS（a）类通信方式

通信方式中发送仰角和接收仰角均为 90° 的为 NLOS（a）类通信方式。假设有效散射体体积有限，用非直视通信模型来分析，散射后的紫外光覆盖范围为一个圆形区域，如图 2.17 所示[15]。发散角为 ϕ_1，发送端功率传输极限高度为 h，则发送端的覆盖范围是半径为 $h \cdot \tan\dfrac{\phi_1}{2}$ 的圆形区域，每个方向的通信距离都相等，此时发送端存在较大的后向散射，信号传输能力差，严重影响通信效果和传输距离，因此此类通信方式一般很少采用。

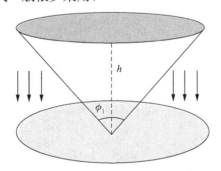

图 2.17　NLOS（a）类投影的立体图

2. NLOS（b）类通信方式

假定图 2.18 中发送端功率为 P_T，发散角为 ϕ_1，视场角为 ϕ_2，发送仰角与接收仰角分别为 θ_1 和 θ_2，传输距离为 r。在发射功率有限的条件下，假设光子的最远传输距离为 r_1，作圆锥 AGH 在地面上的投影，如图 2.18 所示。当发送仰角小于 90°，接收仰角为 90° 时为 NLOS（b）类通信方式。此种情况下无线紫外光通信主要考虑前向散射，但是在发送端附近也存在一定的后向散射，无线紫外光通信类投影的平面图如图 2.19 所示[15,16]。采用此种通信方式是为了达到较好的通信效果，接收端一定要在前向散射覆盖范围之内。

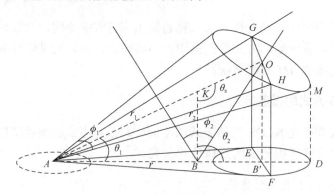

图 2.18　NLOS（b）类投影的立体图

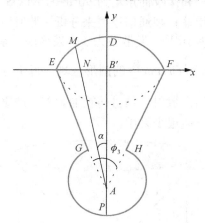

图 2.19　NLOS（b）类投影的平面图

图 2.18 中根据正弦定理 $\dfrac{a}{\sin A} = \dfrac{b}{\sin B} = \dfrac{c}{\sin C}$，$a$、$b$、$c$ 为三角形的三边边长，它们所对应的角分别为 $\angle A$、$\angle B$、$\angle C$，则在 $\triangle ABO$ 中 $AB = r$，$\angle AOB = 180° - \theta_1 - \theta_2 - \dfrac{\phi_2}{2}$，其中 $\theta_2 = \dfrac{\pi}{2}$，存在

$$\frac{AO}{\sin\left(\theta_2 + \dfrac{\phi_2}{2}\right)} = \frac{AB}{\sin(\angle AOB)} \tag{2.11}$$

即

$$\frac{AO}{\cos\dfrac{\phi_2}{2}}=\frac{r}{\cos\left(\theta_1+\dfrac{\phi_2}{2}\right)} \tag{2.12}$$

因此

$$AO=\frac{r\cdot\cos\dfrac{\phi_2}{2}}{\cos\left(\theta_1+\dfrac{\phi_2}{2}\right)} \tag{2.13}$$

在 Rt$\triangle AOB'$ 中

$$\frac{AB'}{AO}=\cos\theta_1 \tag{2.14}$$

$$AB'=\frac{r\cdot\cos\theta_1\cdot\cos\dfrac{\phi_2}{2}}{\cos\left(\theta_1+\dfrac{\phi_2}{2}\right)} \tag{2.15}$$

在 Rt$\triangle AMD$ 中

$$\frac{AD}{AM}=\cos\left(\theta_1-\dfrac{\phi_1}{2}\right) \tag{2.16}$$

$$AD=\frac{r\cdot\cos\left(\theta_1-\dfrac{\phi_1}{2}\right)\cdot\cos\dfrac{\phi_2}{2}}{\cos\left(\theta_1+\dfrac{\phi_2}{2}\right)\cdot\cos\dfrac{\phi_1}{2}} \tag{2.17}$$

$$B'D=AD-AB'=\frac{r\cdot\cos\left(\theta_1-\dfrac{\phi_1}{2}\right)\cdot\cos\dfrac{\phi_2}{2}}{\cos\left(\theta_1+\dfrac{\phi_2}{2}\right)\cdot\cos\dfrac{\phi_1}{2}}-\frac{r\cdot\cos\theta_1\cdot\cos\dfrac{\phi_2}{2}}{\cos\left(\theta_1+\dfrac{\phi_2}{2}\right)}$$

$$=\frac{r\cdot\cos\left(\theta_1-\dfrac{\phi_1}{2}\right)\cdot\cos\dfrac{\phi_2}{2}-r\cdot\cos\theta_1\cdot\cos\dfrac{\phi_2}{2}\cdot\cos\dfrac{\phi_1}{2}}{\cos\left(\theta_1+\dfrac{\phi_2}{2}\right)\cdot\cos\dfrac{\phi_1}{2}} \tag{2.18}$$

化简后为

$$B'D=\frac{r\cdot\tan\dfrac{\phi_1}{2}}{\cot\theta_1-\tan\dfrac{\phi_2}{2}} \tag{2.19}$$

以 O 点为中点，A 为顶点的圆锥，在地面的覆盖范围如图 2.20 所示。考虑到米氏散射前后向的不对称性，无线紫外光通信主要考虑的是前向散射的覆盖范围，

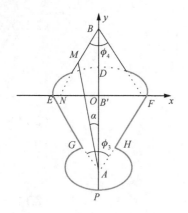

图 2.20　NLOS（c）类投影的平面图

但是在发送端附近存在一定的后向散射。椭圆弧 $EMDF$ 为前向散射的覆盖范围，对后向散射采用圆弧近似修正，圆弧的半径取前向散射椭圆弧的短半轴。为了在有效覆盖范围内对信号进行接收，在椭圆弧 $EMDF$ 上取任意一点 M，与发送端 A 点的夹角为 α。其中椭圆弧 $EMDF$ 和直线 AM 的方程为

椭圆：

$$\frac{x^2}{a^2} + \frac{y^2}{b^2} = 1 \tag{2.20}$$

其中

$$\begin{cases} a = EF/2 = \tan\dfrac{\phi_1}{2} \cdot \dfrac{r \cdot \cos\dfrac{\phi_2}{2}}{\cos\left(\theta_1 + \dfrac{\phi_2}{2}\right)} \\[4mm] b = B'D = \dfrac{r \cdot \tan\dfrac{\phi_1}{2}}{\cot\theta_1 - \tan\dfrac{\phi_2}{2}} \end{cases} \tag{2.21}$$

直线 AM：

$$y = kx + d \tag{2.22}$$

其中

$$\begin{cases} k = -\cot\alpha \\[4mm] d = -\dfrac{r \cdot \cos\theta_1 \cdot \cos\dfrac{\phi_2}{2}}{\cos\left(\theta_1 + \dfrac{\phi_2}{2}\right)} \end{cases} \tag{2.23}$$

M 点为椭圆弧 $EMDF$ 与直线 AM 的交点，坐标为 $M(x_0, y_0)$；A 点的坐标为

$$A\left(0, \frac{r \cdot \cos\theta_1 \cdot \cos\dfrac{\phi_2}{2}}{\cos\left(\theta_1 + \dfrac{\phi_2}{2}\right)}\right)。$$

式（2.20）可写为

$$\frac{x^2}{\left[\tan\dfrac{\phi_1}{2}\cdot\dfrac{r\cdot\cos\dfrac{\phi_2}{2}}{\cos\left(\theta_1+\dfrac{\phi_2}{2}\right)}\right]^2}+\frac{y^2}{\left[\dfrac{r\cdot\tan\dfrac{\phi_1}{2}}{\cot\theta_1-\tan\dfrac{\phi_2}{2}}\right]^2}=1 \tag{2.24}$$

$$\frac{x^2\cdot\cos^2\left(\theta_1+\dfrac{\phi_2}{2}\right)}{r^2\cdot\tan^2\dfrac{\phi_1}{2}\cdot\cos^2\dfrac{\phi_2}{2}}+\frac{y^2\cdot\left(\cot\theta_1-\tan\dfrac{\phi_2}{2}\right)^2}{r^2\cdot\tan^2\dfrac{\phi_1}{2}}=1 \tag{2.25}$$

$$x^2\cdot\cos^2\left(\theta_1+\frac{\phi_2}{2}\right)+\cos^2\frac{\phi_2}{2}\cdot\left(\cot\theta_1-\tan\frac{\phi_2}{2}\right)^2\cdot y^2=r^2\cdot\tan^2\frac{\phi_1}{2}\cdot\cos^2\frac{\phi_2}{2} \tag{2.26}$$

将 $y=-\cot\alpha\cdot x-\dfrac{r\cdot\cos\theta_1\cdot\cos\dfrac{\phi_2}{2}}{\cos\left(\theta_1+\dfrac{\phi_2}{2}\right)}$ 代入式（2.26），得

$$x^2\cdot\cos^2\left(\theta_1+\frac{\phi_2}{2}\right)+\cos^2\frac{\phi_2}{2}\cdot\left(\cot\theta_1-\tan\frac{\phi_2}{2}\right)^2\cdot\left[\cot\alpha\cdot x+\frac{r\cdot\cos\theta_1\cdot\cos\dfrac{\phi_2}{2}}{\cos\left(\theta_1+\dfrac{\phi_2}{2}\right)}\right]^2$$

$$=r^2\cdot\tan^2\left\{\frac{\phi_1}{2}\cdot\cos^2\left(\frac{\phi_2}{2}\right)x^2\left[\cos^2\left(\theta_1+\frac{\phi_2}{2}\right)+\cot^2\alpha\cdot\cos^2\frac{\phi_2}{2}\cdot\left(\cot\theta_1-\tan\frac{\phi_2}{2}\right)^2\right]\right.$$

$$+x\cdot\frac{2r\cdot\cos(\theta_1)\cdot\cot\alpha\cdot\cos^3\dfrac{\phi_2}{2}\cdot\left(\cot\theta_1-\tan\dfrac{\phi_2}{2}\right)^2}{\cos\left(\theta_1+\dfrac{\phi_2}{2}\right)}\right\}$$

$$+\frac{r^2\cdot\cos^2\dfrac{\phi_2}{2}\cdot\left[\cos^2\theta_1\cdot\cos^2\dfrac{\phi_2}{2}\cdot\left(\cot\theta_1-\tan\dfrac{\phi_2}{2}\right)^2-\tan^2\dfrac{\phi_2}{2}\right]\cdot\cos^2\left(\theta_1+\dfrac{\phi_2}{2}\right)}{\cos^2\left(\theta_1+\dfrac{\phi_2}{2}\right)} \tag{2.27}$$

$$=0$$

因为 M 在第二象限，所以横坐标为负，舍弃正值得

$$x_0 = -r \cdot \cos\frac{\phi_2}{2} \left[\frac{\cos\theta_1 \cdot \cot\alpha \cdot \cos^2\frac{\phi_2}{2} \cdot \left(\cot\theta_1 - \tan\frac{\phi_2}{2}\right)^2}{\cos^3\left(\theta_1 + \frac{\phi_2}{2}\right) + \cos\left(\theta_1 + \frac{\phi_2}{2}\right) \cdot \cot^2\alpha \cdot \cos^2\frac{\phi_2}{2} \cdot \left(\cot\theta_1 - \tan\frac{\phi_2}{2}\right)^2} \right.$$

$$+ \frac{\sqrt{-\cos^2\frac{\phi_2}{2} \cdot \cos^2\theta_1 \cdot \left(\cot\theta_1 - \tan\frac{\phi_2}{2}\right)^2 \cdot \cos^2\left(\theta_1 + \frac{\phi_2}{2}\right) + \tan^2\frac{\phi_1}{2} \cos^4\left(\theta_1 + \frac{\phi_2}{2}\right)}}{\cos^3\left(\theta_1 + \frac{\phi_2}{2}\right) + \cos\left(\theta_1 + \frac{\phi_2}{2}\right) \cdot \cot^2\alpha \cdot \cos^2\frac{\phi_2}{2} \cdot \left(\cot\theta_1 - \tan\frac{\phi_2}{2}\right)^2}$$

$$\left. + \frac{\sqrt{\tan^2\frac{\phi_1}{2} \cdot \cos^2\frac{\phi_2}{2} \cdot \cos^2\left(\theta_1 + \frac{\phi_2}{2}\right) \cdot \cot^2\alpha \cdot \left(\cot\theta_1 - \tan\frac{\phi_2}{2}\right)^2}}{\cos^3\left(\theta_1 + \frac{\phi_2}{2}\right) + \cos\left(\theta_1 + \frac{\phi_2}{2}\right) \cdot \cot^2\alpha \cdot \cos^2\frac{\phi_2}{2} \cdot \left(\cot\theta_1 - \tan\frac{\phi_2}{2}\right)^2} \right] \qquad (2.28)$$

$$y_0 = -\cot\alpha \cdot x_0 - \frac{r \cdot \cos\theta_1 \cdot \cos\frac{\phi_2}{2}}{\cos\left(\theta_1 + \frac{\phi_2}{2}\right)} \qquad (2.29)$$

$|AM|$ 为前向散射的覆盖范围，后向散射修正圆的半径 AP 等于前向散射椭圆短半轴 $B'D$，因此后向的覆盖范围约为 $|B'D|$。为了达到较好的通信效果，接收端一定要在前向散射覆盖范围之内。

随着发送仰角的增大，前向散射弧逐渐向发送端方向缩进，而后向散射弧逐渐扩大。当发送仰角增大到 90°时，转化为 NLOS（a）类通信方式，覆盖范围为圆形区域。

3. NLOS（c）类通信方式

发送仰角小于 90°，接收仰角小于 90°时为 NLOS（c）类通信方式。此时，无线紫外光通信在地面投影的平面图如图 2.20 所示[15,16]，通信效果比前两种非直视通信方式更好。NLOS（b）类通信方式中逐渐减小 θ_2，即转化为 NLOS（c）类。其在 NLOS（b）类覆盖范围的基础上，增加了三角形覆盖区域。此时后向散射很小，可以忽略不计。由 NLOS（c）类通信方式得到 $A\left(0, -\dfrac{r \cdot \cos\theta_1 \cdot \cos\frac{\phi_2}{2}}{\cos\left(\theta_1 + \frac{\phi_2}{2}\right)}\right)$，$B(0, \cos\theta_2 \cdot r_2)$。

当 $\phi_4 \geqslant \phi_3$ 时覆盖范围为 A 点到圆弧的距离；当 $\phi_4 \leqslant \phi_3$ 时覆盖范围为 A 点到直线 BN 的距离。直线 BN 表示为 $Ax + By + C = 0$，$\cot\dfrac{\phi_4}{4} \cdot x - y + \dfrac{r \cdot \sin\theta_1 \cdot \cos\theta_2}{\sin\theta_s} = 0$。由点

到直线的距离公式可得

$$| AM |=\frac{| Ax_0 + By_0 + C |}{\sqrt{A^2 + B^2}}=\left| \sin\frac{\phi_4}{2} \right| \cdot \left| \frac{r \cdot \cos\theta_1 \cdot \cos\dfrac{\phi_2}{2}}{\cos\left(\theta_1 + \dfrac{\phi_2}{2}\right)}+\frac{r \cdot \sin\theta_1 \cdot \cos\theta_2}{\sin\theta_s} \right| \quad (2.30)$$

2.5.2　LOS 方式的覆盖范围

当发送端和接收端达到基本对准的程度时用直视通信模型来分析，此时的覆盖范围为三角形，如图 2.21 所示。

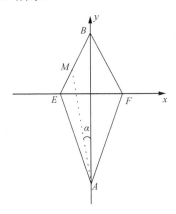

图 2.21　LOS 类投影的平面图

实际通信过程中还存在很多复杂情况有待进一步解决，如接收端和发送端的光轴可能没有交点，收发同向等，还可以采用蒙特卡罗模型来仿真紫外光 LOS 和 NLOS 通信的节点覆盖范围以及脉冲展宽等效应[17]。

参 考 文 献

[1]　CHANG S, YANG J, YANG J, et al. The experimental research of UV communication[J]. Proceeding of SPIE, 2004, 115(4):1621-31.

[2]　HUFFMAN R E, HUNTER W R. Atmospheric Ultraviolet Remote Sensing[M]. Boston: Academic Press, 1992: 32.

[3]　赵太飞, 王小瑞, 柯熙政. 无线紫外光散射通信中多信道接入技术研究[J]. 光学学报, 2012, 32(3): 0306001-1-0306001-8.

[4]　赵太飞, 张爱利, 金丹, 等. 无线紫外光非视距通信中链路间干扰模型研究[J]. 光学学报, 2013, 33(7): 136-141.

[5]　MORIARTY D T, MAYNARD J A. Unique properties of solar blind ultraviolet communication systems for unattended ground sensor networks[J]. Proceedings of SPIE—The International Society for Optical Engineering, 2004, 5611:244-254.

[6]　陈林星, 曾曦, 曹毅. 移动 Ad Hoc 网络-自组织分组无线网络技术[M]. 北京:电子工业出版社, 2006.

[7]　　CHEN J, YANG X. Research of the atmospheric factors of solar blind ultraviolet communication[J]. Laser Journal, 2008, 4(21):38,39.

[8]　　赵太飞, 柯熙政, 冯艳玲. 无线紫外光 Mesh 网络技术研究[J]. 激光杂志, 2010, 31(6):40-43.

[9]　　何华, 柯熙政, 赵太飞. 基于高度的紫外光 NLOS 单次散射链路模型的研究[J]. 激光技术, 2011, 35(4): 495-498.

[10]　SHAW G A, IYENGAR M A, GRIFFIN M K. NLOS UV communication for distributed sensor systems[J]. Proceedings of SPIE—The International Society for Optical Engineering, 2000, 41(26):83-96.

[11]　PATTERSON E M, GILLESPIE J B. Simplified ultraviolet and visible wavelength atmospheric propagation model[J]. Applied Optics, 1989, 28(3):425-429.

[12]　李晓峰. 星地激光通信链路原理与技术[M]. 北京:国防工业出版社, 2007.

[13]　朱孟真, 张海良, 贾红辉, 等. 基于 Mie 散射理论的紫外光散射相函数研究[J]. 光散射学报, 2007, 3:225-228.

[14]　WISCOMBE W. Mie scattering calculations : Advances in technique and fast, vector-speed computer codes[R]. Boulder: National Center for Atmospheric Research, 1979: 177-180.

[15]　赵太飞, 柯熙政. Monte Carlo 方法模拟非直视紫外光散射覆盖范围[J]. 物理学报, 2012, 61(11): 114208-1-114208-12.

[16]　赵太飞, 柯熙政, 侯兆敏, 等. 无线紫外光通信组网链路性能分析[J]. 激光技术, 2011, 35(6): 828-832.

[17]　宋鹏, 柯熙政, 熊扬宇, 等. 紫外光非直视非共面通信中脉冲展宽效应研究[J]. 光学学报, 2016, 36(11): 1-16.

第 3 章　无线紫外光通信散射信道模型

本章重点研究无线紫外光非直视通信散射信道的传输模型。首先介绍基于椭球坐标系的非直视单次散射共面经典模型；其次介绍基于椭球坐标系和球面坐标系的无线紫外光非直视通信非共面单次散射信道模型；最后给出基于蒙特卡罗方法的无线紫外光通信多次散射传输模型。研究无线紫外光通信的信道传输模型是研究无线紫外光通信的基础，也是研究的热点。近年，无线紫外光通信信道模型研究的路线是先研究单次散射共面的情况，再研究单次散射非共面的情况，最后研究多次散射共面和非共面的情况。

3.1　共面单次散射传输模型

1979 年 Reilly 基于椭球坐标系，建立了无线紫外光经由大气信道发生单次散射传输的模型。1991 年 Luettgen 在 Reilly 的基础上，基于椭球坐标系，提出无线紫外光非直视共面单次散射通信模型。

1）椭球坐标系

椭球坐标系是紫外光单次散射链路模型分析的基础，如图 3.1 所示。椭球表面由椭圆围绕其主轴旋转一周得到，椭球上任意一点的坐标由径向坐标 ξ、角坐标 η 和方位角坐标 ϕ 唯一确定。直角坐标系 x-y-z 转化到椭球坐标系的参数为[1]

$$r_1 = \left[x^2 + y^2 + (z + r/2)^2 \right]^{1/2} \tag{3.1}$$

$$r_2 = \left[x^2 + y^2 + (z - r/2)^2 \right]^{1/2} \tag{3.2}$$

$$\xi = \frac{r_1 + r_2}{r}, \quad 1 \leqslant \xi \leqslant \infty \tag{3.3}$$

$$\eta = \frac{r_1 - r_2}{r}, \quad -1 \leqslant \eta \leqslant 1 \tag{3.4}$$

$$\phi = \arctan(x, y), \quad -\pi \leqslant \phi \leqslant \pi \tag{3.5}$$

$$\beta_s = \psi_1 + \psi_2 \tag{3.6}$$

两焦点 F_1 和 F_2 分别位于 z 轴上 $\pm r/2$ 处，ψ_1、ψ_2 是椭球的两个焦角，β_s 是散射角，r 是两焦点之间的距离，r_1 和 r_2 分别是椭球面上某点到两焦点的焦半径。当 $\xi \to \infty$ 时，椭球成为一个圆；当 $\xi \to 1$ 时，椭球成为连接两焦点的线段。由式（3.1）、式（3.2）、式（3.4）～式（3.6）可以推出

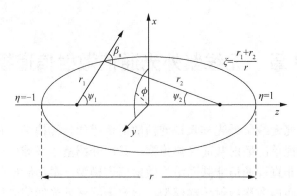

图 3.1　椭球坐标系

$$\cos\psi_1 = \frac{1+\xi\eta}{\xi+\eta} \tag{3.7}$$

$$\sin\psi_1 = \frac{[(\xi^2-1)(1-\eta^2)]^{1/2}}{\xi+\eta} \tag{3.8}$$

$$\cos\psi_2 = \frac{1-\xi\eta}{\xi-\eta} \tag{3.9}$$

$$\sin\psi_2 = \frac{[(\xi^2-1)(1-\eta^2)]^{1/2}}{\xi-\eta} \tag{3.10}$$

$$\cos\beta_s = \frac{2-\xi^2-\eta^2}{\xi^2-\eta^2} \tag{3.11}$$

由式（3.7）与式（3.9）可以看出，若令 $\cos\psi_1 = f(\xi,\eta)$，则 $\cos\psi_2 = f(\xi,-\eta)$；同样，由式（3.8）与式（3.10）可见，若令 $\sin\psi_1 = h(\xi,\eta)$，则 $\sin\psi_2 = h(\xi,-\eta)$。这是椭球坐标系特有的对称性表现，为无线紫外光非直视单次散射通信的建模提供了便利条件。

2）无线紫外光非直视共面单次散射传输模型

将无线紫外光非直视通信的收发装置放到椭球坐标系的两个焦点上，散射区域为 ξ 确定的椭球球面，那么发送端到散射区域的距离 r_1 和散射区域到接收端的距离 r_2 之和为固定值，也就是光从发送端到接收端传输的距离为固定值。无线紫外光非直视通信建模中的大量计算可以直接套用椭球坐标系的已有公式，大大简化了模型的计算，为无线紫外光非直视单次散射通信系统的建模提供了便利条件。基于椭球坐标系的无线紫外光非直视共面单次散射通信链路模型如图 3.2 所示。

图 3.2 中，发送端在椭球坐标系的 F_1 焦点位置；接收端在椭球坐标系的 F_2 焦点位置；接收端与发送端的距离为 r；发送端投射光锥的中心轴与 x 轴正方向的夹角称为发送仰角，记为 θ_t；发送端半发散角为 ϕ_t；接收端接收视场锥体的中心轴与 x 轴负方向的夹角称为接收仰角，记为 θ_r；接收端半视场角为 ϕ_r；β_s 为散

角。图 3.2 中粗线围起来的区域为收发锥体相交所形成的公共散射体，公共散射体的最高位置对应 $\xi_{\max}$，公共散射体的最低位置对应 $\xi_{\min}$。

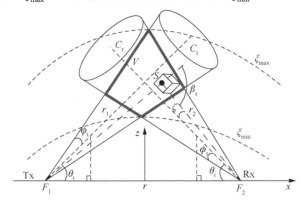

图 3.2 基于椭球坐标系的无线紫外光非直视共面单次散射通信链路模型

发送端在 $t=0$ 时刻发射总能量为 E_t 的光子，假定光子在发散角为 ϕ_t 的锥体内均匀分布，发射光锥所对应的立体角为 $\Omega_t = 4\pi\sin^2\dfrac{\phi_t}{2}$（单位为球面弧度），发射光锥中单位立体角所包含的光子能量为 E_t / Ω_t，光子在发射光锥中传输 r_1 的距离，在 $t = r_1 / c$（c 为光速）时刻，到达散射点 $S(\xi,\eta,\phi)$，此时 S 点处单位体积内包含的能量为

$$H_S = \frac{E_t \mathrm{e}^{-k_e r_1}}{\Omega_t r_1^2} \qquad (3.12)$$

式中，k_e 是大气的消光系数，等于散射系数 k_s 和吸收系数 k_a 之和，即 $k_e = k_s + k_a$。光子从发送端出发，到达 S 点，能量要发生衰减，衰减的能量主要由两部分组成，一部分是大气吸收的能量，另一部分是发生散射消耗的能量。光子在 S 点与大气分子或气溶胶微粒相互作用，发生散射作用，此时 S 点可以看成一个点光源，则包含 S 点的 δv 体积微元中具有的散射总能量为

$$\delta E_S = k_s H_S \delta v = k_s \frac{E_t \mathrm{e}^{-k_e r_1}}{\Omega_t r_1^2} \delta v \qquad (3.13)$$

S 点作为二次散射点光源，在一个标准单位的 4π 球面，从球心发出的光子可以看成均匀的，此时散射相函数 $P(\beta_s)=1$，这种情况最简单。也可以认为是发生瑞利散射或者米氏散射，这时瑞利散射相函数为

$$P^R(\cos\beta_s) = \frac{3[1 + 3\gamma + (1-\gamma)\cos^2\beta_s]}{4(1 + 2\gamma)} \qquad (3.14)$$

米氏散射相函数为

$$P^{M}(\cos\beta_s) = (1-g^2)\left[\frac{1}{(1+g^2-2g\cos\beta_s)^{3/2}} + f\frac{0.5(3\cos^2\beta_s-1)}{(1+g^2)^{3/2}}\right] \quad (3.15)$$

式中，γ、g 和 f 都是模型参数。

由 S 点指向接收端的单位散射立体角内所包含的能量为

$$\delta R_s = \frac{\delta E_s P(\cos\beta_s)}{4\pi} \quad (3.16)$$

光子传输 r_2 的距离，在 r_2/c 时刻到达接收端，此时接收端面积微元上接收到的能量为

$$\delta E_r = \delta R_s \frac{e^{-k_e r_2}}{r_2^2}\cos\zeta$$
$$= \frac{E_t k_s P(\cos\beta_s)\cos\zeta e^{-k_e(r_1+r_2)}}{4\pi\Omega_t r_1^2 r_2^2}\delta v \quad (3.17)$$

式中，ζ 是散射点 S 与接收端接收面中心的连线与接收视场锥体中心轴的夹角，其余弦值为

$$\cos\zeta = \cos\theta_r\cos\psi_r + \sin\theta_r\sin\psi_r\cos\phi \quad (3.18)$$

在椭球坐标系下，体积微元可以表示为

$$\delta v = \frac{r^3}{8}(\xi^2-\eta^2)\delta\xi\delta\eta\delta\phi \quad (3.19)$$

从式（3.3）和式（3.4）中可以求出 r_1 和 r_2，并把式（3.19）代入式（3.17）中可得

$$\delta E_r = \frac{E_t k_s P(\cos\beta_s)\cos\zeta e^{-k_e\xi r}}{2\pi r\Omega_t(\xi^2-\eta^2)}\delta\xi\delta\eta\delta\phi \quad (3.20)$$

由于 $\zeta = (r_1+r_2)/r = ct/r$，因此 $\delta\zeta = c\delta t/r$，代入式（3.20）可得

$$\delta E_r = \frac{E_t c k_s P(\cos\beta_s)\cos\zeta e^{-k_e\xi r}}{2\pi r^2\Omega(\xi^2-\eta^2)}\delta t\delta\eta\delta\phi \quad (3.21)$$

将式（3.21）两端同除以 δt，则当 δt 趋近于 0 时，也就是当散射点在 ξ 所确定的椭球面上时，在接收端的面积微元上接收的能量为

$$\delta E(\xi) = \frac{\delta E_r}{\delta t} = \frac{E_t c k_s P(\cos\beta_s)\cos\zeta e^{-k_e\xi r}}{2\pi r^2\Omega_t(\xi^2-\eta^2)}\delta\eta\delta\phi \quad (3.22)$$

δv 趋于 0，对式（3.22）进行二重积分，可得在 $t=\xi r/c$ 时刻，通过由 ξ 确定的椭球面单次散射而在接收端接收的能量为

$$E(\xi) = \begin{cases} 0, & \xi < \xi_{min} \\ \dfrac{E_t c k_s e^{-k_e\xi r}}{2\pi r^2\Omega_t}\displaystyle\int_{\eta_1(\xi)}^{\eta_2(\xi)}\int_{\phi_1(\xi,\eta)}^{\phi_2(\xi,\eta)}\frac{P(\cos\beta_s)\cos\zeta}{\xi^2-\eta^2}d\eta d\phi, & \xi_{min}\leqslant\xi\leqslant\xi_{max} \\ 0, & \xi > \xi_{max} \end{cases} \quad (3.23)$$

由于椭球坐标系关于 x-z 平面对称，则

$$\phi_1(\xi,\eta) = -\phi_2(\xi,\eta) \tag{3.24}$$

把式（3.24）和式（3.18）代入式（3.23）中，可得

$$E(\xi) = \begin{cases} 0, & \xi < \xi_{\min} \\ \dfrac{E_t c k_s \mathrm{e}^{-k_e \xi r}}{2\pi r^2 \Omega_t} \displaystyle\int_{\eta_1(\xi)}^{\eta_2(\xi)} \dfrac{2g[\phi(\xi,\eta)]P(\cos\beta_s)}{\xi^2 - \eta^2}\mathrm{d}\eta, & \xi_{\min} \leqslant \xi \leqslant \xi_{\max} \\ 0, & \xi > \xi_{\max} \end{cases} \tag{3.25}$$

式（3.25）中仅剩下对 η 的积分，$2g[\phi(\xi,\eta)]$ 为 $\cos\xi$ 对 $\mathrm{d}\phi$ 积分后的函数。

$$g[\phi(\xi,\eta)] = \phi(\xi,\eta)\cos\theta_r\cos\psi_1 + \sin\theta_r\sin\psi_1\sin[\phi(\xi,\eta)] \tag{3.26}$$

由于 $t = \xi r / c$，t 是光子从发送端到接收端经历的时间，t 的取值范围为 $[t_{\min}, t_{\max}]$，其中 $t_{\min}$ 对应 $\xi_{\min}$，$t_{\max}$ 对应 $\xi_{\max}$，则接收端接收到的总能量为

$$E_r(t) = \int_{t_{\min}}^{t_{\max}} E\left(\frac{ct}{r}\right)\mathrm{d}t \tag{3.27}$$

以上是无线紫外光非直视单次散射传输的 Luettgen 模型。该模型的巧妙之处是：利用椭球坐标系，把发送装置和接收装置分别放到长轴的两个焦点上，由于 $t = \xi r / c$，那么脉冲响应在时间 t 内所接收的光信号的能量一定是由 $\xi = tc/r$ 所确定的椭球面散射而来的，因此接收端的脉冲响应曲线可由式（3.25）求得，其中参数 $\xi = tc/r$。接收端收到的光子的总能量可以由式（3.27）求得，发送端发出的光子的总能量已知，进而可以求出通信系统的路径损耗。Luettgen 模型的缺点是：①该模型仅考虑了发射光锥体中心轴和接收视场锥体中心轴相交的情况，也就是仅考虑了共面的情况，而共面只是非共面的一种特殊情况，实际通信系统一般是非共面的。②共面情况下，公共散射体关于 x-z 平面对称，式（3.25）中仅需对 $\mathrm{d}\eta$ 进行积分，但两个锥体相交所形成区域是不规则的多面体，$\eta_1(\xi)$ 和 $\eta_2(\xi)$ 都为分段函数，$\eta_1(\xi)$、$\eta_2(\xi)$ 和 $\phi(\xi,\eta)$ 的表达式较难确定，因此通过式（3.25）计算系统的脉冲响应较为复杂。

3.2　非共面单次散射传输模型

无线紫外光非直视共面单次散射通信只是非共面散射通信的一种特殊情况。一般情况下，实际的无线紫外光通信系统发送端锥体的中心轴和接收端视场锥体的中心轴不相交，也就是非共面散射传输，因此有必要把无线紫外光非直视单次散射通信的传输模型由共面扩展为非共面，以便更好地描述实际系统。

3.2.1　基于椭球坐标系的非共面单次散射信道模型

2011 年 Elshimy 等在 Luettgen 工作的基础上，基于椭球坐标系提出无线紫外

光非直视非共面单次散射传输模型[2]。基于椭球坐标系的无线紫外光非直视非共面单次散射通信链路模型如图 3.3 所示。

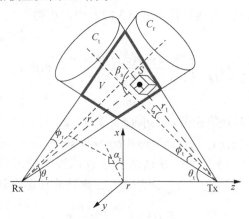

图 3.3　基于椭球坐标系的无线紫外光非直视非共面单次散射通信链路模型

从图 3.3 可见，发送端在椭球坐标系的焦点（0,0,r/2）处，接收端在椭球坐标系的焦点（0,0,−r/2）处，发送端出射光形成的锥体记为 C_t，发送仰角 θ_t 是出射光锥 C_t 的中心轴与 z 坐标轴负方向的夹角，ϕ_t 是出射光锥的半发散角，发送端偏转角 α_t 为出射光锥的中心轴在 x-y 平面的投影与 x 轴正方向的夹角。接收端的视场锥体记为 C_r，接收仰角 θ_r 是接收端视场锥体 C_r 的中心轴与 z 坐标轴正方向的夹角，ϕ_r 是接收端视场锥体的半视场角，α_r 为接收端视场锥体的中心轴在 x-y 平面的投影与 x 轴正方向的夹角。ζ 为散射点 S 与接收端的接收面中心点的连线与接收端接收视场锥体中心轴的夹角。β_s 为散射角。收发锥体相交的公共区域如图 3.3 中粗线所围区域 V 所示。当 $\alpha_t = \alpha_r = 0$ 时，收发锥体中心轴相交，是共面的情况。$\alpha_t = 0$，发送端锥体的中心轴在 x-z 平面，让接收锥体绕 z 轴旋转 α_r 的角度（$\alpha_r \neq 0$），此时接收锥体的中心轴在 x-y 平面的投影与 x 轴正向的夹角即为 α_r，接收锥体的中心轴不在 x-z 平面，也就是不共面的情况。

设定发送端在 $t=0$ 时刻发出总能量为 1J 的光子，经公共散射体 V 内体积微元 δv 散射后，接收端接收到的总能量可以表示为

$$\delta E_r = \frac{k_s P(\cos\beta_s)\,A_d \cos\zeta\, e^{-k_e(r_1+r_2)}}{4\pi\Omega_t r_1^2 r_2^2}\delta v$$

$$= \frac{k_s P(\cos\beta_s)\,A_d \cos\zeta\, e^{-k_e r\xi}}{2\pi\Omega_t r(\xi^2-\eta^2)}\delta\phi\delta\eta\delta\xi \tag{3.28}$$

式中，A_d 为接收端的有效面积；ψ 可以计算为

$$\cos\zeta = \sin\theta_r \sin\psi_r(\cos\alpha_r \cos\phi + \sin\alpha_r \sin\phi) + \cos\theta_r \cos\psi_r \tag{3.29}$$

当式（3.29）中 $\alpha_r = 0$ 时，是共面的情况，式（3.29）可以化为式（3.18）。

在椭球坐标系中，确定的 ξ 可以指定一个椭球面，经 $\delta\xi$ 椭球面微元散射，能被接收端接收的能量可以表示为

$$g(\xi)\delta\xi = \frac{k_{\mathrm{s}}A_{\mathrm{d}}\mathrm{e}^{-k_{\mathrm{e}}\xi r}}{2\pi r\Omega}\int_{\eta_1(\xi)}^{\eta_2(\xi)}\int_{\phi_1(\xi,\eta)}^{\phi_2(\xi,\eta)}\frac{P(\cos\beta_{\mathrm{s}})\ \cos\zeta}{\xi^2-\eta^2}\mathrm{d}\phi\mathrm{d}\eta\delta\xi \qquad (3.30)$$

因为 $\xi = tc/r$，由式（3.30）可得系统的脉冲响应为

$$h(t) = \frac{c}{r}g\left(\frac{ct}{r}\right) \qquad (3.31)$$

发送端发射总能量为 1J 的光子，经大气信道一次散射，接收端能接收的能量为

$$H_0 = \int h(t)\ \mathrm{d}t \qquad (3.32)$$

无线紫外光非直视通信系统的路径损耗为

$$\mathrm{PL} = -10\lg H_0 \qquad (3.33)$$

Elshimy 模型从根本上说要对式（3.28）在公共散射体内进行三重积分，因此对积分变量 $\mathrm{d}\xi$、$\mathrm{d}\eta$、$\mathrm{d}\phi$ 积分上下限的确定就成为关键。

1）$\mathrm{d}\xi$ 的积分上下限

当 $\alpha_{\mathrm{t}}=0$、$\alpha_{\mathrm{r}}=0$ 时，收发锥体的中心轴均在 x-z 平面上，此时是共面的情况，$\mathrm{d}\xi$ 的积分上下限记为 $[\xi_{\min}^{\mathrm{c}}, \xi_{\max}^{\mathrm{c}}]$。可求得上下限分别为

$$\xi_{\min}^{\mathrm{c}} = \begin{cases} 1, & \theta_{\mathrm{t}}-\phi_{\mathrm{t}}\leqslant 0\text{或}\theta_{\mathrm{r}}-\phi_{\mathrm{r}}\leqslant 0 \\ a+(a^2-1)^{1/2}, & 0<(\theta_{\mathrm{t}}-\phi_{\mathrm{t}})+(\theta_{\mathrm{r}}-\phi_{\mathrm{r}})\leqslant\pi \\ \infty, & \pi\leqslant(\theta_{\mathrm{t}}-\phi_{\mathrm{t}})+(\theta_{\mathrm{r}}-\phi_{\mathrm{r}}) \end{cases} \qquad (3.34)$$

$$\xi_{\max}^{\mathrm{c}} = \begin{cases} b+(b^2-1)^{1/2}, & 0<(\theta_{\mathrm{t}}+\phi_{\mathrm{t}})+(\theta_{\mathrm{r}}+\phi_{\mathrm{r}})<\pi \\ \infty, & \pi\leqslant(\theta_{\mathrm{t}}+\phi_{\mathrm{t}})+(\theta_{\mathrm{r}}+\phi_{\mathrm{r}}) \end{cases} \qquad (3.35)$$

其中

$$a = \frac{1+\cos(\theta_{\mathrm{t}}-\phi_{\mathrm{t}})\cos(\theta_{\mathrm{r}}-\phi_{\mathrm{r}})}{\cos(\theta_{\mathrm{t}}-\phi_{\mathrm{t}})+\cos(\theta_{\mathrm{r}}-\phi_{\mathrm{r}})} \qquad (3.36)$$

$$b = \frac{1+\cos(\theta_{\mathrm{t}}+\phi_{\mathrm{t}})\cos(\theta_{\mathrm{r}}+\phi_{\mathrm{r}})}{\cos(\theta_{\mathrm{t}}+\phi_{\mathrm{t}})+\cos(\theta_{\mathrm{r}}+\phi_{\mathrm{r}})} \qquad (3.37)$$

当 $\alpha_{\mathrm{t}}=0$ 时，发送端锥体的中心轴在 x-z 平面，接收端视场锥体的 θ_{r} 保持不变，接收端视场锥体绕 z 轴旋转 α_{r} 的角度，收发锥体的中心轴将不再共面，此时 $\mathrm{d}\xi$ 的积分上下限记为 $[\xi_{\min}, \xi_{\max}]$。共面情况时，公共散射体最大，$[\xi_{\min}^{\mathrm{c}}, \xi_{\max}^{\mathrm{c}}]$ 包含的区域最大；发送端锥体不动，接收端视场锥体绕 z 轴旋转，随着 α_{r} 的增大，公共散射体逐渐减小，$[\xi_{\min}, \xi_{\max}]$ 包含的区域也逐渐减小，有 $[\xi_{\min}, \xi_{\max}]\subseteq[\xi_{\min}^{\mathrm{c}}, \xi_{\max}^{\mathrm{c}}]$。共面为非共面的一种特殊情况，因此非共面情况下，$\mathrm{d}\xi$ 的积分上下限应该取最大范

围，即 $[\xi^{c}_{\min}, \xi^{c}_{\max}]$。

2）$\mathrm{d}\eta$ 的积分上下限

共面条件下，当 ξ 确定时，一个椭球面随之确定，发送端锥体与该椭球面相交，形成一条闭合曲线。在椭球坐标系下，该曲线角坐标 η 的取值范围记为 $[\eta_{t1}, \eta_{t2}]$。类似地，接收端锥体与该椭球面相交所形成的闭合曲线的角坐标 η 的取值范围记为 $[\eta_{r1}, \eta_{r2}]$。对于不同的 ξ，$[\eta_{t1}, \eta_{t2}]$ 和 $[\eta_{r1}, \eta_{r2}]$ 可以分别计算：

$$\eta_{t1}(\xi) = \begin{cases} -1, & \theta_t - \phi_t \leqslant 0 \\ \dfrac{1 - \xi\cos(\theta_t - \phi_t)}{\xi - \cos(\theta_t - \phi_t)}, & \theta_t - \phi_t \geqslant 0 \end{cases} \quad (3.38)$$

$$\eta_{t2}(\xi) = \begin{cases} 1, & \theta_t + \phi_t \geqslant \pi \\ \dfrac{1 - \xi\cos(\theta_t + \phi_t)}{\xi - \cos(\theta_t + \phi_t)}, & \theta_t + \phi_t \leqslant \pi \end{cases} \quad (3.39)$$

$$\eta_{r1}(\xi) = \begin{cases} -1, & \theta_r + \phi_r \geqslant \pi \\ \dfrac{\xi\cos(\theta_r + \phi_r) - 1}{\xi - \cos(\theta_r + \phi_r)}, & \theta_r + \phi_r \leqslant \pi \end{cases} \quad (3.40)$$

$$\eta_{r2}(\xi) = \begin{cases} 1, & \theta_r - \phi_r \leqslant 0 \\ \dfrac{\xi\cos(\theta_r - \phi_r) - 1}{\xi - \cos(\theta_r - \phi_r)}, & \theta_r - \phi_r \geqslant 0 \end{cases} \quad (3.41)$$

在图 3.3 所示的非共面模型中，发送端锥体固定，接收端锥体在保持 θ_r 不变的条件下，绕 z 轴旋转，继而形成收发锥体的非共面几何状态。当 ξ 确定时，$[\eta_{r1}, \eta_{r2}]$ 的取值不随着接收端锥体绕 z 轴的旋转而改变。也就是说，无论是共面情况还是非共面情况，$[\eta_{t1}, \eta_{t2}]$ 和 $[\eta_{r1}, \eta_{r2}]$ 的取值仅与 ξ 有关。因此，非共面条件下，对于任一 $\xi \subset [\xi_{\min}, \xi_{\max}]$，式（3.30）中 $[\eta_1(\xi), \eta_2(\xi)]$ 的取值可以计算如下：

$$\eta_1(\xi) = \max[\eta_{t1}(\xi), \eta_{r1}(\xi)] \quad (3.42)$$

$$\eta_2(\xi) = \min[\eta_{t2}(\xi), \eta_{r2}(\xi)] \quad (3.43)$$

3）$\mathrm{d}\phi$ 的积分上下限

如图 3.3 所示，接收端的锥体可以表示为

$$Ax^2 + Bxy + Cy^2 + Dx\left(z + \frac{r}{2}\right) + Ey\left(z + \frac{r}{2}\right) + F\left(z + \frac{r}{2}\right)^2 = 0 \quad (3.44)$$

其中

$$A = \sin^2\alpha_r + \cos^2\alpha_r(\cos^2\theta_r - \tan^2\phi_r\sin^2\theta_r) \quad (3.45\,a)$$

$$B = -(1 + \tan^2\phi_r)\sin 2\alpha_r\sin^2\theta_r \quad (3.45\,b)$$

$$C = \cos^2\alpha_r + \sin^2\alpha_r(\cos^2\theta_r - \tan^2\phi_r\sin^2\theta_r) \quad (3.45\,c)$$

$$D = -(1 + \tan^2\phi_r)\cos\alpha_r\sin 2\theta_r \quad (3.45\,d)$$

$$E = -(1+\tan^2 \phi_r)\sin \alpha_r \sin 2\theta_r \tag{3.45 e}$$

$$F = \sin^2 \theta_r - \tan^2 \phi_r \cos^2 \theta_r \tag{3.45 f}$$

$\alpha_r = 0$ 时为共面情况，接收端锥体的中心轴在 $x\text{-}z$ 平面。

当 ξ 和 η 确定时，定义一个圆 $C(\xi,\eta)$，圆心在 $[0,0,(\xi\eta r)/2]$ 处，半径为

$$R(\xi,\eta) = \left[\frac{r^2}{4}(\xi^2-1)(1-\eta^2)\right]^{1/2} \tag{3.46}$$

在共面条件下，圆 $C(\xi,\eta)$ 与接收端锥体 C_r 的方程式（3.44）联合求解，所得 x 轴坐标为

$$x^c_{1,2}(\xi,\eta) = -\frac{r(1+\xi\eta)D}{4(A-C)} \pm \frac{\{r^2(1+\xi\eta)^2 D^2 - 4(A-C)[4CR^2(\xi,\eta)+r^2(1+\xi\eta)^2 F]\}^{1/2}}{4(A-C)} \tag{3.47}$$

式中，A、C、D、F 的表达式见式（3.45）。如果圆 $C(\xi,\eta)$ 与接收端锥体 C_r 存在交点，则 $x^c_{1,2}$ 为实数，且其绝对值小于圆 $C(\xi,\eta)$ 的半径 $R(\xi,\eta)$，因此圆 $C(\xi,\eta)$ 与接收端锥体 C_r 交点的 x 轴的坐标为

$$x^c_* = \begin{cases} x^c_1, & (|x^c_1| \leqslant R < |x^c_2|) \text{ 或 } [(|x^c_1| \leqslant R) \text{ 且 } (|x^c_2| \leqslant R) \text{ 且 } (x^c_2 < x^c_1)] \\ x^c_2, & (|x^c_2| \leqslant R < |x^c_1|) \text{ 或 } [(|x^c_1| \leqslant R) \text{ 且 } (|x^c_2| \leqslant R) \text{ 且 } (x^c_1 < x^c_2)] \end{cases} \tag{3.48}$$

y 轴坐标为

$$y^c_{*1,2} = \pm[R^2 - (x^c_*)^2]^{1/2} \tag{3.49}$$

在共面条件下，对于接收锥体，积分变量 $\mathrm{d}\phi$ 的积分上下限为

$$\phi^c_{r2,r1}(\xi,\eta) = \begin{cases} \arctan \dfrac{y^c_{*1,2}}{x^c_*}, & [C(\xi,\eta) \cap C_r \neq \varnothing] \text{ 且 } [\theta_r \neq 0] \\ \pm\pi, & \text{其他} \end{cases} \tag{3.50}$$

对于发送端锥体，共面条件下，积分变量 $\mathrm{d}\phi$ 的积分上下限 $\phi^c_{t2,t1}(\xi,\eta)$ 有与式（3.50）类似的表达式。共面条件下，对于确定的 ξ、η，式（3.30）中 $[\phi_1(\xi,\eta),\phi_2(\xi,\eta)]$ 的取值可以计算如下：

$$[\phi_1(\xi,\eta),\phi_2(\xi,\eta)] = [\phi^c_{r1}(\xi,\eta),\phi^c_{r2}(\xi,\eta)] \cap [\phi^c_{t1}(\xi,\eta),\phi^c_{t2}(\xi,\eta)] \tag{3.51}$$

当 $\alpha_t = 0$ 时，发送端锥体的中心轴在 $x\text{-}z$ 平面；当 $\alpha_r \neq 0$ 时，意味着接收端锥体在保持 θ_r 不变的条件下，绕 z 轴旋转 α_r 的角度，形成收发锥体之间的非共面几何形态。此时发送端锥体的位置与共面时发送端锥体的位置一样。因此非共面条件下，对于发送端锥体，积分变量 $\mathrm{d}\phi$ 的积分上下限 $\phi_{t2,t1}(\xi,\eta)$ 与共面时积分上下限 $\phi^c_{t2,t1}(\xi,\eta)$ 一致。非共面条件下，因为发送端锥体绕 z 轴旋转了 α_r 的角度，所以对于发送端锥体，积分变量 $\mathrm{d}\phi$ 的积分上下限 $\phi_{t2,t1}(\xi,\eta)$ 可以表示为

$$\phi_{r1}(\xi,\eta) = \phi^c_{r1}(\xi,\eta) + \alpha_r \tag{3.52}$$

$$\phi_{r2}(\xi,\eta) = \phi_{r2}^c(\xi,\eta) + \alpha_r \qquad (3.53)$$

非共面条件下，对于取定的 ξ、η，式（3.30）中 $[\phi_1(\xi,\eta),\phi_2(\xi,\eta)]$ 的取值可以计算如下：

$$[\phi_1(\xi,\eta),\phi_2(\xi,\eta)] = [\phi_{r1}(\xi,\eta),\phi_{r2}(\xi,\eta)] \bigcap [\phi_{t1}^c(\xi,\eta),\phi_{t2}^c(\xi,\eta)] \qquad (3.54)$$

至此，式（3.30）中积分变量 $d\xi$、$d\eta$、$d\phi$ 的积分上下限均已确定。

该模型设计的巧妙之处是：发送端锥体固定，接收端锥体在保持 θ_r 不变的条件下，绕 z 轴旋转，形成非共面状态。任取 $\xi \subset [\xi_{min},\xi_{max}]$，$d\eta$ 的积分上下限与共面情况下一样，大大简化了积分运算。该模型的缺点是对式（3.54）进行计算时，由于公共散射体是不规则的多面体，要分多种情况进行计算，情况不同，结果也不同，并且 $d\phi$ 积分上下限的表达式也比较复杂。

3.2.2　基于球面坐标系的非共面单次散射信道模型

2012 年，左勇等[3]提出了基于球面坐标系的无线紫外光非直视非共面单次散射传输模型。

基于球面坐标系的无线紫外光非直视非共面单次散射通信链路模型如图 3.4 所示。发送端 Tx 在坐标原点（0,0,0），发送端锥体 C_t 的仰角为 θ_t，发散角为 ϕ_t，偏转角为 α_t；接收端在 x 轴的正半轴 $(d,0,0)$ 上，接收端视场锥体 C_r 的仰角为 θ_r，视场角为 ϕ_r，偏转角为 α_r。发送端和接收端之间的距离为 d。发送端锥体和接收端锥体相交的公共区域称为公共散射体 V，光子从发送端出发，经公共散射体 V 散射到达接收端，完成单次散射传输。S 点为公共散射区中的散射点，该点在球面坐标系中的坐标记为 (θ,α,r)，S 点与接收端接收面中心的连线和接收端视场锥体中心轴的夹角记为 ζ。β_s 为散射角。S 点到发送端的距离为 r，S 点到接收端的距离为 r'。

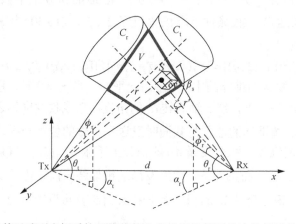

图 3.4　基于球面坐标系的无线紫外光非直视非共面单次散射通信链路模型

在球面坐标系中，接收端收到的能量可以表示为

$$E_r = \frac{E_t A_r k_s}{4\pi \Omega_t} \int_{\theta_{\min}}^{\theta_{\max}} \int_{\alpha_{\min}}^{\alpha_{\max}} \int_{r_{\min}}^{r_{\max}} \frac{P(\cos\beta_s)\cos\zeta\sin\theta}{r'^2} e^{-k_e(r+r')} d\theta d\alpha dr \tag{3.55}$$

式中

$$r' = (d^2 + r^2 - 2dr\sin\theta\cos\alpha)^{1/2} \tag{3.56}$$

$$\cos\beta_s = \frac{d\sin\theta\cos\alpha - r}{r'} \tag{3.57}$$

$$\cos\zeta = \frac{r[\sin\theta_r\cos\theta - \cos\theta_r\sin\theta\cos(\alpha+\alpha_r)] + d\cos\theta_r\cos\alpha_r}{r'} \tag{3.58}$$

与基于椭球坐标系的模型类似，基于球面坐标系模型的关键是确定式（3.55）中三重积分的上下限。

1）$d\theta$ 的积分上下限

发送端锥体中所有点的球面坐标中 θ 的最大值和最小值分别对应 $d\theta$ 的积分上下限，可计算如下：

$$\theta_{\min} = \max[0, \frac{\pi}{2} - (\theta_t + \phi_t)] \tag{3.59}$$

$$\theta_{\max} = \min[\pi, \frac{\pi}{2} - (\theta_t - \phi_t)] \tag{3.60}$$

2）$d\alpha$ 的积分上下限

当 $\theta \in [\theta_{\min}, \theta_{\max}]$ 确定后，也就确定了一个锥面 C_θ，C_θ 的顶点在坐标原点，C_θ 的中心轴与 z 轴重合，C_θ 上任意一点与 C_θ 顶点的连线与 z 轴的夹角为 θ。当 $\alpha_t = 0$ 时，C_θ 与 C_t 相交于一条或者两条直线，生成的直线与 $z = z_0$ 平面相交于 E 和 F 两点，如图 3.5 所示，E 点和 F 点关于 $x\text{-}O\text{-}z$ 平面对称。锥面 C_θ 与 $z = z_0$ 平面相交形成一个半径为 R_θ 的圆 S_θ。

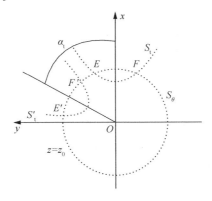

图 3.5 发送端偏转角范围示意图

E 点的坐标可以计算如下：

$$x_E = \frac{z_0}{\cos\theta_{\text{t}}}\left(\frac{\cos\phi_{\text{t}}}{\cos\theta} - \sin\theta_{\text{t}}\right) \tag{3.61}$$

$$y_E = (R_\theta^2 - x_E^2)^{1/2} \tag{3.62}$$

当 $\alpha_{\text{t}} = \alpha_{\text{r}} = 0$ 时，也就是收发锥体共面时，$\mathrm{d}\alpha$ 的积分上下限可以取值为

$$-\alpha_{\min}^{\text{c}} = \alpha_{\max}^{\text{c}} = \begin{cases} \arctan\dfrac{y_E}{x_E}, & R_\theta \geqslant |x_E| \\[2mm] \pi, & R_\theta < |x_E| \text{ 或 } \theta_{\text{t}} = \dfrac{\pi}{2} \end{cases} \tag{3.63}$$

$\alpha_{\text{t}} \neq 0$、$\alpha_{\text{r}} = 0$，为收发锥体非共面的情况，如图 3.5 所示。这时发送端锥体的中心轴在 $x\text{-}O\text{-}y$ 平面的投影与 x 轴的夹角为 α_{t}，C_θ 与 C_{t} 以及 $z = z_0$ 平面三者相交于 E' 点和 F' 点。式（3.55）中非共面条件下 $\mathrm{d}\alpha$ 的积分上下限可以表示为

$$[\alpha_{\min}, \alpha_{\max}] = [\alpha_{\min}^{\text{c}} + \alpha_{\text{t}}, \alpha_{\max}^{\text{c}} + \alpha_{\text{t}}] \tag{3.64}$$

3）$\mathrm{d}r$ 的积分上下限

图 3.4 中接收视场锥体的表达式可以表示为

$$\begin{aligned} &(\cos^2\phi_{\text{r}} - \cos^2\alpha_{\text{r}}\cos^2\theta_{\text{r}})(x-d)^2 + \sin(2\alpha_{\text{r}})\cos^2\theta_{\text{r}}(x-d)y \\ &+ (\cos^2\phi_{\text{r}} - \sin^2\alpha_{\text{r}}\cos^2\theta_{\text{r}})y^2 + \sin(2\theta_{\text{r}})\cos\alpha_{\text{r}}(x-d)z \\ &- \sin(2\theta_{\text{r}})\sin\alpha_{\text{r}}yz + (\cos^2\phi_{\text{r}} - \sin^2\theta_{\text{r}})z^2 = 0 \end{aligned} \tag{3.65}$$

式（3.65）所表示的锥体为两个，接收锥体对应的是在 $x\text{-}y$ 平面上方的锥体，因此要表示接收锥体，还要给式（3.65）增加下列限定条件：

$$x\cos\theta_{\text{r}}\cos\alpha_{\text{r}} - y\cos\theta_{\text{r}}\sin\alpha_{\text{r}} - z\sin\theta_{\text{r}} \leqslant d\cos\theta_{\text{r}}\cos\alpha_{\text{r}} \tag{3.66}$$

任取 $\theta \in [\theta_{\min}, \theta_{\max}]$，$\alpha \in [\alpha_{\min}, \alpha_{\max}]$，$[\theta, \alpha]$ 确定了在发送端锥体内光子的出射方向，或者可以说 $[\theta, \alpha]$ 确定了一条从原点出发的射线 L。射线 L 与接收端视场锥体可能交于两点或者一点，分析射线 L 与接收视场锥体相交的不同情况，以及交点的坐标就可以确定 $\mathrm{d}r$ 的积分上下限。

直角坐标系和球面坐标系的转换公式为

$$\begin{cases} x = r\sin\theta\cos\alpha \\ y = r\sin\theta\sin\alpha \\ z = r\cos\theta \end{cases} \tag{3.67}$$

把式（3.67）代入式（3.65）中，可得变量为极径 r 的表达式为

$$ar^2 + br + c = 0 \tag{3.68}$$

式中，a、b、c 可表示为

$$a = \cos^2\phi_{\text{r}} - [\sin\theta_{\text{r}}\cos\theta - \cos\theta_{\text{r}}\sin\theta\cos(\alpha + \alpha_{\text{r}})]^2 \tag{3.69}$$

$$b = 2d\sin\theta[\cos^2\theta_{\text{r}}\cos\alpha_{\text{r}}\cos(\alpha + \alpha_{\text{r}}) - \cos^2\phi_{\text{r}}\cos\alpha] - d\cos\alpha_{\text{r}}\sin(2\theta_{\text{r}})\cos\theta \tag{3.70}$$

$$c = d^2(\cos^2\phi_{\text{r}} - \cos^2\alpha_{\text{r}}\cos^2\theta_{\text{r}}) \tag{3.71}$$

对式（3.68）求解，当 $a=0$ 并且 $b \neq 0$ 时，有一个实根 r_0；当 $\alpha \neq 0$ 并且 $\Delta = b^2 - 4ac \geqslant 0$ 时，有两个根 $r_{1,2} = (-b \pm \sqrt{\Delta})/(2a)$，并且 $r_2 \geqslant r_1$。因为公共散射体 V 为不规则的多边形，因此要根据 θ_r 和 ϕ_r 的不同，分三种情况求解 dr 的积分上下限。这里设定 $\alpha_t \neq 0$、$\alpha_r = 0$，为收发锥体非共面的情况。

（1）当 $\theta_r - \phi_r > 0$ 并且 $\theta_r + \phi_r < \pi$ 时：

$$[r_{\min}, r_{\max}] = \begin{cases} [r_0, +\infty), & r_0 > 0 \\ [r_2, +\infty), & r_1 < 0 \text{ 且 } r_2 > 0 \\ [r_1, r_2], & r_1 > 0 \\ \varnothing, & \text{其他} \end{cases} \tag{3.72}$$

（2）当 $\theta_r - \phi_r \leqslant 0$ 时：

$$[r_{\min}, r_{\max}] = \begin{cases} [0, r_0], & r_0 > 0 \\ [0, r_1], & r_1 > 0 \\ [0, r_2], & r_1 \leqslant 0 \text{ 且 } r_2 > 0 \\ [0, +\infty), & \text{其他} \end{cases} \tag{3.73}$$

（3）当 $\theta_r + \phi_r \geqslant \pi$ 时：

$$[r_{\min}, r_{\max}] = \begin{cases} [r_2, +\infty], & r_1 \geqslant 0 \\ \varnothing, & \text{其他} \end{cases} \tag{3.74}$$

至此，式（3.55）中 $d\theta$、$d\alpha$ 和 dr 的积分上下限已全部给出。

从以上分析可以看出，无论基于椭球坐标系还是基于球面坐标系，因公共散射体是一个不规则的多面体，要通过对公共散射体进行三重积分，计算经单次散射传输的路径损耗都是困难的。被积函数比较复杂，针对不同的收、发端几何参数，三重积分的上下限取不同的值。

3.3　基于蒙特卡罗方法非共面多次散射信道模型

单次散射传输模型假设光子从发送端出发，经过单次散射到达接收端，当收发端距离比较近时，单次散射模型能比较好地反映实际通信系统。当收发端距离较远，或者收发送仰角均比较大时，光子经多次散射到达接收端的概率大大增加。也就是说，经多次散射到达接收端的光子能量与接收端收到的光子总能量之比较大，经多次散射传输的光子将不能被忽略。目前，蒙特卡罗方法是研究紫外光多次散射传输模型最重要的方法。

蒙特卡罗方法也称统计模拟方法，是 20 世纪 40 年代中期由于科学技术的发展和电子计算机的发明。而被提出的一种以概率统计理论为指导的非常重要的数值计算方法，是指使用随机数（或更常见的伪随机数）来解决很多计算问题的方法。蒙特卡罗方法在计算物理学（如粒子输运计算、量子热力学计算、空气动力学计算）等领域应用广泛。当所求解问题是某种随机事件出现的概率，或者是某个随机变量的期望值时，通过某种"实验"的方法，以这种事件出现的频率估计这一随机事件的概率，或者得到这个随机变量的某些数字特征，并将其作为问题的解。

下面简要介绍蒙特卡罗光子轨迹直接模拟法，详细介绍蒙特卡罗光子轨迹指向概率法。

3.3.1 蒙特卡罗光子轨迹直接模拟法

蒙特卡罗光子轨迹直接模拟法（简称直接模拟法）的算法流程如图 3.6 所示。首先进行初始化，初始化的主要内容为：设置收发端的几何参数和接收端的有效

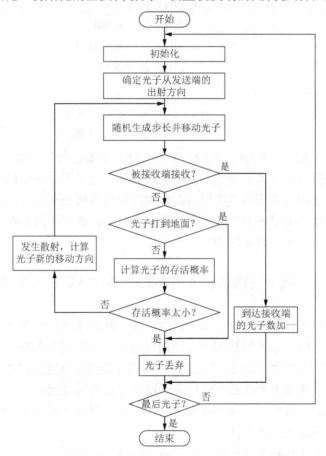

图 3.6 蒙特卡罗光子轨迹直接模拟法算法流程

接收面积，设置紫外光波长、光速，设置
散射相函数的相关参数、大气的吸收系数
和散射系数等。图 3.7 为无线紫外光
NLOS 发射光子的立体图[4]。原点 O 为点
光源位置，点光源的中心光轴在 $x\text{-}O\text{-}z$ 平
面内，光源在发送仰角 θ_1 和发散角 ϕ_1 内
均匀发射光子。接下来确定光子从发送端
出发的方向和运动步长，光子从发送端出
发的方向在发送端锥体内均匀分布。光子
的运动步长是服从参数为 $1/k_e$ 的指数概

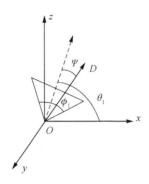

图 3.7　无线紫外光 NLOS 发射光子立体图

率密度函数的随机抽样。光子的运动方向和运动步长确定了光子的运行轨迹，如
果光子的运行轨迹穿过接收端的接收面，光子就被接收端接收。如果光子被接收
端接收，该光子的生命历程结束，接收光子的计数器加一。如果光子没有被接收
端接收，则判断光子的运行轨迹是否穿过水平地面。如果穿过水平地面，就意味
着光子打到地面，光子的生命历程结束。如果光子没有打到地面，则计算光子的
存活概率。如果存活概率小于设定的阈值，丢弃该光子。如果该光子的存活概率
大于设定的阈值，在大气信道中，光子会与大气分子或者气溶胶碰撞，发生散射。
依据散射角和散射相函数，可计算得到光子经过散射后的传输方向，进一步计算
出该光子发生散射后传输的随机步长。散射后的传输方向和传输随机步长确定后，
光子的运行轨迹就随之确定，散射后光子是否达到接收端接收面即可确定。光子
传输过程中发生多次散射的情况以此类推，直到该光子被接收端接收或者存活概
率太小，该光子被丢弃，光子生命历程结束。

　　直接模拟法必须发送大量的光子。假设发送的光子数为 N_t，最终仿真计算得
到到达接收端的光子数为 N_r，那么无线紫外光通信系统的路径损耗为

$$PL = 10\lg\frac{N_t}{N_r} \tag{3.75}$$

　　直接模拟法的优点是算法简单清晰，容易理解，缺点是要发送大量的光子。
由于光源经散射传输的能量非常微弱，无线紫外光非直视通信的路径损耗可以达
到 90dB，如果路径损耗按 90dB 计算，也就是说，发送端要发送 10^9 个光子，接
收端才有可能接收到一个光子。直接模拟法要求发送大量的光子，并且跟踪每一
个光子的运行轨迹，因此该方法的计算时间较长。

　　根据直接模拟法的缺点，提出改进的蒙特卡罗方法，也就是蒙特卡罗光子轨
迹指向概率法（简称指向概率法）。指向概率法并不关心发送端发送的每一个光子
是否到达接收端，而是计算每一个光子在每一个散射点能到达接收端的概率，并
对得到的概率累加求和，得到这个光子能到达接收端接收面的总概率。本节中光

子的最大散射次数设置为 5 次。发送端发射多个光子，求出光子到达接收端的平均概率，进一步求出无线紫外光通信系统的路径损耗。指向概率法要求发送端发送的光子数至少为 10^6 个，与直接模拟法相比，大大减少了计算的时间。

3.3.2 蒙特卡罗光子轨迹指向概率法

指向概率法的基本思想是：发送端发送大量的光子，模拟每一个光子运动的全过程。每一个光子的初始出射方向是随机的，光子沿着出射方向运动。运动随机步长后，遇到第一个散射点 S_1，发生散射，光子的运动方向将发生改变。光子沿着新的方向继续运动，随后光子可能被接收端接收，计算光子被接收端接收的概率。光子继续运动，直到遇到第二个散射点 S_2，发生散射，计算光子二次散射后被接收端接收的概率。然后光子继续移动，多次散射的情况以此类推。当光子的到达概率或存活概率太小时，光子丢弃。利用指向概率方法最终可以计算出一个光子能到达接收端的平均概率，可以进一步计算出系统的路径损耗。

蒙特卡罗光子轨迹指向概率法算法流程如图 3.8 所示。下面详细介绍该算法的步骤。

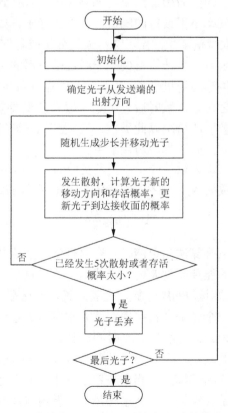

图 3.8　蒙特卡罗光子轨迹指向概率法算法流程

非直视非共面紫外光多次散射传播模型如图 3.9 所示，将发送端（Tx）设在 xyz 坐标系的原点位置$(0,0,0)$，将接收端（Rx）设于 x 轴的正半轴上，且 Rx 与 Tx 之间的距离为 d。C_t 和 C_r 分别表示发射光束与接收视场所形成的锥体。θ_t 和 ϕ_t 分别表示发送仰角和发散角半角，相应地，θ_r 和 ϕ_r 分别表示接收仰角和视场角半角。α_t 为 C_t 的偏转角，α_r 为 C_r 的偏转角。S_n 为第 n 次散射的散射点。r_0 为 Tx 到 S_1 的距离，r_1 为 S_1 到 Rx 的距离，r_n 为 S_n 到 Rx 的距离。ζ_{Sn} 为 S_n 与 Rx 的连线与 C_r 中心轴的夹角，β_{S1} 为光子在 S_1 点入射方向与光子散射后传播方向的夹角。

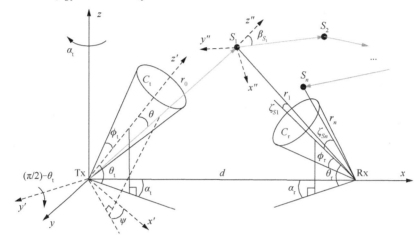

图 3.9　非直视非共面紫外光多次散射传播模型

1）坐标变换

为了更方便地描述光子的传输方向和传输距离，需要对 xyz 坐标系进行变换，如图 3.9 所示，以 z 坐标轴为轴，按照顺时针方向把 xyz 坐标系旋转 α_t 的角度，接着以 y' 轴为轴把 xyz 坐标系继续顺时针方向旋转 $(\pi/2)-\theta_t$，此时得到新的坐标系 $x'y'z'$，其中，z' 轴与 C_t 的中心轴重合。基于 $x'y'z'$ 坐标系的点坐标和基于 xyz 坐标系的点坐标按式（3.76）进行变换：

$$\begin{bmatrix} x' \\ y' \\ z' \end{bmatrix} = R_{y'}\left(\frac{\pi}{2}-\theta_t\right)R_z(\alpha_t)\begin{bmatrix} x \\ y \\ z \end{bmatrix} \tag{3.76}$$

式中，$R_{y'}\left(\dfrac{\pi}{2}-\theta_t\right)R_z(\alpha_t)$ 为

$$R_{y'}\left(\frac{\pi}{2}-\theta_t\right)R_z(\alpha_t) = \begin{bmatrix} \cos\left(\frac{\pi}{2}-\theta_t\right)\cos\alpha_t & \cos\left(\frac{\pi}{2}-\theta_t\right)\sin\alpha_t & -\sin\left(\frac{\pi}{2}-\theta_t\right) \\ -\sin\alpha_t & \cos\alpha_t & 0 \\ \sin\left(\frac{\pi}{2}-\theta_t\right)\cos\alpha_t & \sin\left(\frac{\pi}{2}-\theta_t\right)\sin\alpha_t & \cos\left(\frac{\pi}{2}-\theta_t\right) \end{bmatrix} \tag{3.77}$$

2）散射相函数

散射相函数反映了大量光子经过散射体散射后在不同方向上出射光子数量的多少[4,5]。光子在散射点 S_1 处发生散射，当散射体的尺寸远小于入射紫外光波长时，发生瑞利散射，如大气分子。瑞利散射的散射相函数的表达式为[6]

$$P^{\mathrm{R}}(\cos\beta_s) = \frac{3[1+3\gamma+(1-\gamma)\cos^2\beta_s]}{4(1+2\gamma)}$$ （3.78）

当散射体的尺寸与紫外光波长相当时，发生米氏散射，如气溶胶。米氏散射的散射相函数的表达式为[7,8]

$$P^{\mathrm{M}}(\cos\beta_s) = (1-g^2)\left[\frac{1}{(1+g^2-2g\cos\beta_s)^{3/2}} + f\frac{0.5(3\cos^2\beta_s-1)}{(1+g^2)^{3/2}}\right]$$ （3.79）

式中，γ、g 和 f 都是模型参数。

由于大气中瑞利散射和米氏散射均有可能发生，本节的相函数用瑞利散射相函数和米氏散射相函数的加权求和，相函数的表达式为[9]

$$P(\cos\beta_s) = \frac{k_s^{\mathrm{R}}}{k_s}P^{\mathrm{R}}(\cos\beta_s) + \frac{k_s^{\mathrm{M}}}{k_s}P^{\mathrm{M}}(\cos\beta_s)$$ （3.80）

式中，k_s 是散射系数；k_s^{R} 是瑞利散射系数；k_s^{M} 是米氏散射系数，并且有 $k_s = k_s^{\mathrm{R}} + k_s^{\mathrm{M}}$。

3）发送端光子的传输方向

如图 3.9 所示，Tx 在发送端锥体内均匀发射光子，任取单个光子，在 $x'y'z'$ 坐标系中，该光子的传输方向与 z' 坐标轴正向的夹角设为 θ，传输方向在 x'-y' 平面中的投影与 x' 坐标轴正向的夹角设为 ϕ，(θ,ϕ) 唯一指定了该光子的传输方向，θ 在 (θ,ϕ_t) 均匀分布，ϕ 在 $(0,2\pi)$ 均匀分布。$\cos\theta$ 和 ϕ 可以求得为

$$\cos\theta = 1 - \xi^{(\theta)}(1-\cos\phi_t)$$ （3.81）

$$\phi = 2\pi\xi^{(\phi)}$$ （3.82）

式中，$\xi^{(\theta)}$ 和 $\xi^{(\phi)}$ 为在 $[0,1]$ 服从均匀分布的随机数。因此在 $x'y'z'$ 坐标系中，发射光子传输方向的方向余弦可以表示为

$$(u_{x'},\ u_{y'},\ u_{z'}) = (\sin\theta\cos\phi,\ \sin\theta\sin\phi,\ \cos\theta)$$ （3.83）

由式（3.76）可得，在 xyz 坐标系中，该光子传输方向的方向余弦可以表示为

$$\begin{bmatrix} u_x \\ u_y \\ u_z \end{bmatrix} = \left[R_y\left(\frac{\pi}{2}-\theta_t\right)R_z(\alpha_t)\right]^{-1}\begin{bmatrix} u_{x'} \\ u_{y'} \\ u_{z'} \end{bmatrix}$$ （3.84）

4）从发送端射出光子的新位置

由 Tx 发射的单个光子将在发送端锥体内沿着 (u_x,u_y,u_z) 的方向运动，Tx 到散射

点 S_1 的距离 r_0 是服从参数为 $1/k_e$ 的指数概率密度函数的随机抽样。r_0 可以求得为[10]

$$r_0 = -\left[\ln \xi^{(t)}\right]/k_e \tag{3.85}$$

式中，k_e 是大气的消光系数，等于散射系数和吸收系数之和，也就是 $k_e = k_s + k_a$。因此，散射点 S_1 在 xyz 坐标系中的坐标可以表示为

$$(x_{S1}, y_{S1}, z_{S1}) = P_T + r_0(u_x, u_y, u_z) \tag{3.86}$$

式中，P_T 为 Tx 在 xyz 坐标系中的坐标 $(0,0,0)$。

5）光子经过散射后到达的新位置

如图 3.9 所示，光子经过 S_1 散射点散射后的传输方向与入射方向的夹角，也就是散射角，记为 β_{S1}。β_{S1} 由散射相函数决定，为

$$\xi^{(S)} = 2\pi \int_{-1}^{\mu_{S1}} P(\mu) \mathrm{d}\mu \tag{3.87}$$

式中，$\mu_{S1} = \cos \beta_{S1}$；$\xi^{(S)}$ 是 0~1 均匀分布的随机变量；$P(\mu)$ 可由式（3.80）求得。

接下来进行坐标变换，以 S_1 为原点，构造坐标系 $x''y''z''$，使 z'' 轴与光子的入射方向重合，在 $x''y''z''$ 坐标系中，光子经过 S_1 散射后传输方向的偏转角为 β_{S1}，方位角在 $(0, 2\pi)$ 内均匀分布。依据式（3.84）和式（3.85）可求得光子经 S_1 散射后在 xyz 坐标系中的传输方向和新的散射位置 S_2，多次散射的情况以此类推。

6）光子经过多次散射能到达接收端的概率

一个光子经过第 n 次散射后能到达接收端，必须同时满足三个条件：①散射点 S_n 在接收视场角范围内。②光子散射后的传输方向指向接收端的接收面。③光子能传播 r_n 的距离。如图 3.9 所示，如果 S_n 在接收锥体内，也就是 $\zeta_{Sn} < \phi_r$，那么光子就有可能被接收。光子经过 S_n 点散射，能指向接收面的概率为

$$P_{1n} = \frac{A \cos \zeta_{Sn}}{4\pi r_n^2} P(\cos \beta_{Sn}) \tag{3.88}$$

式中，A 为 Rx 接收孔径的面积；$P(\cos \beta_{Sn})$ 为第 n 次散射的相函数。光子经过 S_n 点散射后能够传输 r_n 距离的概率为

$$P_{2n} = \mathrm{e}^{-k_e r_n} \tag{3.89}$$

因此，一个光子经过第 n 次散射后能够到达接收端接收面的概率为

$$P_n = W_n P_{1n} P_{2n} \tag{3.90}$$

式中，W_n 是光子到达 S_n 前存活的概率，W_n 可以表示为

$$W_n = (1 - P_{n-1})\mathrm{e}^{-k_a|S_n - S_{n-1}|} W_{n-1} \tag{3.91}$$

式中，$|S_n - S_{n-1}|$ 为散射点 S_{n-1} 到散射点 S_n 的距离。式（3.91）的物理意义是，光子在到达第 n 次散射点 S_n 前存活，必须同时满足三个条件：①到达前一个散射点，也就是第 $n-1$ 次散射点 S_{n-1} 时，光子是存活的，存活的概率为 W_{n-1}。②光子经过 S_{n-1} 散射点散射后没有被接收端接收，其概率为 $1 - P_{n-1}$。③光子经过 S_{n-1} 散射点散射

后能传输 $|S_n - S_{n-1}|$ 的距离，其概率为 $e^{-k_a|S_n - S_{n-1}|}$。因为接收端不在发送端的发散角内，光子不经过散射就被接收端接收的概率为 0，即 $P_0 = 0$。S_0 是 xyz 坐标系的原点。光子在大气中传输，光子的能量会因为大气分子和气溶胶的吸收与散射而衰减，发生散射的概率为 k_s / k_e。为了公式的一致性，把光子在发送端存活的概率记为 $W_0 = k_s / k_e$。由式（3.91）可知，散射的次数越多，光子存活的概率就越小。本节设定光子最多经过 5 次散射达到接收端。

光子最多经过 N 次散射能够到达接收端。这个事件可以分割为 N 个不相交的子事件，第 1 个事件是光子经过 1 次散射到达接收端，第 2 个事件是光子经过第 1 次散射没有到达接收端，经过第 2 次散射到达接收端，以此类推。第 N 个事件是光子经过 N–1 次散射没有到达接收端，经过第 N 次散射到达接收端。N 个子事件发生的概率依次是 $P_1, P_2, P_3, \cdots, P_N$，其值可由式（3.90）求得。经过散射的次数越多，光子可能被接收端接收的概率越小，也就是 $P_1 > P_2 > P_3 > \cdots > P_N$。因此，光子最多经过 N 次散射能够到达接收端，这个事件发生的概率是 N 个子事件发生概率之和，即一个光子最多经过 N 次散射能够到达接收端接收面的总概率是

$$P_N = \sum_{n=1}^{N} P_n \tag{3.92}$$

3.3.3　蒙特卡罗方法下脉冲响应的仿真

光子从发送端出发，经过第 J 次散射后到达接收端。光子经历的传输距离 R 为

$$R = r_0 + \sum_{i=2}^{J} r_{i-1}^{i} + r_n \tag{3.93}$$

式中，r_0 为发送端到散射点 S_1 的距离；r_n 为散射点 S_n 到接收端的距离；r_{i-1}^{i} 为 S_1 到 S_n 任意相邻两点的距离。因此，光子从发送端出发到达接收端，需要经历的时间为 $t_J = R / C$，其中 C 是光速。在时间轴上均匀设置一系列时间节点，记为 t_n，n 取整数，设 Δt 为两个时间节点之间的间隔，如果 $t_n - (\Delta t / 2) < t_J < t_n + (\Delta t / 2)$，说明光子在第 n 个时间间隔到达接收端。设定发送端发射 M 个光子，每个光子最多经历 N 次散射，则接收端的脉冲响应可表示为

$$h(t_n) = \sum_{m=1}^{M} \sum_{j=1}^{N} \frac{P_{mj}}{M \Delta t}, \quad t_n - (\Delta t / 2) < t_j < t_n + (\Delta t / 2) \tag{3.94}$$

式中，P_{mj} 为第 m 个光子经历第 j 次散射到达接收端的概率，P_{mj} 可由式（3.90）求得。

3.4　基于蒙特卡罗方法脉冲展宽效应研究

基于蒙特卡罗法和遍历微元法可以仿真系统的脉冲响应。仿真过程中，部分

系统参数取值如表 3.1 所示[11]。

表 3.1　部分系统仿真参数

参数	取值
波长 λ	266nm
吸收系数 k_a	$7.4 \times 10^{-4} m^{-1}$
瑞利散射系数 k_S^R	$2.4 \times 10^{-4} m^{-1}$
米氏散射系数 k_S^M	$2.5 \times 10^{-4} m^{-1}$
接收孔径面积 A	$0.50 cm^2$
瑞利散射相函数参数 γ	0.017
米氏散射不对称相函数参数 g	0.72
米氏散射相函数参数 f	0.5
发射的光子数 M	10^6
散射次数 N	5

3.4.1　多次散射对脉冲展宽的影响

仿真参数如下：发送端发送单个脉冲信号，每个脉冲信号的能量为 1J，起始时刻为 0，脉冲宽度为 3ns，发散角半角 $\phi_t = 0.0859°$，发送端偏转角 $\alpha_t = 0°$，视场角半角 $\phi_r = 15°$，接收端偏转角 $\alpha_r = 0°$，通信距离 $d = 100m$。

依据式（3.94），不同收发仰角情况下，经单次散射的接收端脉冲响应仿真波形和经单次与多次散射共同作用时接收端脉冲响应仿真波形如图 3.10 所示。由图 3.10（b）可见，经单次和多次散射共同作用，接收端接收到的脉冲响应波形的最大值宽度（FWHM）为 85ns；图 3.10（b）的仿真参数与文献[12]中图 4 的实验参数相同，由文献[12]中图 4 可见，实验所得脉冲响应波形的半最大值宽度为 80ns。将以上所述两图对比可知，图 3.10（b）所示仿真结果的脉冲响应半最大值宽度与文献[12]中图 4 所得实验数据比较接近，从而验证了式（3.94）的有效性。

对比图 3.10 中的 4 个子图可见，单次和多次散射共同作用对脉冲展宽的影响随着收发仰角的增大而增大。由图 3.10（a）和图 3.10（b）可见，收发仰角相同，依次设置为 10°、40°时，经单次散射接收端所得脉冲响应半最大值宽度与经单次和多次散射共同作用接收端所得脉冲响应半最大值宽度非常接近。由图 3.10（c）和图 3.10（d）可见，收发仰角相同，依次设置为 70°、90°时，与经单次散射相比，经单次和多次散射共同作用所得脉冲响应半最大值宽度明显增大。这是因为随着收发送仰角的增大，经多次散射所接收的能量在接收端所接收的总能量中的占比越来越大。对于图 3.10，依据本节模拟计算表明，经多次散射所接收的能量在接收端所接收的总能量中的占比分别为 1.55%、8.62%、20.40%、54.72%，该比值越大，表明经多次散射到达接收端的光子数越多。大量光子经过多次散射到达接收端，其所经历的传输距离差别较大，继而到达接收端的时间差别较大，这将引起接收端脉冲响应半最大值宽度的增大。

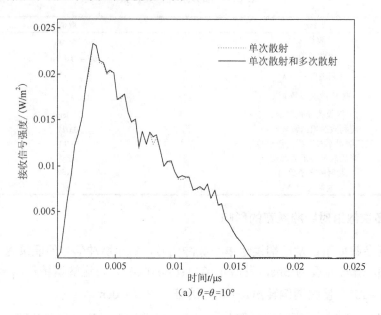

(a) $\theta_t = \theta_r = 10°$

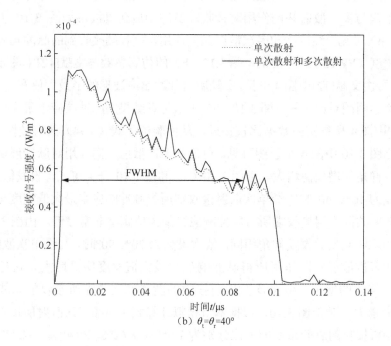

(b) $\theta_t = \theta_r = 40°$

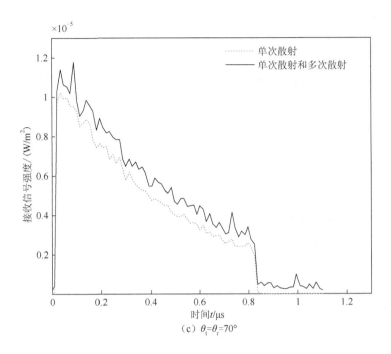

（c）$\theta_t = \theta_r = 70°$

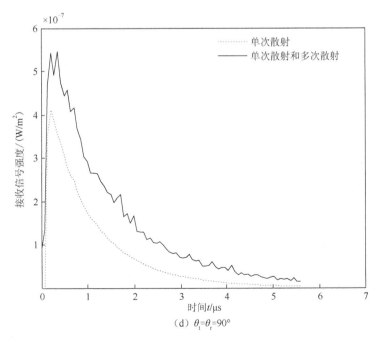

（d）$\theta_t = \theta_r = 90°$

图 3.10　经单次散射以及单次散射和多次散射的脉冲响应

3.4.2　收发仰角对脉冲展宽的影响

1.　不同收发仰角条件下的脉冲响应波形

仿真参数如下：发送端发送单个脉冲信号，每个脉冲信号的能量为1J，起始时刻为0，脉冲宽度为3ns，发散角半角 ϕ_t =0.0859°，发送端偏转角 α_t =0°，视场角半角 ϕ_r =15°，接收端偏转角 α_r =0°，通信距离 d =100m。

依据式（3.94），在发送仰角和接收仰角不同的情况下，脉冲响应波形如图3.11所示。对比图3.11（a）、图3.11（c）、图3.11（e）可见，脉冲响应的宽度随发送仰角的增大而增大；对比图3.11（b）、图3.11（d）、图3.11（f）可见，脉冲响应的宽度随接收仰角的增大而增大。由图3.11（c）可见，θ_t =50°、θ_r =10°时，脉冲响应半最大值宽度为50ns；θ_t =50°、θ_r =90°时，脉冲响应半最大值宽度为400ns，增长到 θ_r =10°时的8倍。由图3.11（d）可见，θ_t =10°、θ_r =50°时，脉冲响应半最大值宽度为30ns；θ_t =90°、θ_r =50°时，脉冲响应半最大值宽度为500ns，增长到 θ_t =10°时的16.7倍。对比图3.11（c）、图3.11（d）可见，在发散角较小，视场角较大的条件下，与接收仰角相比，发送仰角对脉冲响应展宽的影响更大。

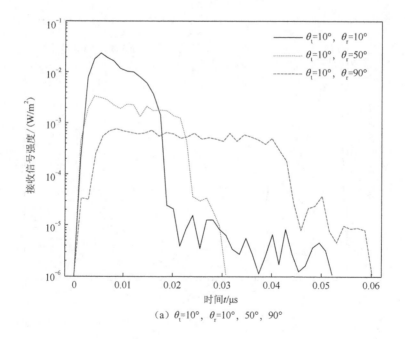

（a）θ_t =10°，θ_r =10°、50°、90°

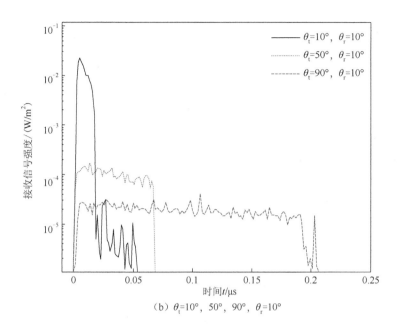

（b）$\theta_t=10°$，$50°$，$90°$，$\theta_r=10°$

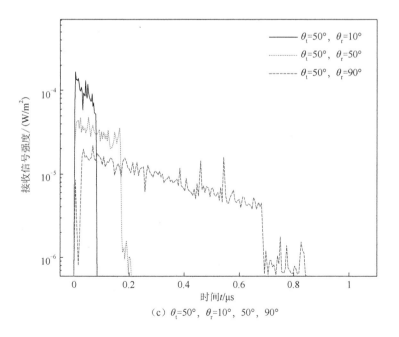

（c）$\theta_t=50°$，$\theta_r=10°$，$50°$，$90°$

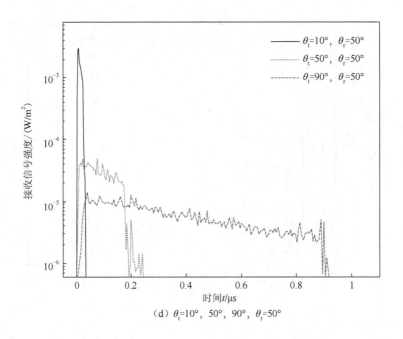

（d）θ_t=10°，50°，90°，θ_r=50°

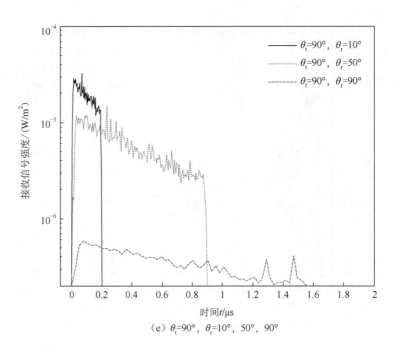

（e）θ_t=90°，θ_r=10°，50°，90°

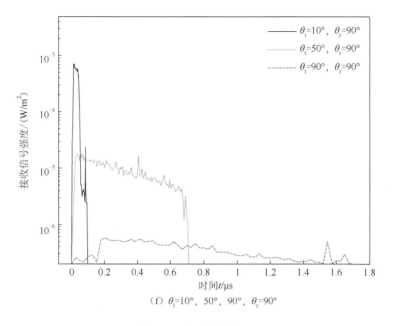

（f）$\theta_t=10°$、$50°$、$90°$，$\theta_r=90°$

图 3.11 脉冲响应波形

2. 发送仰角对脉冲响应宽度的影响

仿真参数如下：发送仰角 θ_t 从 10° 增加到 90°，步进为 10°，发散角半角 ϕ_t =0.0859°，发送端偏转角 α_t =0°，接收仰角 θ_r 为 10°、30°、60°，视场角半角 ϕ_r =15°，接收端偏转角 α_r =0°，通信距离 d =100m。

针对不同接收仰角，脉冲响应宽度与发送仰角关系曲线如图 3.12 所示。图 3.12 图例中的 Experimental 表示文献[12]中的实验数据，MC 表示本章蒙特卡罗模型和式（3.94）的仿真数据，纵坐标"脉冲响应宽度"是指脉冲响应的半最大值宽度。从图 3.12 中可知，θ_r 固定、θ_t 增大时，脉冲响应宽度增大。例如，θ_r =10°时，θ_t 从 10° 增大到 90°，脉冲响应宽度从 7ns 增大到 98ns，增大到 θ_t =10°时的 14 倍；θ_r =60°时，θ_t 从 10° 增大到 90°，脉冲响应宽度从 15.5ns 增大到 540ns，增大到 θ_t =10°时的 34.8 倍。从图 3.12 中还可以看出，随着 θ_r 的增大，θ_t 增大，脉冲响应宽度增长的斜率也将增大。这是因为 θ_t 和 θ_r 分别增大都将引起公共散射体的增大，进而引起光子最远和最近传输距离差值的增加，最终导致脉冲响应宽度的增大。在共面情况下，本章蒙特卡罗模型和式（3.94）的仿真数据能和文献[12]中的实验数据较好的拟合。

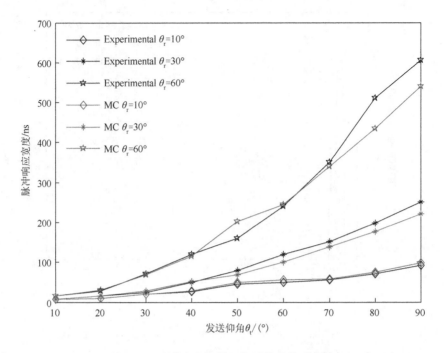

图 3.12　脉冲响应宽度与发送仰角关系曲线

3. 接收仰角对脉冲响应宽度的影响

仿真参数如下：发送仰角 θ_t 为 10°、30°、60°，发散角半角 ϕ_t=0.0859°，发送端偏转角 α_t=0°，接收仰角 θ_r 从 10° 增加到 90°，步进为 10°，视场角半角 ϕ_r=15°，接收端偏转角 α_r=0°，通信距离 d=100m。

在不同发送仰角的情况下，脉冲响应宽度与接收仰角关系曲线如图 3.13 所示。从图 3.13 中可以看出，脉冲响应宽度与接收仰角关系曲线与图 3.12 中脉冲响应宽度与发送仰角关系曲线有相同的趋势。θ_t 固定，θ_r 增大时，脉冲响应宽度增大。例如，θ_t=10° 时，θ_r 从 10° 增大到 90°，脉冲响应宽度从 5.5ns 增大到 30.5ns，增大到 θ_r=10° 时的 5.5 倍；θ_t=60° 时，θ_r 从 10° 增大到 90°，脉冲响应宽度从 48ns 增大到 485ns，增大到 θ_r=10° 时的 10.1 倍。如图 3.12 和图 3.13 所示，当收发仰角都大于 60° 时，脉冲响应宽度大于 200ns。

4. 收发距离对脉冲展宽的影响

仿真参数如下：发送仰角 θ_t=40°，发散角半角 ϕ_t=0.0859°，发送端偏转角 α_t=0°，接收仰角 θ_r 为 40°、60°、90°，视场角半角 ϕ_r=15°，接收端偏转角 α_r=0°，通信距离 d 从 10m 增加到 100m，步进为 10m。

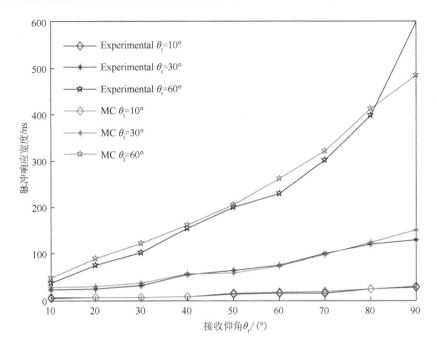

图 3.13　脉冲响应宽度与接收仰角关系曲线

在不同接收仰角情况下，脉冲响应宽度与收发距离关系曲线如图 3.14 所示。当 $\theta_t=40°$、$\theta_r=60°$，通信距离 d 从 10m 增加到 100m 时，脉冲响应宽度从 13ns 增加到 130ns，增大到 $d=10$m 时的 10 倍，增长速率为 1.3ns/m。当 $\theta_t=40°$、$\theta_r=90°$，通信距离 d 从 10m 增加到 100m 时，脉冲响应宽度从 23ns 增加到 267ns，增大到 $d=10$m 时的 11.6 倍，增长速率为 2.71ns/m。可以看出，脉冲响应宽度与传输距离呈现近似线性增长的关系，而且接收仰角越大，增长速率越快。

5. 接收视场角对脉冲展宽的影响

仿真参数如下：发送仰角 $\theta_t=40°$，发散角半角 $\phi_t=0.0859°$，发送端偏转角 $\alpha_t=0°$，接收仰角 θ_r 为 30°、60°、90°，接收视场角 $2\phi_r$ 从 2° 增加到 30°，5° 以后步进为 5°，接收端偏转角 $\alpha_r=0°$，通信距离 $d=100$m。

在不同接收仰角情况下，脉冲响应宽度与接收视场角关系曲线如图 3.15 所示。当 $\theta_t=40°$、$\theta_r=30°$，接收视场角 $2\phi_r$ 从 2° 增大到 30° 时，脉冲响应宽度从 5.1ns 增大到 63ns，增大到 $2\phi_r=2°$ 时的 12.4 倍，增长速率为 2.07ns/(°)。当 $\theta_t=40°$、$\theta_r=90°$，接收视场角 $2\phi_r$ 从 2° 增大到 30° 时，脉冲响应宽度从 20.5ns 增大到 259ns，增大到 $2\phi_r=2°$ 时的 12.6 倍，增长速率为 8.25ns/(°)。可以看出，脉冲响应宽度随着 $2\phi_r$ 的增大，近似呈现线性增长的关系，而且接收仰角越大，增长的速率越快。

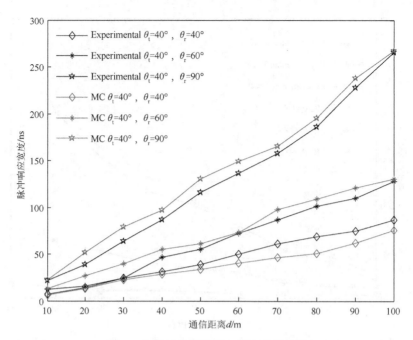

图 3.14　脉冲响应宽度与距离关系曲线

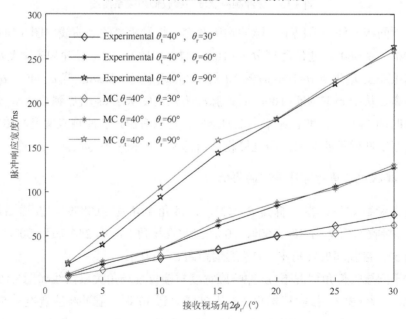

图 3.15　脉冲响应宽度与接收视场角关系曲线

6. 非共面条件下的脉冲展宽

研究非共面条件下的脉冲展宽问题，不失一般性地，设定发送端偏转角

α_{t} =0°，接收端偏转角 α_{r} 依次为 0°、10°、20°、30°、40°，α_{r} 越大，非共面性越明显。其他仿真参数如下：Tx 发送单个脉冲信号，发送端发射每个脉冲的能量为 1J，起始时刻为 0，脉冲宽度为 3ns，发散角半角 ϕ_{t} =15°，视场角半角 ϕ_{r} =15°，通信距离 d=100m，Rx 接收孔径直径为 15mm。

收发仰角相同，依次设置为 20°、45°、75°，依据式（3.94），脉冲响应波形与接收端偏转角的关系分别如图 3.16（a）、图 3.16（c）、图 3.16（e）所示；脉冲响应的半最大值宽度与接收端偏转角的关系分别如图 3.16（b）、图 3.16（d）和图 3.16（f）所示，坐标参照左侧纵坐标；接收端经多次散射所接收的能量与接收端接收的总能量之比与接收端偏转角的关系如图 3.16（b）、图 3.16（d）和图 3.16（f）所示，坐标参照右侧纵坐标。

图 3.16（c）所设置的仿真参数与文献[2]中图 6 所设置仿真参数相同。文献[2]中图 6 所得为经单次散射时接收端的脉冲响应波形，图 3.16（c）为经单次和多次散射共同作用时接收端总的脉冲响应波形。经过对比发现，对于相同接收端偏转角，图 3.16（c）与文献[2]中图 6 所得脉冲响应波形和半最大值宽度比较接近，这进一步验证了式（3.94）的有效性。因为收发仰角都为 45°，接收端经多次散射所接收的能量在接收端接收的总能量中占比较小，经单次散射所得脉冲响应半最大值宽度与经单次散射和多次散射共同作用所得脉冲响应半最大值宽度比较接近。

由图 3.16（b）、图 3.16（d）、图 3.16（f）可见，总体来说，增大接收端偏转角，将导致所接收的脉冲响应的半最大值宽度增加。但对于不同的收发仰角，接收端偏转角对脉冲展宽的影响程度有所不同。收发仰角越小，接收端偏转角对脉冲展宽的影响越大。由图 3.16（a）和图 3.16（b）可见，收发仰角均为 20°时，接收端偏转由 0°增加到 40°，导致公共散射体体积快速减小，接收端经单次散射接收的能量快速减小，接收端经多次散射接收的能量缓慢减少，接收端经多次散射接收的能量与接收端接收的总能量之比由 2.91%增大到 31.6%，脉冲响应半最大值宽度由 13ns 增大到 29ns，增加了 123%。也就是说，随着接收端偏转角的增大，接收端经多次散射接收的能量在脉冲响应总能量中的占比越大，脉冲展宽越强烈。由图 3.16（c）和图 3.16（d）可见，收发仰角均为 45°时，接收端偏转角由 0°增加到 40°，接收端经多次散射接收的能量与接收端接收的总能量之比由 11.3%增大到 48.6%，脉冲响应半最大值宽度由 100ns 增大到 128ns，增加了 28%。随着收发仰角的增大，接收端偏转角变化对公共散射体体积的影响程度将越来越小，收发仰角都为 90°时，增大接收端偏转角对公共散射体的体积不会产生影响，此时只有共面情况，不再有非共面情况。由图 3.16（e）和图 3.16（f）可见，收发仰角均为 75°时，由于收发仰角较大，接收端偏转角由 0°增加到 40°时，公共散射体体积缓慢减小，接收端经单次散射和多次散射接收的能量也缓慢减少，接收端经多次散射接收的能量与接收端接收的总能量之比由 25.4%增大到 30.0%，变化不大，脉冲响应半最大值宽度由 744ns 增大到 833ns，增加了 12%。通过以上仿真分析可见，增大接收端偏转角将引起接收端脉冲响应半最大值宽度的增大，并且收发仰角越小，这种作用越明显。

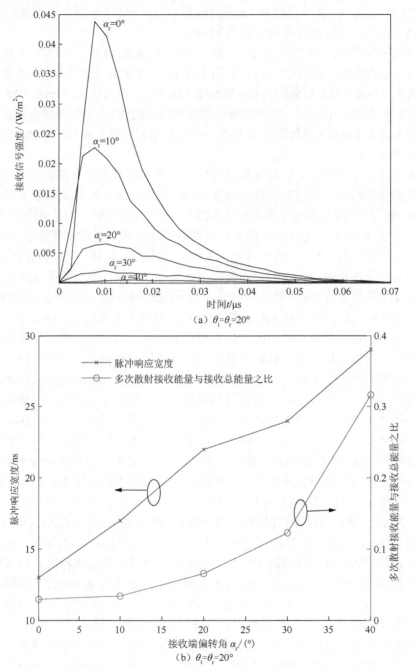

（a）$\theta_t = \theta_r = 20°$

（b）$\theta_t = \theta_r = 20°$

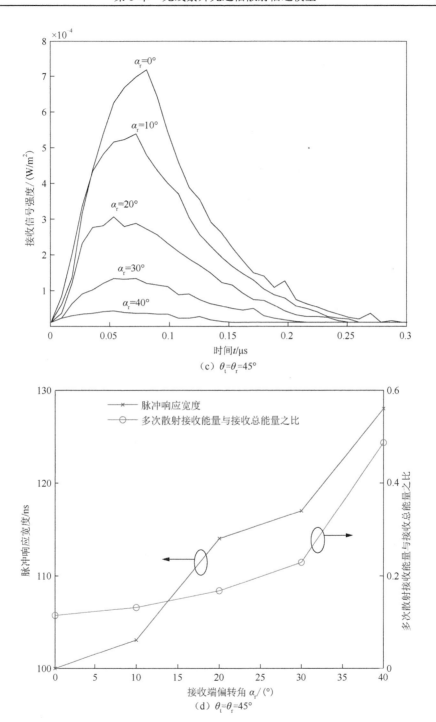

（c）$\theta_t = \theta_r = 45°$

（d）$\theta_t = \theta_r = 45°$

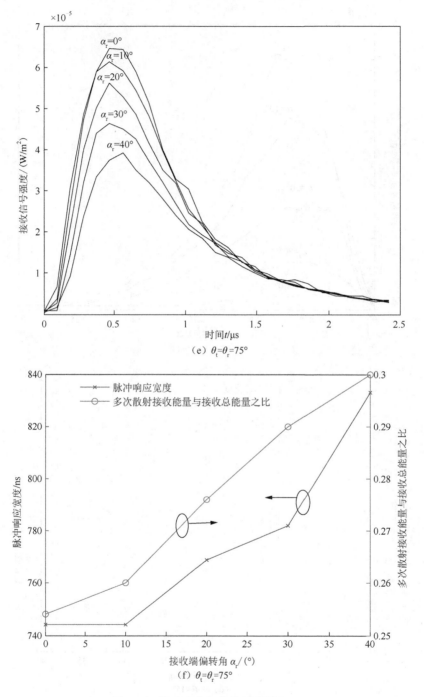

（e）$\theta_t = \theta_r = 75°$

（f）$\theta_t = \theta_r = 75°$

图 3.16　脉冲响应与接收端偏转角 α_r

7. 双脉冲响应和脉冲重复频率

仿真参数如下：Tx 发送两个脉冲序列，起始时刻为 0，脉冲宽度为 3ns，发散角半角 ϕ_t =0.0859°，发送端偏转角 α_t =0°，发送端发射每个脉冲能量为 1J，视场角半角 ϕ_r =15°，接收端偏转角 α_r =0°，通信距离 d=100m。

依据式（3.94），不同收发仰角和脉冲重复频率下，接收端收到的脉冲响应波形如图 3.17 所示。由图 3.17（a）和图 3.17（b）可见，当脉冲重复频率 f 增大时，脉冲响应图形的双峰将逐渐靠近，形成中间带有凹陷的双峰图形。定义单脉冲半最大值重复频率 f_{hm} 为发射两个脉冲信号，双脉冲响应的双峰图形之间的凹陷最低点的功率等于单脉冲响应功率最大值 P_{max} 的一半时所对应的脉冲重复频率。单脉冲半最大值重复频率 f_{hm} 的物理意义为如果接收端的判决门限为单脉冲响应功率最大值的一半，当脉冲重复频率大于 f_{hm} 时，双脉冲响应的双峰之间的功率将大于单脉冲响应功率最大值的一半，大于判决门限功率，双峰将向单峰转换，这时接收机将无法判定是否收到了两个脉冲信号。如图 3.17（a）所示，在图 3.17（a）设定仿真条件下，单脉冲半最大值重复频率为 $1.11×10^7$Hz。

由图 3.17（c）可见，当接收仰角增大时，脉冲响应展宽增大，脉冲响应强度降低。当 θ_t =50°、θ_r =10°时，脉冲序列响应图形为双峰结构；当 θ_t =50°、θ_r =50°时，脉冲序列响应图形由双峰逐渐向单峰过渡；当 θ_t =50°、θ_r =90°时，脉冲序列响应图形为单峰结构，相应的单脉冲半最大值重复频率 f_{hm} 也逐渐减小。由图 3.17（d）可见，当接收仰角固定，发送仰角增大时，有与图 3.17（c）类似的结论。

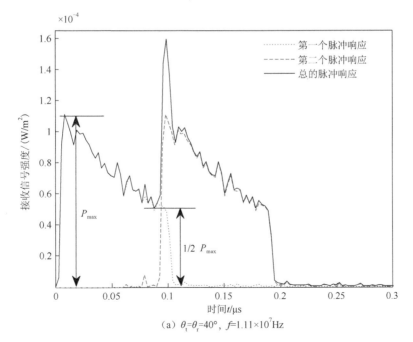

（a）θ_t=θ_r=40°，f=1.11×10^{7}Hz

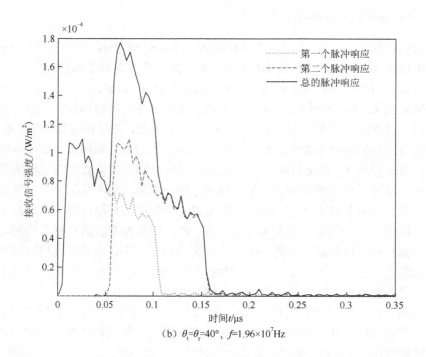

(b) $\theta_t=\theta_r=40°$，$f=1.96\times10^7\text{Hz}$

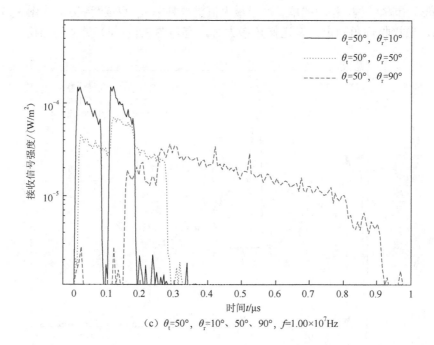

(c) $\theta_t=50°$，$\theta_r=10°$、$50°$、$90°$，$f=1.00\times10^7\text{Hz}$

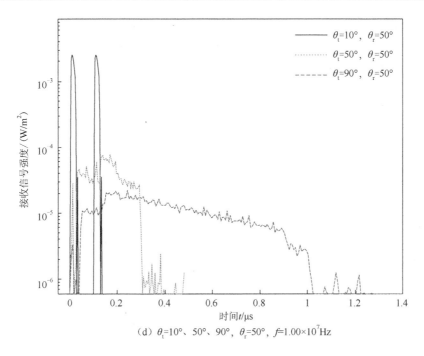

(d) θ_t=10°、50°、90°，θ_r=50°，f=1.00×10^{7}Hz

图 3.17 脉冲响应波形

单脉冲半最大值重复频率 f_{hm} 与收发仰角的关系如图 3.18 所示。由图 3.18 可

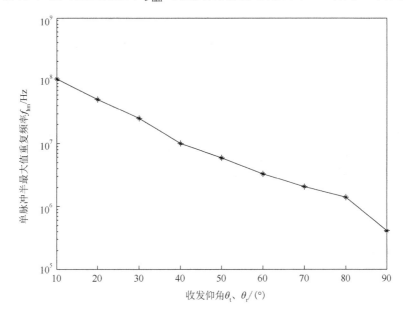

图 3.18 单脉冲半最大值重复频率与收发仰角关系

见，收发仰角均为 10°时，f_{hm}=1.075×10^{8}Hz；收发仰角均为 50°时，f_{hm}=5.882×10^{6}Hz；收发仰角均为 90°时，f_{hm}=4.127×10^{5}Hz，单脉冲半最大值重复频率 f_{hm} 与收发仰角的关系近似服从 $f_{hm}=10^{8.3-0.03x}$ 的规律，其中 x 为收发仰角。如果无线紫外光通信系统采用 OOK 调制方式，接收机判决门限为单脉冲响应功率最大值的一半，那么单脉冲半最大值重复频率将是传输码速率的极大值。由图 3.18 可见，收发仰角增大时，采用 OOK 调制方式，无线紫外光通信系统可传输的最大码速率将快速减小。

3.5　采用蒙特卡罗方法研究非直视无线紫外光通信的覆盖范围

根据无线紫外光 NLOS 的不同通信方式，对三种方式的无线紫外光非直视散射后的覆盖范围进行分析，从而得出三种方式覆盖范围的理论分析模型。

3.5.1　无线紫外光散射覆盖范围蒙特卡罗方法模拟

蒙特卡罗方法模拟无线紫外光非直视散射覆盖范围的具体步骤如下。

步骤 1：根据发送端和接收端的位置，确定发送端和接收端之间的距离，确定接收端位置对发送光轴在水平面投影的偏转角度。

步骤 2：发送端光源发射光子。确定方位角 ψ、偏转角 θ 和随机光子的方向余弦。

步骤 3：光子在大气中的 NLOS 传输。主要包括光子与大气中微粒及障碍物的相互作用。大气中的大气分子、气溶胶、悬浮颗粒与光子发生吸收、散射作用，主要包括确定光子的下一个碰撞点及碰撞传输方向、光子权重统计，判断其散射类型等。

步骤 4：光子传输的终止。判断光子是否进入探测器，如果是则光子被接受；判断光子的生存概率是否小于临界值，如果是则光子死亡；否则，光子发生散射。根据分子散射比确定光子发生瑞利散射或米氏散射的概率，并由相应的相函数决定散射角，转步骤 3。

步骤 5：所有模拟的光子数达到预定值，退出循环，统计进入探测器的光子数和生存概率；否则产生新的光子，转步骤 2。

蒙特卡罗模拟覆盖范围的具体流程如图 3.19 所示。

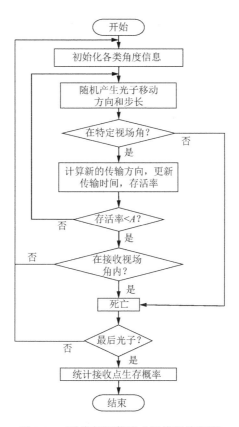

图 3.19　覆盖范围蒙特卡罗模拟流程图

3.5.2　基于蒙特卡罗的无线紫外光非直视散射覆盖范围分析

　　由于无线紫外光散射非直视传输中在近距离时单次散射起主导作用[10]，因此采用蒙特卡罗方法对传输距离为 10～100m 的紫外光链路单次散射路径损耗进行仿真分析。为了验证提出方法的正确性，将所提方法和文献[6]的方法进行路径损耗对比分析，其结果如图 3.20 所示[13]。在发散角为 17°和接收视场角为 30°时，采用不同发送仰角和接收仰角对单次散射的传输进行了路径损耗比较，收发仰角（θ_1,θ_2）分别为（20°,20°）、（20°,30°）、（3°,20°）、（4°,2°）时的结果如图 3.20（a）、图 3.20（b）、图 3.20（c）、图 3.20（d）所示。通过对比分析发现，所提算法和文献[14]两者的数据趋势是吻合的，都是随着传输距离的增加路径损耗增大，四种收发仰角情况下的两种算法之间的最大差别也都在 2dB 以内，说明两条曲线的匹配比较好，也说明所提蒙特卡罗模拟方法的正确性。但是由于模拟过程的随机性，两者有 1～2dB 的差别。从图 3.20 中还可以看出，在其他条件相同时，接收仰角或发送仰角增大时路径损耗增大，原因是发送仰角增大时，接收到单次散射光子的散射角也必须比较大。在其他参数一定的情况下，传输距离增大时路径损耗也会增加，这是由于随着传输距离的增大，紫外光在大气中的传输损耗也会增大。

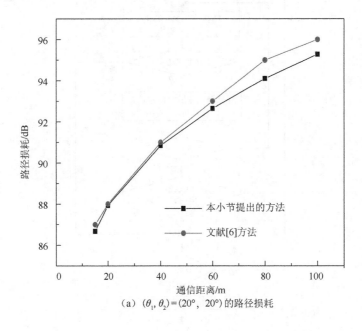

（a）$(\theta_1, \theta_2)=(20°, 20°)$ 的路径损耗

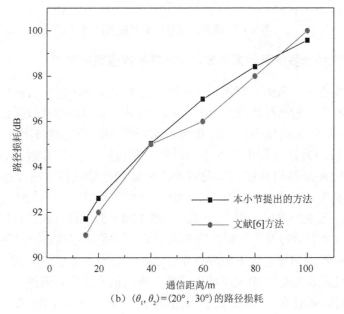

（b）$(\theta_1, \theta_2)=(20°, 30°)$ 的路径损耗

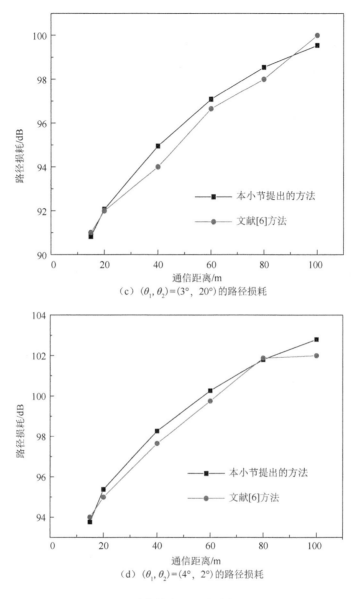

（c）$(\theta_1, \theta_2) = (3°，20°)$ 的路径损耗

（d）$(\theta_1, \theta_2) = (4°，2°)$ 的路径损耗

图 3.20　两种蒙特卡罗方法路径损耗对比

　　无线紫外光非直视传输方式中，NLOS（b）类方式能够通过改变收发仰角很容易地转化为 NLOS（a）类和 NLOS（c）类方式，因此 NLOS（b）类方式最具有代表性。为了研究无线紫外光单次散射 NLOS（b）类覆盖范围模型，通过蒙特卡罗模拟无线紫外光子非直视传输过程，对接收端的紫外光子接收概率进行了统计，统计结果如图 3.21 所示。图 3.21 中的发射光子为 10^{12} 个、发送仰角为 20°、接收仰角为 90°，发送视场角为 17°、接收视场角为 30°，其中图 3.21（a）～

图 3.21 （f） 分别为收发装置传输距离为 10m、20m、40m、60m、80m、100m 的
情况下进行的仿真结果。覆盖范围在几何模型中相当于是光子传输在水平面的投
影，即水平面中水平方向轴为 x 轴，与 x 轴垂直的方向为 y 轴，发送端在原点，
水平面中接收端位置与 x 轴的夹角（顺时针方向为正）称为偏角。偏角为 0°时表

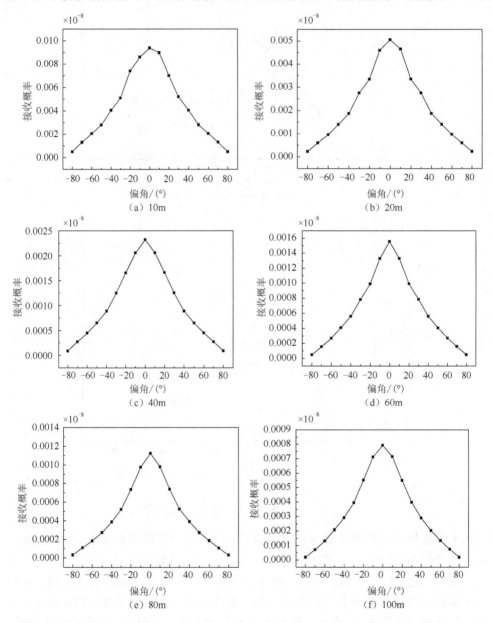

图 3.21　NLOS（b）类不同传输距离的覆盖范围

示接收端正好在 x 轴上，具体坐标系参照图 3.7。本小节主要研究发送传输方向上的覆盖范围，因此只针对偏角在-90°～90°的接收概率进行了统计。从图 3.21 中可以看出，NLOS（b）类通信的覆盖范围与图 2.19 的分析一致，都是在偏角为 0°的情况下接收概率是最大的，且左右对称。在偏角为 30°、-30°时的接收概率下降到偏角为 0°时的一半以下，当偏角更大时接收概率更低，说明越偏离 x 轴，接收概率越小，这是因为 NLOS（b）类通信主要利用的是前向散射，当接收端在前向散射覆盖范围之内时通信效果会比较好。对比分析这 6 幅图，在通信距离大于 60m 时，接收概率有明显的变小趋势。例如，对比分析通信距离为 10m 与 100m 时，当通信距离增大时，接收概率不断变小，这是因为随着传输距离的增大，紫外光子在大气中的传输损耗也会增大。

　　NLOS（c）类不同传输距离的覆盖范围如图 3.22 所示。发射光子为 10^{12} 个、发

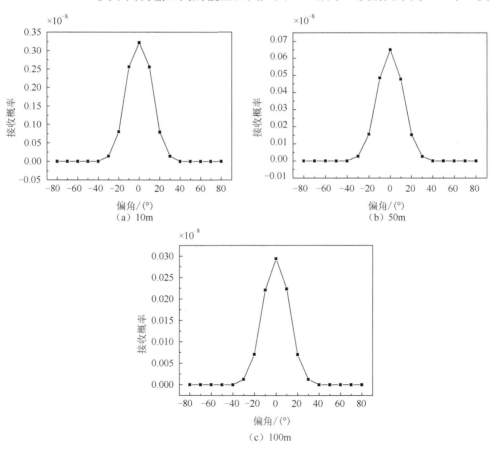

（a）10m　　　　　　　　　　（b）50m

（c）100m

图 3.22　NLOS（c）类不同传输距离的覆盖范围

送仰角为20°、接收仰角为20°、发送视场角为17°、接收视场角为30°。图3.22（a）～图3.22（c）分别在收发装置传输距离为10m、50m、100m的情况下进行仿真。从图3.22可以看出，NLOS（c）类通信的覆盖范围与图2.20是一致的。同样，在偏角为0°的情况下接收概率是最大的，且左右对称。在偏角大于15°时接收概率迅速下降，且在偏角为25°以后概率趋于0，原因是此时接收到的紫外光子主要是前向散射光子，后向散射光子几乎可以忽略不计。与NLOS（b）类10m通信覆盖范围相比可以看到，NLOS（c）类的接收概率比NLOS（b）类要好，系统传输损耗更小，通信带宽更大。对比分析10m与100m的情况，当通信距离增大时，接收概率不断变小，原因是随着传输距离的增大，紫外光子在大气中的传输损耗也会增大。

　　NLOS（a）类不同传输距离的覆盖范围如图3.23所示。同样，发射光子为10^{12}个、发送仰角为90°、接收仰角为90°、发送视场角为17°、接收视场角为30°。图3.23（a）～图3.23（c）分别在收发装置传输距离为10m、50m、100m的情况

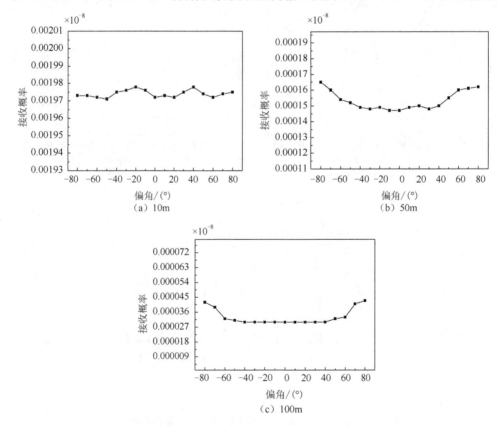

图3.23　NLOS（a）类不同传输距离的覆盖范围

下进行仿真。从图 3.23 可以看出，当偏角变化时，同样传输距离的接收概率基本不变，概率变化都在很小的范围内，这与图 2.17 是一致的。NLOS 通信方式的覆盖范围近似为圆形，全方位性比较好。与 NLOS（b）类、NLOS（c）类相比，在相同的传输距离下 NLOS（a）类的接收概率最差，传输距离最短，因为此时接收端收到较多后向散射紫外光子，信号传输能力差，严重影响通信的效果和传输距离。对比分析 10m 与 100m 的情况，当通信距离增大时，接收概率不断变小，同样是因为随着传输距离的增大，光子在大气中的传输损耗也会增大。

　　通过对以上仿真结果的分析，总体上来说，仿真结果基本符合文献[13]提出的覆盖范围理论模型，进一步验证了 NLOS 紫外光散射覆盖范围模型的正确性。通过对比 NLOS（a）、NLOS（b）、NLOS（c）三类非直视通信模型，可以得出以下结论：在相同的几何关系下，NLOS（a）类方式的通信容量最差，覆盖范围最小，带宽最小，但是全方位性最好；NLOS（b）类方式的覆盖范围较大，有一定的方向性，通信容量和带宽都优于 NLOS（a）类；NLOS（c）类通信方式是覆盖范围最远、方向性最强、通信效果最好的，路径损耗最小。

　　多次散射对紫外光 NLOS 传输的分析比采用单次散射的分析更准确[15]，能更好地提供理论依据。为了实际需求，采用蒙特卡罗方法对传输距离为 20～100m 的紫外光链路单次散射和多次散射的路径损耗进行仿真分析，结果如图 3.24 所示。这里采用两组不同发送仰角和接收仰角对单次散射和多次散射的传输进行了比较，图 3.24（a）和图 3.24（b）的收发仰角分别为（20°,20°）和（40°,15°）。从图中可以看出，单次散射和多次散射的路径损耗存在一定的差距，但是整体的路径损耗趋势是一致的，只是在数值上有一定的差别。

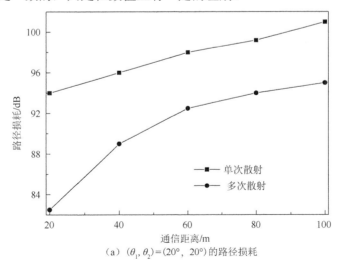

（a）$(\theta_1, \theta_2) = (20°,\ 20°)$ 的路径损耗

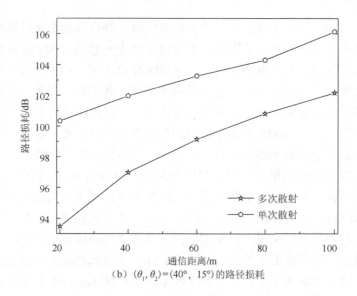

（b）$(\theta_1, \theta_2) = (40°, 15°)$ 的路径损耗

图 3.24　不同角度单次散射和多次散射路径损耗对比

参 考 文 献

[1]　CHEN G, MAJUMDAR A K, XU Z. A parametric single scattering channel model for non-line-of-sight ultraviolet communications[J]. Proceedings of SPIE—The International Society for Optical Engineering, 2008, 7091: 70910M-1-70910M-6.

[2]　ELSHIMY M A, HRANILOVIC S. Non-line-of-sight single-scatter propagation model for noncoplanar geometries[J]. Journal of the Optical Society of America A Optics Image Science & Vision, 2011, 28(3):420-428.

[3]　ZUO Y, XIAO H, WU J, et al. A single-scatter path loss model for non-line-of-sight ultraviolet channels[J]. Optics Express, 2012, 20(9):10359-10369.

[4]　柯熙政. 紫外光自组织网络理论[M]. 北京：科学出版社, 2011: 36-39.

[5]　何华. 无线紫外通信及其组网的关键技术研究[D]. 西安:西安理工大学, 2012:15-28.

[6]　DING H, CHEN G, MAJUMDAR A K, et al. Modeling of non-line-of-sight ultraviolet scattering channels for communication[J]. IEEE Journal on Selected Areas in Communications, 2009, 27(9):1535-1544.

[7]　ZACHOR A S. Aureole radiance field about a source in a scattering-absorbing medium[J]. Applied Optics, 1978, 17(12):1911-1922.

[8]　何华, 柯熙政. 紫外光通信中的 Mie 散射机制[J]. 应用科学学报, 2012, 30(3): 245-250.

[9]　XU Z, DING H, SADLER B M, et al. Analytical performance study of solar blind non-line-of-sight ultraviolet short-range communication links[J]. Optics Letters, 2008, 33(16):1860-1862.

[10]　DING H, XU Z, SADLER B M. A path loss model for non-line-of-sight ultraviolet multiple scattering channels[J]. EURASIP Journal on Wireless Communications and Networking, 2010,(1):1-12.

[11]　宋鹏, 柯熙政, 熊扬宇, 等. 紫外光非直视非共面通信中脉冲展宽效应研究[J]. 光学学报, 2016, 36(11): 1106004.

[12]　CHEN G, XU Z, SADLER B M. Experimental demonstration of ultraviolet pulse broadening in short-range non-line-of-sight communication channels[J]. Optics Express, 2010, 18(10): 10500-10509.

[13]　赵太飞, 冯艳玲, 柯熙政, 等. "日盲"紫外光通信网络中节点覆盖范围研究[J]. 光学学报, 2010, 30(8): 2229-2235.

[14]　WANG J, LUO T, MENG D, et al. UV NLOS communications atmospheric channel model and its performance analysis[C]. CSIE 2009, 2009 WRI World Congress on Computer Science and Information Engineering, Los Angeles, 2009:85-88.

[15]　赵太飞, 柯熙政. Monte Carlo 方法模拟非直视紫外光散射覆盖范围[J]. 物理学报, 2012, 61(11): 114208-1-114208-12.

第4章 不同大气环境下无线紫外光信道特性分析

4.1 晴朗天气下无线紫外光通信系统性能分析

本章根据第 3 章给出的无线紫外光非直视非共面单次散射传输模型，结合蒙特卡罗方法研究晴朗天气下无线紫外光通信系统的性能，验证系统路径损耗随通信距离、发送仰角、接收仰角、发散角、视场角的变化而变化的规律，改进了系统脉冲响应的表达式，比较分析不同偏转角和通信距离对系统脉冲响应的影响，提出对系统的脉冲响应进行离散傅里叶变换来得出无线紫外光通信系统的 3dB 带宽，分析晴朗天气下系统信道容量随通信距离、发送仰角和偏转角变化的规律。具体的系统仿真参数如表 4.1 所示。

表 4.1　本章采用的系统仿真参数

参数	取值	参数	取值
波长 λ	260nm	有效接收面积 $A_{\rm r}$	$4.9\times10^{-4}\text{m}^2$
通信距离 r	100m	发射功率 $P_{\rm T}$	50mW
米氏散射系数 $k_{\rm s}^{\rm Mie}$	0.284km^{-1}	前后向散射因子 f	0.5
瑞利散射系数 $k_{\rm s}^{\rm Ray}$	0.266km^{-1}	不对称因子 g	0.72
大气吸收系数 $K_{\rm a}$	0.802km^{-1}	瑞利散射相函数因子 γ	0.017
发送仰角 $\theta_{\rm T}$	30°	发散角 $\phi_{\rm T}$	20°
接收仰角 $\theta_{\rm R}$	30°	视场角 $\phi_{\rm R}$	40°

4.1.1 路径损耗分析

路径损耗是光子在传输介质中由于路径衰减所引起光功率的损失。用 $N_{\rm T}$ 表示发送端发出的光子数量，用 $N_{\rm R}$ 表示探测器接收到的光子数，可用下式来定义路径损耗[1]：

$$L = N_{\rm T} / N_{\rm R} \tag{4.1}$$

光子衰减得越多，路径损耗越大，系统性能越差。在利用蒙特卡罗方法模拟光子传输的过程中，令发送端总共发射 M 个光子，第 m 个光子最多经过 N 次散射能到达接收端接收面的总概率是 $(P_N)_m$，那么发送端发射一个光子能到达接收端接收面的平均概率为

$$P = \frac{\sum_{m=1}^{M}(P_N)_m}{M} \tag{4.2}$$

式中，$(P_N)_m$ 可由式（3.92）求得。P 反映了发送端发射一个光子能到达接收端的平均概率。发送端发射 M 个光子，光子之间相互独立，那么能到达接收端的光子数为 $M \times P$，则无线紫外光非直视通信系统的路径损耗可以表示为

$$PL = 10\lg \frac{M}{MP} = 10\lg \frac{1}{P} \qquad (4.3)$$

当偏转角为 0°时，在不同发送仰角和接收仰角下，系统路径损耗随通信距离的变化关系如图 4.1 所示。通信距离越大，光子传输过程中的损失就越多，信息传输的路径损耗就越大。如图 4.1（a）所示，发送仰角为 30°，通信距离为 100m，接收仰角为 30°、90°时的路径损耗分别约为 96dB 和 100dB。接收仰角为 0°和 30°的路径损耗基本相同，这是因为视场角和发散角恒定时，接收仰角从 0°增加到 30°导致光子传输的路径增大，路径损耗相对增大，但是公共散射体也增大，光子经过散射后被接收的概率增大，路径损耗相对减小，综合起来就是路径损耗基本不变。接收仰角为 60°和 90°时的路径损耗基本相同，原因同上。接收仰角为 60°的路径损耗大于接收仰角为 30°的路径损耗，因为接收仰角从 30°增大到 60°，通信距离增大引起路径损耗增大的程度大于公共散射体增大引起路径损耗减小的程度，总体导致信息传输的路径损耗增大。如图 4.1（b）所示，接收仰角为 30°，通信距离为 100m，发送仰角为 30°、90°时的路径损耗分别约为 96dB 和 102dB。与图 4.1（a）比较，发送仰角和接收仰角都为 30°时，路径损耗相同，说明仿真结果准确统一。发送仰角和接收仰角为 30°、90°与发送仰角和接收仰角为 90°、30°的路径损耗不同，因为发散角和视场角不同，发送端与接收端之间的通信距离和公共散射体不同，路径损耗不同。

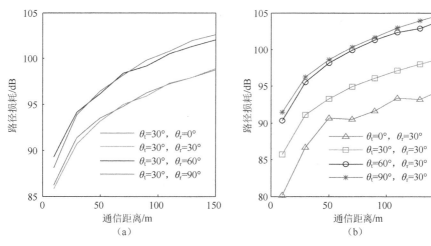

图 4.1　不同发送仰角和接收仰角下，系统路径损耗随通信距离的变化关系

在不同发散角和视场角下，系统路径损耗随通信距离的变化关系如图 4.2 所示。视场角为 30°，发散角越大，路径损耗越大，因为发散角越大，光子信息传输的路径就越多，总的传输距离越大，光子信息的传输损耗就越大。通信距离为 150m，发散角和视场角都为 30°时，路径损耗约为 100dB，发散角为 90°，视场角为 30°，路径损耗为 107dB，发散角增大 60°，路径损耗约增大 7dB。发散角越大，路径损耗随发散角的增大而增大得越快。如图 4.2（b）所示，发散角为 30°时，系统的接收视场角越大，发送端与接收端形成的公共散射体越大，光子经过散射后被接收端接收的概率越大，路径损耗越小。通信距离为 150m，发散角和视场角都为 30°时，路径损耗约为 100dB，与图 4.2（a）的结论一致。通信距离为 150m，发散角为 30°，视场角为 90°时，路径损耗约为 96dB，视场角减小 60°，路径损耗减小约 4dB。视场角越小，路径损耗随着视场角的增大而减小得越快。

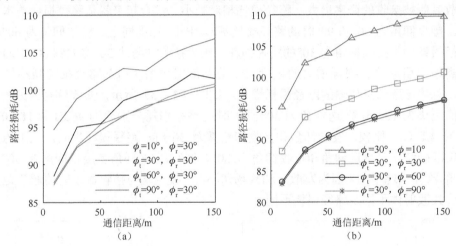

图 4.2　发散角和视场角不同时，系统路径损耗随通信距离的变化关系

4.1.2　脉冲响应分析

系统脉冲响应 $h(t)$ 可由蒙特卡罗方法得到并可表示为[2]

$$h(t_j) = \frac{1}{N\Delta t} \sum_{n=1}^{N} P_n^{(j)} = \frac{1}{N\Delta t} \sum_{n=1}^{N} W_n^{(j)} p_{1n}^{(j)} p_{2n}^{(j)}, \quad j=0,1,2,\cdots,i \qquad (4.4)$$

式中，参数 N 为发射的总光子数；Δt 是在整个传输时间 t 内被平均分成 i 份的时间间隔，即 $i = t / \Delta t$，t 可以由 $t=(r_1 + r_2)/c$ 得出，c 是光速；$P_n^{(j)}$ 是第 n 个光子在第 j 个时间间隔内被成功接收的概率；$W_n^{(j)}$ 是第 n 个光子可以在第 j 个时间间隔接收的幸存概率；$p_{1n}^{(j)}$ 是第 n 个光子经过传输损耗可以到达接收视场角内的概率；$p_{2n}^{(j)}$ 是第 n 个光子可以从公共散射体经过散射传输到达接收端的概率。

通信距离不同时系统脉冲响应曲线如图 4.3 所示，脉冲响应幅值已经进行了归一化处理。通信距离为 100m 时，与通信距离为 150m 时相比，脉冲响应时间较短，并且幅值高，通信距离越小，光子从发送端传输至接收端的路径越短，响应时间越快，路径损耗越小，响应幅值越高。通信距离为 100m 时，脉冲响应峰值时间为 380ns；通信距离为 150m 时，脉冲响应峰值时间为 580ns。由此可看出通信距离增大 50m，响应峰值时间延后 200ns。

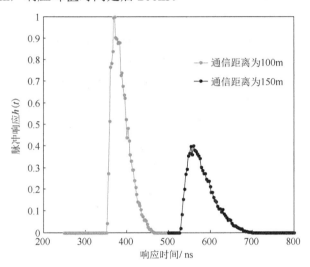

图 4.3　通信距离不同时的系统脉冲响应曲线

图 4.4 给出了当发送仰角分别是 20°、40°，接收仰角和视场角均为 30°，发散

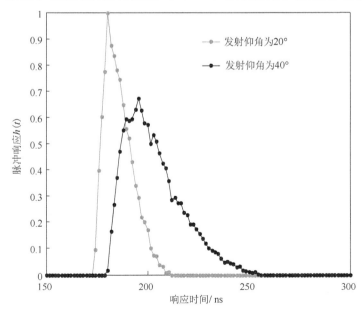

图 4.4　不同发送仰角对应的系统脉冲响应曲线

角为 15°，发送端偏转角为 20°，传输距离为 100m 时的系统脉冲响应图，脉冲幅度已经进行了归一化处理。从图中可以看出，当发送仰角分别是 20°、40°时，脉冲响应的峰值时间分别为 180ns、200ns，脉冲宽度分别为 40ns、70ns。这表明发送仰角增大了 20°，脉冲响应延迟了 20ns，脉冲展宽了 30ns。这是因为当发送仰角增大时，光子到达公共散射体的距离增大，接收端接收到光子的概率减小，光子传输的路径损耗增大，接收到的光子数量也减小。

　　发送端偏转角和脉冲响应时间宽度的关系如图 4.5 所示。图 4.5 说明系统的脉冲响应时间随发送端偏转角的增大按指数规律增加。图中同样显示出，当偏转角相等时，通信距离越小，脉冲响应的峰值时间越小。偏转角为 0°，通信距离分别为 100m、120m 的响应时间是 54μs、65μs，距离增大 20m，脉冲响应延迟 11μs。偏转角增大到 24°时，通信距离为 100m、120m 的响应时间分别是 58μs、71μs，偏转角增大了 24°，脉冲响应分别延迟了 4μs、6μs。这是因为当偏转角增大时，发送端偏转角与接收视场角形成的公共散射体减小，散射的光子数减小，系统的路径损耗增大，光子传输至接收端的时间增长。

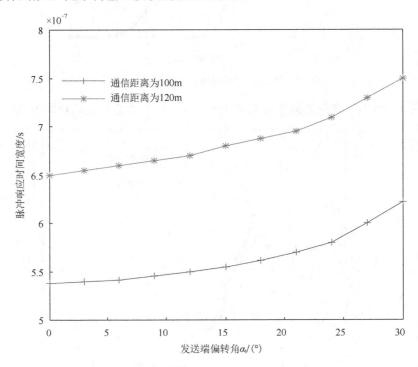

图 4.5　发送端偏转角 α_t 与脉冲响应时间宽度的关系

4.1.3　系统 3dB 带宽

对所有时间间隔内的脉冲响应进行离散傅里叶变化得到功率谱，通过转换可得到系统的 3dB 带宽。离散傅里叶变换关系式如下[3]：

$$X_k = \text{DFT}[x(n)] = \sum_{n=0}^{N-1} x(n) W_N^k \qquad (4.5)$$

式中，N 是离散序列的长度；$x(n)$ 是在不同时间间隔内的脉冲响应幅值，$n = 0,1,2,3,\cdots,N-1$；$k = 0,1,2,3,\cdots,N-1$；W_N 是离散傅里叶变换旋转因子，有如下关系式[3]：

$$W_N = \exp\left(-\mathrm{j}\frac{2\pi}{N}\right) \qquad (4.6)$$

再利用数字角频率与模拟角频率之间的关系 $\Omega = \omega / T$（$-\pi \leqslant \omega \leqslant \pi$）可得系统的 3dB 带宽为

$$\Delta f = \frac{\Delta \omega}{2\pi T} \qquad (4.7)$$

式中，Ω 和 ω 分别表示模拟角频率和数字角频率；T 表示采样频率。

对通信距离分别为 100m 和 150m 的系统脉冲响应进行离散傅里叶变换，结果如图 4.6 所示。通信距离为 100m 的离散傅里叶变换的功率谱幅值较高，约为通信距离为 150m 时的 2 倍，并且数字角频率较宽。

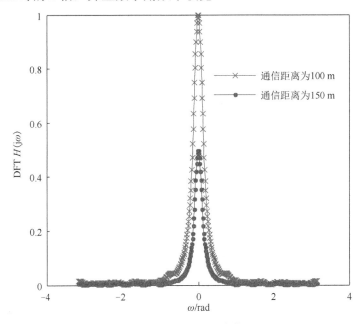

图 4.6　离散傅里叶变换

通信系统 3dB 带宽与通信距离之间的变化关系如图 4.7 所示。通信距离越大，通信系统的 3dB 带宽越小。当通信距离小于 50m 时，通信系统的 3dB 带宽随通信距离的增大而减小得非常迅速。通信距离为 10m 时，系统带宽可达 10MHz，当通信距离增大至 100m 时，系统的 3dB 带宽为 1MHz。通信距离从 10m 增加到 100m，系统通信带宽从 10MHz 减小到 1MHz。这是因为通信距离增大时，光子在空气中传输的时间增大，脉冲响应时间增大，带宽减小。为了保证高带宽的通信，势必要以牺牲通信距离为代价。

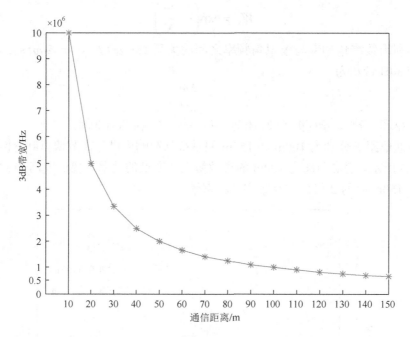

图 4.7　系统 3dB 带宽与通信距离之间的关系

在不同通信距离下，发送端偏转角与系统 3dB 带宽之间的关系如图 4.8 所示。同样可以看出，通信距离越长，系统的 3dB 带宽越小。当接收端偏转角为 0° 时，通信距离 100m、120m 的 3dB 带宽分别是 1.64MHz 和 1.47MHz；通信距离从 100m 增大至 120m，系统 3dB 带宽减小了 0.17MHz。当偏转角增大至 30° 时，通信距离为 100m 和 120m 时的 3dB 带宽分别约为 1.8MHz 和 1.6MHz。

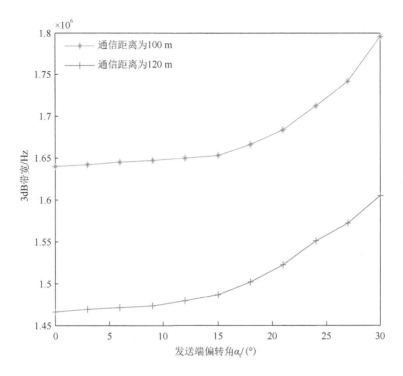

图 4.8　发送端偏转角与系统 3dB 带宽的关系

4.1.4　信道容量仿真预测

为了简化分析，假设大气信道是加性高斯白噪声信道，香农定理是无失真通信理论的基础。用香农定理描述信道容量如下：

$$C = B\log_2(1 + \mathrm{SNR}) \tag{4.8}$$

式中，SNR 为根据量子极限法得到的信噪比（signal to noise ratio，SNR），进而得到信道容量为

$$C = B\log_2[1 + \eta_f\eta_r P_t\lambda / (2hcBL)] \tag{4.9}$$

式中，B 为系统的 3dB 带宽；转换效率 η_f 等于 0.12；量子效率 η_r 是 0.134；发送功率 P_t 为 50mW；h 和 c 分别是普朗克常量和光速；L 是路径损耗。

图 4.9 对比了发送仰角分别为 10°、20°、30°、50°时，通信距离与信道容量的关系。当通信距离为 10m 时，相对应的信道容量（bit/s）分别是 100kbit/s、330kbit/s、410kbit/s、450kbit/s。当通信距离大于 40m 时信道容量均小于 100kbit/s，通信距离从 0m 增大到 30m 时信道容量急剧下降。距离相同时，发送仰角小于 50°时，其值越大，信道容量越大。但是，发送仰角从 30°增大到 50°时，信道容量却没有明显增大，这是因为发送仰角刚开始增大时，公共散射体增大，路径损耗减小。但是当发送仰角增大至 50°左右时，公共散射体增大的同时，通信距离也增

大了，增大的公共散射体和距离对路径损耗的影响相互抵消，最终使路径损耗未发生明显变化，信道容量变化也不明显。

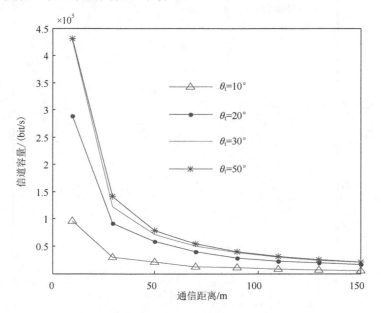

图 4.9　不同发送仰角时，通信距离与信道容量的关系

通信距离不同时，信道容量随发送功率的变化如图 4.10 所示，从图中可以看

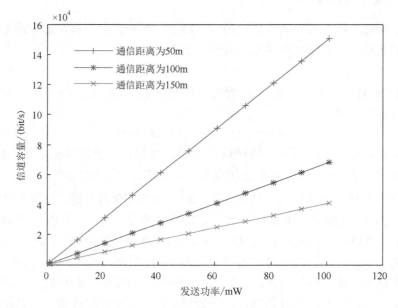

图 4.10　通信距离不同时，信道容量随发送功率的变化

出，当发送功率相同时，通信距离越大，信道容量越小。通信距离为 100m，发送功率为 60mW 时，信道容量约为 40kbit/s，发送端的发送功率增大到 100mW 时，信道容量增大至 60kbit/s。当发送功率为 100mW 时，通信距离为 50m、100m、150m 时的信道容量分别为 150kbit/s、70kbit/s、40kbit/s。通信距离从 50m 增大到 100m 时，增大了 50m，信道容量减小了 80kbit/s。信道容量随发送功率的增大呈线性增大的趋势，但是通信距离不同时，线性增大的斜率不同，通信距离越小，增大的斜率越大。

4.1.5　无线紫外光通信可行性实验分析

本实验采用的紫外 LED 发出的紫外光波长为 365nm，通信距离为 40m。采用 OOK 调制方式，用信号源产生不同频率的方波信号，幅值均为 5V，将其加载到紫外 LED 上，携带方波信号的紫外光经过大气传输后被接收端接收，接收端采用滨松公司的 C212 光电倍增管放大接收端接收到的信号，并且传送到示波器中进行信号显示。接收到的信号波形图如下。

图 4.11 为发送信号频率为 100kHz 时对应的接收信号波形图，其对应的幅值为 368.00mV，频率是 99.9kHz，周期为 10.01μs，上升沿是 390.0ns，下降沿为 410.00ns，正半周期的脉宽为 5.02μs，负半周期的脉宽为 4.99μs。经过 40m 的无线传输，紫外光信号损失较小，可以明显恢复出发送信号。

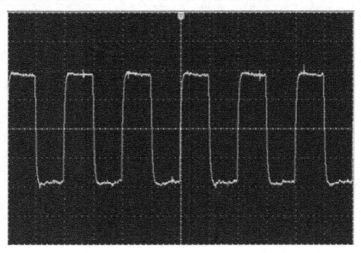

图 4.11　发送信号频率为 100kHz 时对应的接收信号波形图

图 4.12 为发送信号频率为 1MHz 时对应的接收信号波形图，其对应的幅值为 640.00mV，调制频率约为 999.0kHz，调制周期是 1μs，上升沿和下降沿分别是 319.0ns 和 259.00ns。正半周期的脉宽为 510ns，负半周期的脉宽为 491ns，上升沿和下降沿均减小，致使方波信号产生严重的失真，但是仍可以恢复发送信号的频率。

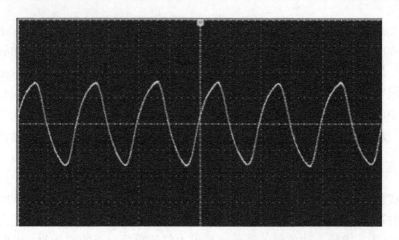

图 4.12　发送信号频率为 1MHz 时对应的接收信号波形图

图 4.13 为发送信号频率为 5MHz 时对应的接收信号波形图，其对应的幅值为 34.4mV，调制频率约为 4.83MHz，上升沿和下降沿分别是 98.0ns 和 66.00ns。正半周期的脉宽为 595ns，负半周期的脉宽为 507ns。正负脉冲宽度基本不变，脉冲幅度严重降低，上升沿和下降沿时间缩短，信号严重失真，信号频率基本保持不变。

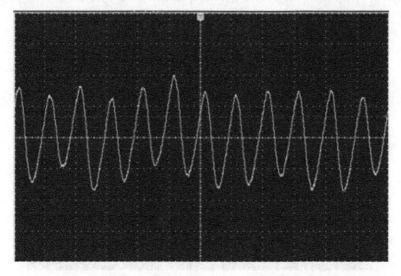

图 4.13　发送信号频率为 5MHz 时对应的接收信号波形图

4.2　大气湍流对无线紫外光通信性能的影响

大气湍流会引起紫外光信号发生变化，具体表现为信号衰落、光强闪烁、光束扩展等形式[4,5]，导致系统性能严重降低，是物理学和无线通信有待完全解决的难题[6]。为了研究大气湍流对无线紫外光通信的影响，本节首先从大气湍流的物理特性出发，分别阐述大气湍流的形成和特点、大气湍流的功率谱密度等。然后根据高斯光束模型研究无线紫外光通信在大气湍流下的性能，提出弱湍流短距离无线紫外光通信的研究方法，并据此分析短距离无线紫外光通信在弱湍流下的性能。

4.2.1　大气湍流理论介绍

1. 大气湍流的形成及特点

通常，大气在定常态的运动状态之外还存在多种不同程度的涡流运动。这种涡流运动表现为速度场的不连续性和空间不均匀性。一般认为大气湍流是由热力和动力共同促成的。因此，可以按照大气湍流产生的原因将其分为热力型大气湍流、动力型大气湍流、晴空大气湍流等。

1）热力型大气湍流的形成及特点

热力型大气湍流主要是由大气温度变化引起的，如空气的水平温度分布不均匀，地表的热力状态不相同，临近区域升温和降温的程度有差异，大气垂直和水平运动造成大气层流结构的变化。在近地面的大气层范围内，临近区域之间的热力性质差异越大，大气湍流的强度就会越大，并且随日出日落的时间变化明显。一般地，日出前，地表温度普遍较低并且比较均匀，大气湍流很弱。日出后，由于太阳照射，大气温度逐渐上升，近地层与远地层出现温度差，大气湍流逐渐增强。中午过后，大气湍流最强，波及的高度最高，之后大气湍流逐渐减弱。大气湍流可以出现在大气层的中、高层等，通常可以通过云层的运动发展来观察。大气层的变化越快越剧烈，说明这时的大气越不稳定，热力型大气湍流就会越强。

2）动力型大气湍流的形成和特点

动力型大气湍流是在风力的影响下，大气与地面摩擦等物理作用引起的小尺度湍流，其湍流强度随风速、地面粗糙程度或地形起伏和大气稳定度的变化而变化。一般情况下，近地面的粗糙程度越大，风的速度越大，近地面的大气层越不稳定，动力湍流就越强。一般在近地面容易形成动力型大气湍流，尤其在高山地区。动力型大气湍流的另一个表现就是风力切变，当大气的风力垂直切变大于临界值后，就会产生较小尺度的切变大气湍流。风力切变越大，动力大气湍流的强度就会越大。

3）晴空大气湍流的形成和特点

在晴朗天气下出现的高空湍流称为晴空大气湍流，一般出现在 6km 以上的高空，是一种和对流云无关的湍流，一般不易观察其产生的天气现象。晴空湍流一般出现在风速较大和风速变化较大的大气区域，如冷空气和暖空气的交汇处，气流突然加速、减速或转向的区域等。晴空大气湍流一般出现在 6～15km 的大气层，主要集中在离地面 10km 处的高度附近。晴空大气湍流的特点是：有明显的边界，并且没有过渡区。晴空大气湍流对短距离无线紫外光通信的影响较小，但是对飞机的飞行影响较大，如果飞机飞进晴空大气湍流区域，容易产生飞机飞行颠簸，颠簸的持续时间约为几分钟[4]。

2. 大气湍流的物理特性

大气湍流具有雷诺数的特点：$Re=Vl/v$，其中 V 是特征速度，l 是湍流的特征尺寸（如在管道内的流体，它就是管道的直径），v 是运动黏度。并且大湍流一般会逐渐向小湍流转变，能量在这些湍流之间以速度形式相互转换。在转换过程中，定义如下湍流尺寸。湍流的最大外尺寸是 L_0，它相当于气流离地面的高度。最内层的最小湍流尺寸为 l_0，一般情况下，内尺度的量级为数毫米。尺寸小于 l_0 的属于耗散区域，能量以热能的形式消散掉。一般可认为水平地面的风速是强湍流，Re 的典型值为 10^5。不同尺寸的湍流在尺寸变化上是随机的，导致大气中的流体运动是非常不稳定的，但最终会产生低速小尺寸的湍流。最终，湍流变得足够小，使黏滞力克服初始力，湍流不再衰减。湍流的能量按照尺寸分配如下。当特征尺寸增大到特定外尺寸 L_0 时，能量开始倾注，称为初始能量输入区。湍流的能量向小涡流重新分配，直到尺寸到达内尺寸 l_0 时为惯性子范围区，在惯性子范围区 $L_0>l>l_0$，湍流可认为是各向同性的。最后湍流到达最小尺寸 l_0 时，能量通过黏度过程以热能的形式耗散，为能量耗散区[7]。

大气湍流的宏观模型如图 4.14 所示。

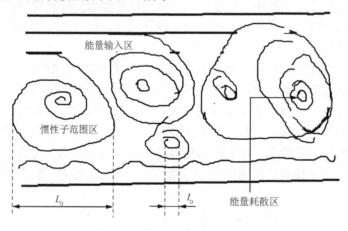

图 4.14　大气湍流的宏观模型

大气折射率可以看成湍流在任意时间和位置的随机变量，即折射率是时间和空间的随机函数。在光学研究中假设波在传输时保持单一频率，这就可以消除折

射率的时间属性。大气湍流引起的折射率波动可以表示成[5]

$$n(\vec{r}) = n_0 + n_1(\vec{r}) \tag{4.10}$$

式中，$\vec{r}$ 表示空间点的位置；n_0 表示大气压折射率的平均值；$n_1(\vec{r})$ 和 $n(\vec{r})$ 分别是与其平均值的随机偏差，平均值是 0。一般的大气湍流认为是各向同性湍流，折射率结构函数定义表达式为[5]

$$D_n(R) = \begin{cases} C_n^2 R^{2/3}, & l_0 \leqslant R \leqslant L_0 \\ C_n^2 l_0^{-4/3} R^2, & R \leqslant L_0 \end{cases} \tag{4.11}$$

式中，R 表示空间两点之间的距离；C_n^2 表示折射率结构常数，湍流越强时一般认为折射率结构常数越大。C_n^2 是常数，适用于自由空间光通信的水平链路。大气湍流的强度从小到大排列时，折射率结构常数的取值为 $10^{-17} \sim 10^{-12}$ m$^{-2/3}$。但是对于上行、下行和倾斜路径的自由空间来说，C_n^2 是高度的函数，可通过一个经验模型简单表示为[5]

$$\begin{aligned} C_n^2(h) = {} & 0.00594(v/27)^2(10^{-5}h)^{10}\exp(-h/1000) \\ & + 2.7 \times 10^{-16}\exp(-h/1500) + A\exp(-h/100) \end{aligned} \tag{4.12}$$

式中，h 是垂直高度；v 是与传输链路相垂直的随机风速；A 表示近地面区域的折射率结构常数的标称值，即 C_0^2 的值。在一般的折射率结构常数计算中，v 一般取为 21m/s，A 的一般取值为 1.7×10^{-14}m$^{-2/3}$。

　　折射率结构常数随垂直高度的变化曲线如图 4.15 所示。高度小于 1km 之前，A 对折射率结构常数的影响较大；高度为 1~5km 时，折射率结构常数不受风速和 A 的影响，只随高度变化；高度大于 5km 后，折射率结构常数受速度的影响更大，风速越大，结构常数越大。

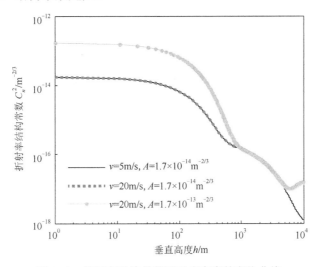

图 4.15　折射率结构常数随垂直高度的变化曲线

3. 大气湍流的统计特性

大气湍流随时间和空间的变化而变化，可用与时间和空间相关的随机变量 $x(r,t)$ 来描述大气湍流，其中，$r=(X,Y,Z)$ 是空间变量。当大气湍流随时间变化比较慢时，只用与位置相关的随机变量 $x(r)$ 来描述大气湍流，$m(r)=\langle x(r)\rangle$ 是该随机变量的平均值，空间两点 r_1 与 r_2 之间的协方差函数表示为[5]

$$B_x(r_1,r_2)=\langle[x(r_1)-m(r_1)][x^*(r_2)-m^*(r_2)]\rangle \tag{4.13}$$

式中，x^* 是随机变量 x 的复共轭。当两点间的平均值与位置无关时，均匀随机湍流场的协方差函数改写为[5]

$$B_x(r)=\langle x(r_1)x^*(r_1+r_2)\rangle-|m| \tag{4.14}$$

式中，$r=r_2-r_1$。对于各向均匀介质湍流，r 只取决于两点之间的距离而与两点间的具体位置无关。当湍流的统计平均值为 0 时，协方差函数可以简化为

$$B_x(r)=\int_{-\infty}^{+\infty}\iint e^{ikr}\Phi_x(k)\mathrm{d}^3k \tag{4.15}$$

式中，k 表示波数矢量；$\Phi_x(k)$ 表示湍流功率谱密度函数。对湍流谱协方差函数进行傅里叶变换可得湍流的功率谱密度为[5]

$$\Phi_x(k)=\left(\frac{1}{2\pi}\right)^3\int_{-\infty}^{+\infty}\iint e^{-ikr}Bx(r)\mathrm{d}^3r \tag{4.16}$$

对于统计均匀且各向同性湍流，式（4.15）和式（4.16）进一步简化为[5]

$$\Phi_x(k)=\frac{1}{2\pi^2k}\int_{-\infty}^{+\infty}Bx(r)\sin(kr)r\mathrm{d}r \tag{4.17}$$

$$B_x(r)=\frac{4\pi}{r}\int_0^{+\infty}\Phi_x(k)\sin(kr)k\mathrm{d}k \tag{4.18}$$

式中，$k=|k|$ 是波数。

紫外光在大气湍流中传输时，通常认为折射率起伏几乎完全是由温度变化引起的。因此认为折射率起伏的空间功率谱的函数形式与温度的相同。Kolmogorov 根据对湍流的物理考虑，利用 2/3 幂次定律，进一步可以得到折射率变化在惯性区内的功率谱密度函数[8]为

$$\Phi_n(k)=0.033C_n^2k^{-11/3},\ 1/L_0\leqslant k\leqslant 1/l_0 \tag{4.19}$$

该谱只涵盖湍流惯性范围区域，使用条件是湍流的内尺度为 0m、湍流的外尺度是无穷大。为了涵盖湍流的内尺度和外尺度，而且使得在数学计算上方便，Tatarskii 提出采用高斯函数，得到 Tatarskii 谱模型如下[5]：

$$\Phi_n(k)=0.033C_n^2k^{-11/3}\exp(-k^2/k_m^2) \tag{4.20}$$

上面这种谱模型从未得到实验结果的验证，只在惯性区有着准确的结果，不是完全符合实际的湍流物理模型。

为了解决 Tatarskii 谱只适用于湍流惯性区域的局限性，随后又提出了 von

Karman 谱[5]：

$$\Phi_n(k) = 0.033 C_n^2 \frac{\exp(-k^2/k_m^2)}{(k^2+k_0^2)^{11/6}}, \quad 0 \leqslant k < \infty \tag{4.21}$$

该谱模型包含了湍流的内外尺寸参数，这就是通常所说的改进的大气湍流谱。

以上大气湍流谱在高波数时会出现不规则凸起。为了解决这个问题，Hill 用二阶微分方程的形式提出了更加精确的折射率起伏功率谱模型，Andrew 将 Hill 提出的谱做了进一步的改进，得到了修正的湍流大气功率谱[5]：

$$\Phi_n(k) = 0.033 C_n^2 [1 + 1.802(k/k_l) - 0.254(k/k_l)^{7/6}] \frac{\exp(-k^2/k_l^2)}{(k^2+k_0^2)^{11/6}}, \quad 0 \leqslant k < \infty \tag{4.22}$$

该谱模型应用流体动力学分析更加精确。上面用到的参数具体表达式如下[5]：

$$k = 2\pi/\lambda, \quad k_0 = 1/L_0$$
$$k_m = 5.92/l_0, \quad k_l = 3.3/l_0 \tag{4.23}$$

散射截面代表大气湍流下大气对紫外光信号的散射能力，散射截面越大，散射能量越多。散射截面的表达式为[8]

$$S_p = 2\pi k^4 \Phi_n(k_\nu) = \frac{2k^4 d_r^3 C_n^2}{1.91\pi(1+k_\nu^2 d_r^2)L_0^{-2/3}} \tag{4.24}$$

式中，k_ν 表示三维波束向量的模，$k_\nu = 2k\sin(\theta_s/2)$；波数表达式为 $k = 2\pi/\lambda$；C_n^2 表示折射率结构常数；L_0 表示大气湍流的外尺度；d_r 是相关长度，表示的是湍流的平均尺寸。

散射截面随湍流外尺寸的变化如图 4.16 所示。湍流强度和湍流外尺寸相同时，

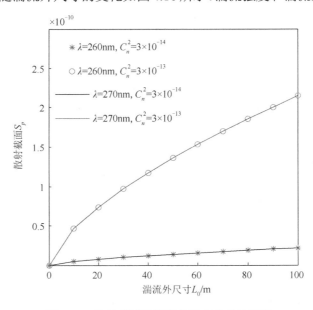

图 4.16　散射截面随湍流外尺寸的变化情况

不同波长对应的散射截面相等，说明波长对散射截面的影响微弱。可以看出，大气湍流的散射截面随湍流外尺寸的增大而增大，并且湍流越强，散射截面增大得越快，这一规律与能量谱密度随湍流外尺寸变化而变化的趋势一致。

4.2.2　高斯光束模型与性能分析

1. 高斯光束模型

紫外光信号在大气湍流中传输会引起光束扩展和光强闪烁，使用高斯光束模型能够准确描述接收端的信号情况。信噪比可以用来衡量信道传输信号的能力。不考虑大气湍流时的信噪比为[4]

$$SNR_0 = \sqrt{\eta P_{S0} / (2hfB)} \tag{4.25}$$

式中，η 为电子探测器的量子效率，一般取值为 0.134；f 是光频率；B 是接收滤波器的带宽（1MHz）；h 表示普朗克常量，取值为 6.63×10^{-34} J/s；P_{S0} 是不考虑大气湍流时的接收功率，表达式为[4]

$$P_{S0} = (1/8)\pi D^2 I(0,L) \tag{4.26}$$

式中，D 是透镜直径；$I(0,L)$ 是接收透镜的中心线上的瞬时辐射功率，其计算表达式为[4]

$$I(0,L) = W_0^2 / [W_1^2 (1 + \Omega_G / F_1)] \tag{4.27}$$

式中，W_0 是发射机的光束半径；W_1 是接收束在自由空间中的半径；F_1 是接收机光束的前向曲率半径；Ω_G 是高斯透镜半径。各参数的表达式为[4,5]

$$\Omega_G = 2L / (kW_G^2) \tag{4.28}$$

$$W_1 = W_0 (E_0^2 + F_0^2)^{1/2} \tag{4.29}$$

$$E_0 = 1 - L / M_0, \quad M_0 \approx \infty, \ E_0 = 1 \tag{4.30}$$

$$F_0 = 2L / (kW_0^2), \quad F_1 = 2L/(kW_1^2) \tag{4.31}$$

式中，E_0 是发射机的光束比；F_0 是发射机光束的前向曲率半径；W_G 是软孔径半径。

当考虑大气湍流时，系统的信噪比表达式为[4]

$$SNR = \frac{SNR_0}{\sqrt{P_{S0} / \langle P_S \rangle + A SNR_0^2}} \tag{4.32}$$

式中，A 是孔径平均因子，可由下式计算[4]：

$$A = \{1 + 1.06[kD^2 / (4L)]\}^{-7/6} \tag{4.33}$$

功率比的表达式如下[4]：

$$P_{S0} / \langle P_S \rangle = (1 + 1.63\sigma_1^{12/5} F_1) e^{\alpha L} \tag{4.34}$$

该功率比模型提出了一种由大气湍流引起的光束扩展和衰减并导致信噪比恶化的测量方法。$\langle P_S \rangle$ 是平均信号功率，该比值是通过 σ_1 将湍流引入的。其中，a

表示大气的衰减系数，由散射系数 k_s 和吸收系数 k_a 共同构成，即 $a = k_s + k_a$。考虑由散射和吸收以及大气湍流引起的衰减，可用下式近似信号的平均功率[4]：

$$\langle P_s \rangle = (1/8)\pi D^2 I(0,L)\left[\frac{\exp(-\alpha L)}{1+1.63\sigma_1^{12/5}F_1}\right] \tag{4.35}$$

式中，σ_1^2 是 Rytov 方差，表达式如下[4]：

$$\sigma_1^2 = 1.23C_n^2 k^{7/6} L^{11/6} \tag{4.36}$$

它和折射率结构常数以及波数（$k = 2\pi/\lambda$）密切相关，该波长在紫外光波段。

衰落概率表示接收端的输出信号低于给定阈值的可能性。当接收端的输出信噪比足够大时，可以忽略噪声对衰落概率的影响，则有如下衰落概率模型[4]：

$$P_{fa} = \frac{1}{2}\left[1 + \text{erf}\left(\frac{\frac{1}{2}\sigma_{\ln I}^2 - 0.23F_T}{\sqrt{2}\sigma_{\ln I}}\right)\right] \tag{4.37}$$

式中，$\text{erf}(\cdot)$ 表示误差函数；F_T 是衰落阈值参数。为了表示衰落阈值低于平均接收光强的分贝数，定义衰落阈值参数为[4]

$$F_T = 10\lg\left[\frac{\langle I(0,L)\rangle}{I_T}\right] \tag{4.38}$$

式中，$\langle I(0,L)\rangle$ 表示高斯光束上的光强平均值；I_T 代表光强阈值水平。$\sigma_{\ln I}^2$ 表示对数光强方差，它与光强闪烁指数 σ_I^2 的关系为[4]

$$\sigma_{\ln I}^2 = \ln(\sigma_I^2 + 1) \tag{4.39}$$

其中，光强闪烁指数用来描述光强的起伏程度。高斯光束条件下点孔径接收的光强闪烁指数可表示为[9]

$$\sigma_I^2 = \exp(\sigma_{\ln x}^2 + \sigma_{\ln y}^2) - 1 \tag{4.40}$$

式中，$\sigma_{\ln x}^2$ 和 $\sigma_{\ln y}^2$ 分别表示大尺度对数光强方差和小尺度对数光强方差，表达式为[9]

$$\begin{cases} \sigma_{\ln x}^2 = \dfrac{0.49\sigma_B^2}{(1+0.56\sigma_B^{12/5})^{7/6}} \\[3mm] \sigma_{\ln y}^2 = \dfrac{0.51\sigma_B^2}{(1+0.69\sigma_B^{12/5})^{5/6}} \end{cases} \tag{4.41}$$

其中，σ_B^2 代表高斯光下的 Rytov 方差，其表达式为[9]

$$\sigma_B^2 = 3.86\sigma_1^2\left\{0.40[(1+2E_1)^2 + 4F_1^2]^{5/12} \times \cos\left[\frac{5}{6}\arctan\left(\frac{1+2E_1}{2F_1}\right)\right] - \frac{11}{16}F_1^{5/6}\right\} \tag{4.42}$$

式中，σ_1^2 代表 Rytov 方差；E_1 是接收机的光束比；F_1 是接收机光束的前向曲率半径。各参数的计算式均已在前面给出[10]。

2. 性能分析

1）信噪比分析

有无大气湍流时系统的 SNR 与通信距离的变化如图 4.17 所示。接收孔径和通信距离相同时，有大气湍流的 SNR 比无大气湍流时的 SNR 约小 20dB。SNR 随通信距离的增大而减小。接收孔径越大，SNR 越大，因为接收孔径增大，接收端接收到的光子增多，即接收的信号就变大，SNR 增大。接收孔径从 0.01m 增大到 0.02m 时，SNR 增大约 4dB，可见增大接收孔径可以提高系统的 SNR。

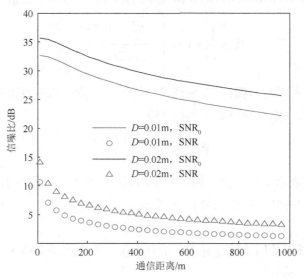

图 4.17　有无大气湍流时 SNR 与通信距离之间的关系

2）衰落概率

图 4.18 给出在不同的通信距离和折射率结构常数下，衰落概率随衰落阈值参数的变化趋势。由图可以看出，衰落阈值参数越大，衰落概率越小，当衰落阈值参数相同时，湍流折射率结构常数越大，衰落概率越大，即其他条件相同时，湍流越强，衰落概率越大。折射率结构常数和衰落阈值参数相同时，通信距离越大，衰落概率越大。当衰落阈值参数为 5dB 时，大气湍流强度不同，信号的衰落概率数值也不同。

大气湍流强度不同时，衰落概率随通信距离的变化趋势如图 4.19 所示。衰落概率随通信距离的增长呈上升的趋势，在较小通信距离时，衰落概率随通信距离的增大而急剧增大。通信距离相同时，大气湍流越强，衰落概率越大。对于中等强度湍流，通信距离为 100m 时，衰落概率约 10^{-6}，基本可以保证一定精度的通信质量。值得注意的是，在超强湍流下（ $C_n^2 = 10^{-12}$ ），信号的衰落概率接近 10^{-1} ，信号的衰减很大。

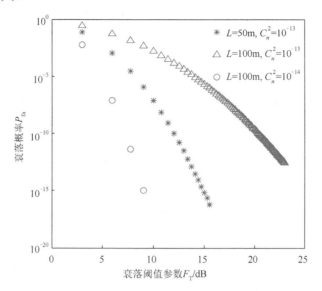

图 4.18　不同通信距离和折射率结构常数下，衰落概率随衰落阈值参数的变化趋势

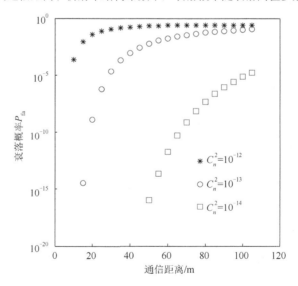

图 4.19　大气湍流强度不同时，衰落概率随通信距离的变化趋势

4.2.3　短距离无线紫外光通信在弱湍流下的性能分析

假定大气介质是随机连续的，并且大气湍流起伏较弱，湍流产生的散射作用对光束的能量耗散没有影响，即有湍流时的平均能量和没有湍流时的平均能量相

等，短距离通信区域内只有大气分子密度分布发生变化，在这个通信区域内的大气吸收作用总体不变，大气湍流引起的闪烁衰减忽略不计，大气湍流只改变大气的折射率进而改变大气的散射作用。由于该区域内的平均粒子浓度和粒径大小不变，只考虑瑞利散射的变化。瑞利散射系数与折射率的关系为[8]

$$k_s^{Ray} = \frac{8\pi^3}{3} \frac{(n-1)^2}{\lambda^4 N} \frac{6(1+\delta)}{6-7\delta} \left(3 + \frac{1-\delta}{1+\delta}\right) \qquad (4.43)$$

式中，N 是平均分子密度 $N=2.54743\times10^{19}$；n 为折射率；$\delta=0.035$。折射率与折射率结构常数的关系为[8]

$$C_n^2 = \langle (n-n_1)^2 \rangle / R^{2/3} \qquad (4.44)$$

式中，R 是测量折射率两点之间的距离。当 $n_1=1$ 时，推算出折射率的表达式为

$$n = (C_n^2 R^{2/3})^{1/2} + 1 \qquad (4.45)$$

短距离弱湍流情况下，瑞利散射系数随波长的变化曲线如图 4.20 所示。瑞利散射系数随波长的增大而减小，因为波长越大，光子能量越少，光子被大气粒子散射的能力越小，瑞利散射系数越小。短距离弱湍流情况下，湍流强度越大，瑞利散射系数越大。波长为 265nm，折射率结构常数依次是为 1×10^{-15}、3×10^{-15}、6×10^{-15} 时，瑞利散射系数分别为 0.7×10^{-3}、1.8×10^{-3}、3.7×10^{-3}，这说明湍流越强，大气对光子的散射能力越大。

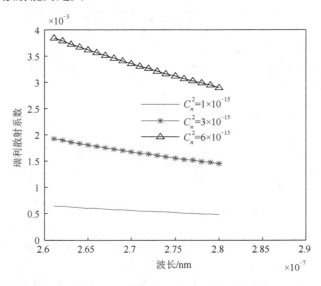

图 4.20　弱湍流下瑞利散射系数与波长之间的关系

利用蒙特卡罗法模拟光子的散射传输过程，研究无线紫外光非直视通信在弱湍流下的路径损耗、信噪比、误码率的结论分别如图 4.21～图 4.23 所示。弱湍流天气下，无线紫外光非直视通信系统路径损耗随通信距离的变化关系如图 4.21 所

示。从图中可以看出，通信距离越大，路径损耗越大。在有弱大气湍流的情况下，大气湍流较大时路径损耗较小，这是因为在弱湍流短距离通信情况下，湍流越大，大气折射率越大，对光子的散射作用增强，接收端接收到的功率增大，路径损耗减小。通信距离为 150m，弱湍流下，当大气折射率结构常数分别为 $1×10^{-15}$ 和 $5×10^{-15}$ 时，系统的路径损耗分别为 104dB 和 102dB。

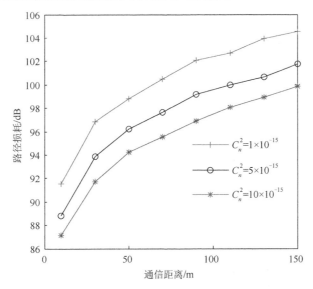

图 4.21　弱湍流下路径损耗随通信距离的变化关系

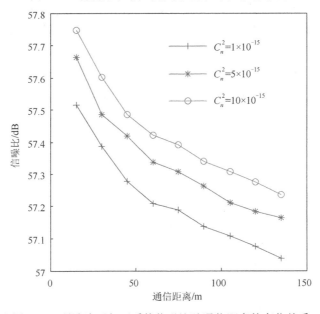

图 4.22　弱湍流天气下系统信噪比随通信距离的变化关系

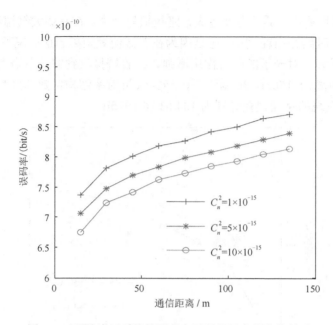

图 4.23　弱湍流下系统的误码率随通信距离的变化关系

　　弱湍流天气下无线紫外光非直视通信系统的信噪比随通信距离的变化关系如图 4.22 所示。系统信噪比随通信距离的增大而减小，折射率结构常数为 $1×10^{-15}$ 时，通信距离从 50m 增加到 100m，信噪比从 57.5dB 减小到 57.3dB。在短距离弱湍流情况下，大气湍流的强度越大，信噪比越大，同样由于在弱湍流下，大气折射率增大，对光子的散射作用增强，接收端接收到的功率增大，路径损耗减小，信噪比增大。

　　短距离弱湍流天气下，无线紫外光非直视通信系统的误码率随通信距离的变化关系如图 4.23 所示。折射率结构常数越大，即湍流强度越大，通信系统的误码率就越小，同样是由于大气湍流越强，大气对光子的散射能力越强，越多的散射信号被接收端接收，路径损耗越小，误码率越小。折射率结构常数从 $1×10^{-15}$ 增大到 $10×10^{-15}$ 时，误码率的变化量在同一个数量级。

参 考 文 献

[1]　JIN D, ZHAO T, XUE R, et al. Analyzing of ultraviolet single scattering coverage for non-line-of-sight communication[C]. Iet Irish Signals & Systems Conference 2014 and 2014 China-Ireland International Conference on Information and Communities Technologies, 2014:316-321.

[2]　ELSHIMY M A, HRANILOVIC S. Non-line-of-sight single-scatter propagation model for noncoplanar geometries[J]. Journal of the Optical Society of America A Optics Image Science & Vision, 2011, 28(3):420-428.

[3]　程佩青. 数字信号处理教程[M]. 北京:清华大学出版社, 2009: 143,144.

[4]　ANDREWS L C, PHILLIPS R L, YOUNG C Y. Laser Beam Scintillation with Applications[M]. Washington D C: SPEE, 2001: 7,8, 15,16, 21-212, 246, 261-263.

[5]　MAJUMDAR A K. Advanced Free Space Optics(FSO)[M]. New York: Springer, 2015.

[6]　XIAO H, ZUO Y, FAN C, et al. Non-line-of-sight ultraviolet channel parameters estimation in turbulence atmosphere [J]. ACP Technical Digest, 2012, 29(4): 2067-2084.

[7]　尹纪欣. 波束在湍流大气中的传播特性研究[D]. 西安: 西安电子科技大学, 2010:1,2.

[8]　肖后飞. 紫外光通信系统传输模型研究[D]. 北京: 北京邮电大学, 2014:17,18.

[9]　李菲. 晴空大气湍流对自由空间光通信的影响及矫正研究[D]. 合肥: 中国科学技术大学, 2013:15.

[10]　王建余，宋晓梅，宋鹏，等. 大气湍流对无线紫外光通信衰减特性分析[J]. 西安工程大学学报, 2016, 30(4): 420-426.

第 5 章　无线紫外光网络通信链路性能分析

5.1　无线紫外光非直视通信链路间干扰

由于种种原因，在实际的无线通信网络中，通信系统往往受到很多信号的干扰。多个发送端之间相互影响，通常产生的干扰类型包括互调干扰、阻塞干扰、邻道干扰和同频干扰。本章主要研究通信链路间的同频干扰。在通信网络中，多用户干扰是非常常见的问题。同样，在无线紫外光通信网络中，一个通信节点往往有多个邻居节点，邻居节点的干扰会严重影响网络的覆盖范围和网络的连通性[1]。文献[1]研究了无线紫外光非直视通信系统的多用户干扰，此研究基于蒙特卡罗方法的多次散射模型，仿真场景为发送端和干扰端距接收端的距离都为25m。在此场景下仿真了有干扰和无干扰下的系统性能指标。结果表明，发送功率、比特率以及干扰位置的调整都对紫外光的多用户干扰系统有很大的指导作用。文献[2]提出了一种基于球坐标的无线紫外光非直视单次散射路径损耗模型，在此模型中，发送端和接收端处于非共面位置关系，并且发送端和接收端为任意指向。采用波长为 260nm 的紫外光波研究基线距离和发送端的偏转角对路径损耗的影响。仿真结果表明，链路的路径损耗随着基线距离的增加而增加；当发送端的偏转角为[–150°，–30°]时，由于接收视场和发送端没有相交区域，因此路径损耗是无穷大的。文献[3]研究了无线紫外光非直视串行共面中继链路的性能及干扰问题，由于无线紫外光通信的路径损耗大、光源的发送功率小，因此通信距离受到了很大的限制。串行中继链路考虑了单个和多个上游中继节点的干扰以及空间复用。通过对误码性能和传输速率的仿真分析，结果表明，无线紫外光的串行中继链路可以有效地增加覆盖范围且节省了发送功率。

5.1.1　无线紫外光路径损耗模型

无线紫外光非直视通信的信道模型是系统和网络设计以及性能分析的基础。由于光学结构和大气条件的复杂性，模拟无线紫外光非直视散射信道也非常具有挑战性。目前对紫外光信道的研究有多种路径损耗模型，包括紫外光单次散射分析模型[4,5]、基于蒙特卡罗的多次散射仿真模型[6]、多次散射分析模型[7,8]、通过实验验证得出的路径损耗经验模型[9]。

在无线紫外光网络通信中，根据节点的分布，通信节点的位置关系有两种：共面关系和非共面关系。基于此，无线紫外光通信的路径损耗模型也有两种，分

别为共面路径损耗模型和非共面路径损耗
模型。

无线紫外光非直视共面节点通信链路
的平面图如图 5.1 所示，即发送端光轴和接
收视场中轴在水平面的投影刚好在 Tx 与
Rx 的连线上。Tx 为发送端，Rx 为接收端，
ϕ_1 为发散角，θ_1 为发送仰角，ϕ_2 为接收视
场角，θ_2 为接收仰角，V 为有效散射体，r
是发送端到接收端的基线距离，r_1 和 r_2 分别

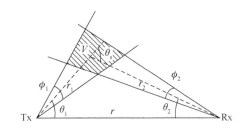

图 5.1　无线紫外光非直视共面通信
链路平面图[11]

为发送端到有效散射体的距离和有效散射体到接收端的距离。Tx 以 ϕ_1 和 θ_1 向空间
发送光信号，光信号在有效散射体 V 内散射后，Rx 以 ϕ_2 和 θ_2 进行光信号的接收[10]。

无线紫外光路径损耗与 r^α 成比例，其中 r 为发送端到接收端的基线距离，α
是与发送仰角和接收仰角有关的参数[9]。当发送仰角和接收仰角为 90°、基线距离
为 10m 时，α 的值接近 1；当发送仰角和接收仰角为 30°或 50°时，实验得出 α 的
变化范围为 1.4~1.7。因此，仰角对路径损耗有很大的影响。另外，大气衰减使
路径损耗与通信距离呈指数关系。假定无线紫外光非直视通信路径损耗模型为[9]

$$L_{\mathrm{Tx,Rx}} = \xi r^\alpha \mathrm{e}^{\beta r} \tag{5.1}$$

式中，ξ 为路径损耗因子；α 为路径损耗指数；β 为衰减系数，这 3 个都是与仰
角有关的参数。

对于无线紫外光的近距离即通信距离小于 1km 的通信，β 的影响可以忽略不
计[12]，当通信距离大于 1km 时，β 的作用比较明显。因此，对于近距离通信，路
径损耗公式（5.1）可以简化为

$$L_{\mathrm{Tx,Rx}} = \frac{P_t}{P_r} = \xi r^\alpha \tag{5.2}$$

式中，P_t 为发送功率；P_r 为接收功率；ξ 为路径损耗因子；α 为路径损耗指数。
不同角度对应的 ξ 和 α 分别如表 5.1 和表 5.2 所示[13]。

表 5.1　路径损耗因子

θ_1 ＼ θ_2	20°	30°	40°	50°	60°	70°
20°	3.43×10^5	1.97×10^6	1.13×10^7	2.28×10^7	7.59×10^7	2.98×10^8
30°	1.41×10^6	8.54×10^6	7.34×10^7	1.24×10^8	4.01×10^8	1.10×10^9
40°	2.97×10^6	1.74×10^7	1.69×10^8	2.53×10^8	6.55×10^8	1.17×10^9
50°	2.92×10^6	1.06×10^7	1.09×10^8	1.83×10^8	4.85×10^8	8.86×10^8
60°	5.42×10^5	3.30×10^6	3.15×10^7	5.38×10^7	1.71×10^8	5.21×10^8
70°	4.94×10^6	2.60×10^7	1.4938	3.07×10^8	5.82×10^8	7.35×10^8

表 5.2　路径损耗指数

θ_1 ＼ θ_2	20°	30°	40°	50°	60°	70°
20°	1.9139	1.8359	1.7800	1.6427	1.4641	1.2002
30°	1.8453	1.7219	1.4500	1.3720	1.1340	0.8751
40°	1.8579	1.7091	1.3498	1.2930	1.0559	0.9133
50°	1.7872	1.8310	1.4685	1.3937	1.1543	1.0098
60°	2.4113	2.2737	1.9322	1.8176	1.5264	1.1862
70°	1.9846	1.8581	1.4938	1.3444	1.1581	1.1111

假设发送仰角和接收仰角为 20°，发散角为 12°，接收视场角为 30°，紫外光波长为 255nm，大气吸收系数 K_a 为 0.9km^{-1}。当能见度 R_v 为 20km 时，米氏散射系数和瑞利散射系数分别为 0.53km^{-1} 和 0.25km^{-1}。路径损耗随着通信距离（$r \ll 1$km）的增加呈线性增加；当通信距离 $r \gg 1$km 时，路径损耗近似呈指数增加。此外，当通信距离大于 100m 时，路径损耗超过 100dB，但实际的通信链路要求路径损耗必须小于 100dB，因此无线紫外光通信是一种近距离通信方式。当通信距离为 500m 时，路径损耗随着能见度（6km<R_v<10km）的增加迅速减小；当能见度 R_v>10km 时，路径损耗又缓慢地上升。因此，能见度越高，路径损耗不一定越小。

在无线紫外光通信中，节点的位置关系也可能是非共面的，即发送端光轴或接收端光轴在水平面的投影与发送端和接收端的连线不在一条直线上。无线紫外光非直视非共面节点通信链路图 5.2 所示，α_t 和 α_r 分别为发送光束半角和接收视场半角，θ_t 和 θ_r 分别为发送仰角和接收仰角，ϕ_t 和 ϕ_r 分别为发送端偏转角和接收端偏转角，ζ 为有效散射体微元与发送端的连线和发送光轴的夹角。

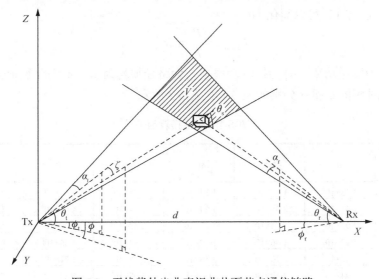

图 5.2　无线紫外光非直视非共面节点通信链路

对于非共面无线紫外光 NLOS（b）类通信方式，即在 θ_r 为 90°且 ϕ_r 为 0°的情况下，非共面路径损耗随着发送端的偏转角 ϕ_t 以指数方式增加[14]，此时非共面路径损耗模型的公式为

$$L = \xi r^{\alpha} e^{b\phi_t} \tag{5.3}$$

通信距离 d 对 b 的影响不是很大，当通信距离为 15m、30m 和 45m 时，b 的值分别为 0.07359、0.07481 和 0.07446。随着发送仰角的增加，b 的值是减小的，当通信距离为 30m，发送仰角分别为 10°、20°、30°和 60°时，b 的值分别为 0.12686、0.09996、0.07481 和 0.009098[14]。通信节点处于非共面情况下，路径损耗随着发送端偏转角和通信距离的增加而逐渐增加[15]；随着发送仰角和发送端发散角的增加，路径损耗也是逐渐增加的[16]。

5.1.2　无线紫外光通信的误码率

无线紫外光通信的接收端采用光电倍增管进行信息的接收，光电倍增管可以在高灵敏度和低噪声的条件下工作，每个调制符号间隔期间到达的光子数服从 $P_r + n_b$ 的泊松分布，P_r 为接收端信号功率，n_b 为背景辐射噪声。假定接收端采用光子计数器，调制方式采用 OOK 调制，则误码率为[17]

$$P_e = \frac{1}{2} \sum_{k=0}^{m_T} \frac{\left(\lambda_s + \lambda_b\right)^k e^{-(\lambda_s + \lambda_b)}}{k!} + \frac{1}{2} \sum_{k=m_T+1}^{\infty} \frac{\lambda_b^k e^{-\lambda_b}}{k!} \tag{5.4}$$

式中，λ_s 是脉冲信号期间接收端收到光子数的平均值；λ_b 是噪声光子数；m_T 是最佳门限值，并且

$$m_T = \left| \frac{\lambda_s}{\ln(1 + \lambda_s / \lambda_b)} \right| \tag{5.5}$$

当背景噪声功率 $\lambda_b = 0$ 时，最佳的检测门限 $m_T = 0$，此时式（5.4）可以简化为

$$P_e = \frac{1}{2} \exp(-\lambda_s) \tag{5.6}$$

无线紫外光非直视串行中继链路模型如图 5.3 所示，图中 S 为源节点，D 为目的节点。源节点通过非直视通信的信道向第一个中继节点发送 OOK 调制信号，接着每个中继节点对接收到的信号进行解码，并向下一个中继节点转发，依此类推。假定从源端到目的端有 $N+1$ 个通信节点，中继节点等间隔分布，则通信距离被分为 N 段，每个节点的系统参数都是相同的。那么中继多跳（multi-hop）链路端到端的误码率为

$$P_{eMH} = 1 - \prod_{n=1}^{N} \left(1 - P_{en}\right) = 1 - \left(1 - P_e\right)^N \tag{5.7}$$

式中，P_{en} 是 n 跳中每一跳的误码率，假定多跳链路中的每一跳都有相同的误码性能 P_e。

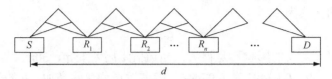

图 5.3　无线紫外光非直视串行中继链路模型

无线紫外光非直视中继链路和其他自由空间光通信的链路[18]不同。由于紫外光通信是一种散射通信，因此发射的信号可能会被下游的中继节点和邻近节点探测到。换句话说，一个串行中继链路的中间通信节点如果有多个前向中继，那么它就可能会收到多个上游中继节点的信号。无线紫外光 NLOS 串行中继链路干扰模型如图 5.4 所示，图中第 n 个节点从第 $n-1$ 个节点接收有用信号，同时会从第 $n-2$ 到第 $n-K$ 个节点接收到干扰信号。K 定义为第 $n-1$ 个节点的上游干扰节点的个数，从第 $n-2$ 个节点开始的干扰节点被称为上游节点。

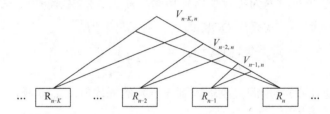

图 5.4　无线紫外光非直视串行中继链路干扰模型

此时，在每个 OOK 调制的符号间隔内，信号光子数目 λ_s 和干扰光子数目 λ_b 分别为

$$\lambda_s = \frac{\eta P_t}{R_b h \nu L_{n-1,n}} \tag{5.8}$$

$$\lambda_b = \sum_{q=2}^{K+1} \frac{\eta P_t}{R_b h \nu L_{n-q,n}} \tag{5.9}$$

式中，每个光子携带的能量为 $h\nu$，其中 $\nu = c/\lambda$，h 是普朗克常量，λ 是波长，c 是光速；R_b 是比特率；$L_{n-1,n}$ 是第 $n-1$ 个节点到第 n 个节点的路径损耗。

将式（5.8）、式（5.9）和式（5.4）代入式（5.7），就可得到无线紫外光非直视串行中继链路端到端的误码率计算公式。

无线紫外光非共面链路模型如图 5.5 所示，ϕ 为发送端偏转角。九节点的无线紫外光网络拓扑结构如图 5.6 所示。节点 1、4、7 分别水平向节点 2、5、8 或节点 3、6、9 发送信号。节点 1 和节点 5 处于非共面位置且 ϕ 为 30°。节点 1、5

间的距离为 15m，则节点 1、6 间的距离近似为 30m，则节点 1、2 间的距离为 7.5m，
节点 1、3 间的距离为 30m。同理，节点 7、5 间的距离为 15m，节点 7、6 间的距
离为 30m，节点 7、8 间的距离为 7.5m。

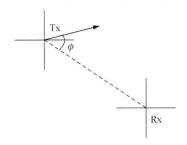

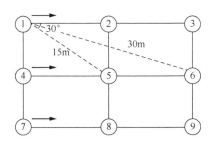

图 5.5　无线紫外光非共面通信链路模型　　　图 5.6　九节点的无线紫外光网络拓扑结构

当节点 1、4 分别向节点 2、5 发送信号时，由于节点 7 与节点 2 的偏转角大
于 40°，可以近似忽略节点 7 对节点 2 的干扰作用。节点 2 收到节点 1 发送信号
的同时也收到了节点 4 的干扰，根据式（5.3）对通信链路的误码率进行估算，其
中信号光子数目 λ_s 和干扰光子数目 λ_b 分别为

$$\lambda_s = \frac{\eta P_t}{R_b h v L_s} \tag{5.10}$$

$$\lambda_b = \frac{\eta P_t}{R_b h v L_i} \tag{5.11}$$

式中，L_s 是共面通信节点的路径损耗，可根据式（5.2）计算出来；L_i 为非共面干
扰节点的路径损耗，可根据式（5.3）得出。

将式（5.10）和式（5.11）代入式（5.4）就可以得出节点的误码率。在计算
链路误码率时，假设节点 1、4、7 同时发送信息并且三者发送仰角取相同的值。
当节点的发送仰角为 10°、20°、30°、60° 时，各个节点的误码率计算结果见表 5.3。

表 5.3　各个通信节点的误码率

P_e ＼ 节点 ＼ θ	2	3	5	6	8	9
10°	$7.12×10^{-4}$	$1.55×10^{-3}$	$4.03×10^{-3}$	$1.12×10^{-2}$	$7.12×10^{-4}$	$1.55×10^{-3}$
20°	$6.74×10^{-4}$	$1.55×10^{-3}$	$3.71×10^{-3}$	$1.12×10^{-3}$	$6.74×10^{-4}$	$1.55×10^{-3}$
30°	$1.20×10^{-3}$	$3.29×10^{-3}$	$4.45×10^{-3}$	$1.8×10^{-2}$	$1.20×10^{-3}$	$3.29×10^{-3}$
60°	$8.76×10^{-4}$	$4.26×10^{-3}$	$3.0×10^{-3}$	$2.09×10^{-2}$	$8.76×10^{-4}$	$4.26×10^{-3}$

由表 5.3 看出，对于同一节点而言，随着发送仰角的增加，误码率大致按线
性规律增加。对于不同的通信节点，当发送仰角相同时，由于节点 2 比节点 3 距
离源节点更近，因此误码率较低。同理，节点 5、8 分别比节点 6、9 的误码率低。

而相比之下，节点 2 比节点 5 的误码率低，是因为节点 5 接收节点 4 的信息的同时也收到节点 1 和节点 7 的干扰信号，而节点 2 只收到节点 4 的干扰。这些计算出的理论结果将为无线紫外光的组网通信提供理论依据。

5.1.3 无线紫外光通信的信噪比

对于直视方式下的无线紫外光通信，假定光电探测器的带宽是数据传输速率的两倍，则接收端的 SNR 为[11]

$$SNR_{r,LOS} = \frac{\eta_r G P_{r,LOS}}{2Rhc / \lambda} \qquad (5.12)$$

将式（1.15）[11]代入式（5.12）为

$$SNR_{r,LOS} = \frac{\eta_r \lambda G P_t A_r}{8\pi r^2 hcR} e^{-K_e r} \qquad (5.13)$$

式中，h 为普朗克常量；c 为光速；P_t 为发送功率；r 为通信距离；K_e 为大气信道衰减系数；λ 为无线紫外光波长；A_r 为接收孔径面积；η_r 为探测器量子效率；G 为探测器增益；R 为数据传输速率。

对于非直视方式下的无线紫外光通信，在高斯噪声模型下，接收端的信噪比为[13]

$$SNR = \frac{(\eta P_t)^2}{L^2 N_0 R_c} \qquad (5.14)$$

式中，P_t 为发送功率；N_0 为噪声功率谱密度；η 为光电探测器和滤光片的量子效率；R_c 为码片速率；L 为路径损耗，可由式（5.2）得出。

5.1.4 无线紫外光非直视通信链路间干扰模型

无线紫外光散射通信存在严重的衰减，而信号发送功率又受到一定的限制，通过无线紫外光网络可以扩大其有效覆盖范围，充分发挥无线紫外光散射通信的优势。当多个节点进行组网通信时，节点的覆盖范围[19]和链路间干扰[3]直接影响无线紫外光通信网络的性能。通常，无线紫外光网络中常见的两条链路间有以下三种关系，如图 5.7 所示。图 5.7（a）为平行链路；图 5.7（b）为垂直链路，当两个发送端合并为一个发送端时，也属于垂直链路的一种；图 5.7（c）为任意角度交叉链路，平行链路和垂直链路其实属于任意角度交叉链路的特殊情况。基于此，链路间干扰也有三种情况，在图 5.7 中所示的三种情况中，Tx$_1$-Rx$_1$ 和 Tx$_2$-Rx$_2$ 两条链路同时通信，若 Rx$_1$ 同时在 Tx$_1$ 和 Tx$_2$ 的覆盖范围内，那么 Rx$_1$ 就会同时接收到 Tx$_1$ 和 Tx$_2$ 发出的信号，Rx$_1$ 接收到 Tx$_2$ 发出的信号就是干扰信号。

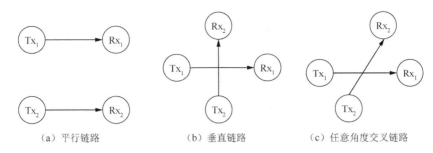

（a）平行链路　　　　　　（b）垂直链路　　　　　（c）任意角度交叉链路

图 5.7　链路间关系的三种情况

　　无线紫外光非共面的链路间干扰模型如图 5.8 所示，Tx_1-Rx 处于共面位置，称为工作链路；Tx_2-Rx 处于非共面位置，称为干扰链路。将此通信情况称为单工作链路-单干扰链路。图 5.8 右上方的圆表示 Tx_2 锥体和 Rx 锥体相贯的截面。若工作链路正在进行通信，此时干扰链路的 Tx_2 也在发送信息，如果 Rx 同时在 Tx_1 和 Tx_2 的覆盖范围内，那么 Rx 就会同时接收到 Tx_1 和 Tx_2 发送的信息。本小节研究链路间干扰最严重的位置即 Tx_2 光轴在水平面的投影刚好在 Tx_2-Rx 连线的延长线上，这种情况称为 Tx_2 对准 Rx 干扰，其他任意角度的链路间干扰是在这种情况上，有一定角度的偏转。

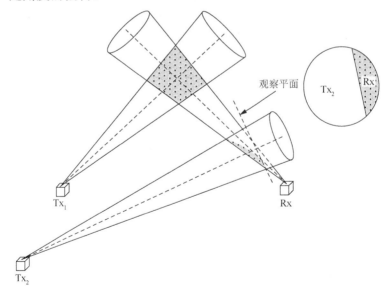

图 5.8　无线紫外光非共面的链路间干扰

　　为了研究无线紫外光的非共面链路间干扰，根据图 5.8 所示的节点非共面拓扑图，采取如下两个方案研究干扰链路对工作链路的影响。方案一：Tx_1 的发送仰角 θ_1 和发散角 ϕ_1 都为 20°，Rx 的接收仰角 θ_2 和接收视场角 ϕ_2 分别为 90° 和 30°，

研究 Tx_2 参数变化对 SNR 的影响。方案二：假设 Tx_1 的发送仰角 θ_1 和发散角 ϕ_1 都为 20°，$Tx2$ 的发送仰角 θ_1 和发散角 ϕ_1 分别为 40° 和 20°，研究 Rx 参数变化对 SNR 的影响。仿真参数如下：Tx_1 与 Tx_2 之间的距离为 10m，Tx_1 与 Rx 之间的距离为 20m，其他参数的取值参照表 5.4。

表 5.4 系统模型参数

参数	取值
光子数	10^6
接收孔径面积	$1.77 \times 10^{-4} m^2$
吸收系数	$0.802 \times 10^{-3} m^{-1}$
米氏散射系数	$0.284 \times 10^{-3} m^{-1}$
瑞利散射系数	$0.266 \times 10^{-3} m^{-1}$
模型参数 γ	0.017
模型参数 g	0.72
模型参数 f	0.5

Tx_2 参数变化对 SNR 影响的仿真结果如图 5.9 所示。Tx_2 的发送仰角 θ_1 从 10° 变化到 90°，变化间隔为 10°，图中每条曲线应该有 9 个仿真值，图中没有出现的点是因为干扰链路的影响远低于自然界的背景噪声，因此舍弃了这些值。从图 5.9 可以看出，SNR 的值对小的发散角 ϕ_1 和发送仰角 θ_1 变化比较敏感；随着 Tx_2 发送仰角 θ_1 的增大 SNR 的值逐渐减小后略有增大，这是因为 Tx_2 的发散角 ϕ_1 和发送仰角

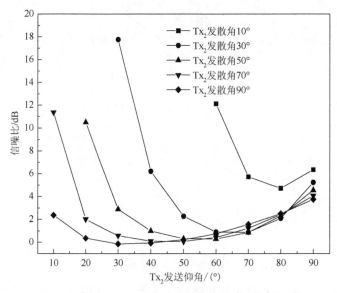

图 5.9 Tx_2 参数变化对 SNR 的影响

θ_1 越小, 有效散射体的体积就越小, 因此 Rx 能够接收到的干扰光子数就越少, Tx$_2$ 对 Tx$_1$-Rx 链路的干扰就越小。当发散角 ϕ_1 为 90° 时, 随着发送仰角 θ_1 的增大, SNR 的值基本不变, 是因为发射光子数是一定的, 虽然有效散射体的体积增大, 但是单位体积内的光子数减小。在发送仰角 θ_1 为 60° 时, SNR 的值最小, 此时有效散射体的体积接近于无穷大, 能够接收到的干扰光子数是最多的。因此, 当 Tx$_1$-Rx 链路确定时, 尽可能减小 Tx$_1$ 的发送仰角 θ_1 和发散角 ϕ_1, 降低链路间干扰, 提高 SNR 的值。

Rx 参数变化对 SNR 影响的仿真结果如图 5.10 所示, 对数值的处理和图 5.9 一样, 舍弃了背景噪声低于自然噪声的点。从图 5.10 可以看出, 当 Rx 的接收仰角 θ_2 一定时, Rx 的接收视场角 ϕ_2 越小, SNR 的值越大; Rx 的视场角 ϕ_2 一定时, Rx 的接收仰角 θ_2 越小, SNR 的值越大; 因为 Rx 的视场角 ϕ_2 和接收仰角 θ_2 越小, 有效散射体的体积就越小, 接收端 Rx 能够探测到的光子数就越少。当 Rx 的接收仰角 θ_2 为 60° 时, SNR 的值最小, 因为此时有效散射体的体积达到最大, Rx 接收到的干扰光子数最多, 此结果和理论仿真结果基本是一致的。从整体来看, 改变通信系统的参数, 图 5.10 的 SNR 变化范围比图 5.9 的 SNR 变化范围要大。因此, 调整 Rx 端的参数, 更能有效地减少链路间的干扰, 提高通信系统的性能。

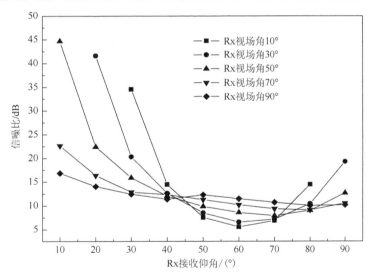

图 5.10　Rx 参数变化对 SNR 的影响

5.2　角度感知的无线紫外光通信模型

5.2.1　研究背景

在无线紫外光通信的三维立体网络中, 发散角与视场角越小越接近直视通信,但是角度不能无限小，当角度小到一定程度时，紫外光散射通信的优势就得不到发挥。因此，对于具体角度的调整还要结合实际网络情况来进行研究分析，合理调整发送端和接收端的角度，可以获得良好的通信性能。

文献[3]分别对无线紫外光直视和非直视通信的链路性能进行了分析，通过仿真计算得出相对于直视通信链路，非直视通信链路的损耗更大，并且对非直视链路通信中收发仰角、发送发散角以及接收视场角等角度的调整对通信性能的影响进行了分析。文献[9]研究了不同收发仰角对通信系统误码率性能的影响。仿真结果表明，当发送仰角较小时，误码率随着接收仰角的增大而增大。总体来说，当接收仰角小于 40°时，随着接收仰角的增大，误码率迅速增大。例如，当发送仰角为 60°时，接收仰角从 20°变化到 40°，误码率从 3×10^{-5} 变为 10^{-1}。当接收仰角小于 30°时，误码率对发送仰角的变化非常敏感。文献[13]通过大量的实验得到一个信道的路径损耗模型。采用曲线拟合的方法估计了不同收发仰角下的路径损耗因子和路径损耗指数。收发仰角的变化范围为 10°～90°，路径损耗指数 α 在 0.45～2.4 内变化，路径损耗因子有 4 个数量级的变化。文献[14]仿真了发送仰角和通信距离对接收功率的影响。要在自干扰比较小的情况下，从目的发送端得到较大的接收功率，就要选择较小的发送仰角。例如，距离为 15m 时，发送仰角小于 40°；距离为 30m 时，发送仰角小于 34°。当发送端以一个大的发送仰角发送信号时，接收端接收到的来自自身发送端的信号就会淹没期望得到的信号，从而影响接收功率。文献[20]用实验研究了近距离无线紫外光非直视信道的脉冲展宽，实验采用窄脉冲紫外光激光器和高带宽的光电倍增管，仿真发送仰角、接收仰角、发送发散角、接收视场角和基线距离等参数对脉冲宽度的影响。结果表明，脉冲宽度随着发散角的增加而缓慢增加；脉冲宽度随着收发仰角、视场角和基线距离的增加呈线性增加。文献[21]采用基于蒙特卡罗的多次散射信道模型，研究了障碍物对无线紫外光非直视通信链路的影响。仿真分析了障碍物高度、发送仰角、接收仰角、发送发散角、接收视场角和基线距离对接收端能量的影响。文献[22]仿真分析了在无线紫外光通信单次散射模型中，不同工作波长、发送仰角、接收仰角、发送发散角和接收视场角以及散射相函数对接收端能量的影响。当收发仰角小于30°，发散角和视场角大于 80°时，米氏散射起主要作用，反之，瑞利散射起主要作用。综上所述，在无线紫外光通信中，角度是至关重要的参数。

5.2.2　角度感知的无线紫外光通信节点模型

在无线紫外光通信过程中，太阳辐射噪声光子的分布更接近于泊松噪声分布[23]。假定噪声模型是泊松分布，调制方式为 OOK 调制，则通信节点能够达到的最小覆盖距离为[13]

$$r = \sqrt[\alpha]{-\frac{\eta \lambda P_{\mathrm{t}}}{hc\xi R_{\mathrm{b}}\ln(2P_{\mathrm{e}})}} \tag{5.15}$$

式中，P_{t} 为发送功率；λ 为光波波长；R_{b} 为传输速率；P_{e} 为误码率；h 为普朗克常量；ξ 为路径损耗因子；α 为路径损耗指数；η 是滤光片和光电探测器的量子效率。参数的取值如表 5.5 所示。

表 5.5　系统参数[24]

参数	取值
波长	250nm
发送功率	50mW
发送发散角	17°
接收视场角	30°
光电倍增管响应	62A/W
滤光片量子效率	0.15
光电探测器量子效率	0.30
传输速率	10kbit/s
误码率	10^{-6}

根据表 5.1 和表 5.2 中不同发送和接收仰角下的 ξ 和 α，对式（5.15）进行仿真分析。仿真结果如图 5.11 所示。从图 5.11 可以看出，通信节点的最小通信距离随着发送仰角的增大而减小；随着接收仰角的增大，通信节点的最小通信距离也是逐渐减小的。

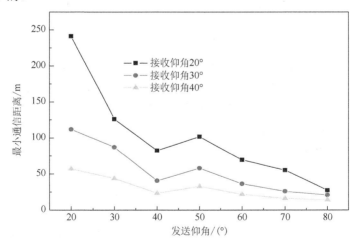

图 5.11　不同角度对应的最小通信距离

无线紫外光散射通信存在严重的衰减，而信号发送功率又受到很大的限制，通过无线紫外光网络可以扩大其有效覆盖范围，充分发挥无线紫外光散射通信的优势。在无线紫外光非直视通信的三种通信方式中，NLOS（a）类的覆盖范围是一个圆形，实现组网比较简单，只要节点的收发装置都朝天即可；对于 NLOS（b）和 NLOS（c）类通信方式，它们的覆盖范围都有一定的方向性，因此在组网通信时要将这个因素考虑进去。无线紫外光通信是一种近距离通信，当通信节点之间的通信距离增加时，必须通过中间节点的转发进行信息传输，但在实际的通信中，节点的角度具体调节到多少才能使网络具有较好的通信性能，本小节根据无线紫外光通信对方向和角度的敏感性，设计了一种能够进行多收和多发的节点模型，其通信示意图如图 5.12 所示。节点 A 和节点 B 分别有 3 个紫外接口，节点 A 分别可以和节点 B、节点 E 及节点 F 进行通信，节点 B 分别可以和节点 A、节点 C 及节点 D 进行通信。在组网通信时，可以根据具体的网络拓扑，设置每个接口的角度。

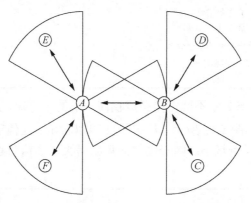

图 5.12　紫外多收发器节点通信示意图

图 5.13 是 NS2 中无线移动节点模型，该节点是由一系列的网络构件组成的，包括链路层（link layer, LL）、连接到 LL 上的地址解析 ARP、接口队列 IFq、MAC 层和网络接口（network interface），无线节点通过网络接口连接到无线信道上[25]。本小节在多接口模型[26]的基础上，提出了一种适合无线紫外光通信的紫外多收发器节点模型，如图 5.14 所示，多个网络接口工作在同一个信道，图 5.13 和图 5.14 的本质区别是紫外光通信节点是对物理层、链路层的网络构件 LLC、IFq、MAC、NetIF 等进行扩展，使得每个网络接口都配置了一套紫外光通信收发器。数据包在信道中传输时，信道根据数据包的物理地址，将不同物理地址的数据包传送给不同网络接口。对于数据包传输使用的网络接口号，将链路层的文件进行修改，然后与链路层相连的地址解析 ARP 模块就能够正确地解析出传送数据包所使用的网络接口号，接着数据包根据网络接口号的不同被传入相应的队列，再传送到相应的 MAC 层，最后通过相应的网络接口传送给信道，信道接收数据包后选择合适的接口向上传送数据包。

　　在 NS2 中，无线紫外光通信的多收发器节点模型的实现步骤如下。

　　步骤 1：在文件 ns-lib.tcl 中，添加节点接口个数的模拟过程 numif，在该过程中定义节点的接口个数 numifs，然后在脚本文件的节点配置 node-config 中加入接口个数 numifs 这个变量。

　　步骤 2：在文件 ns-mobilenode.tcl 中，原始文件的网络接口过程 add-interface 仅被调用了一次，而这里实现的是多个网络接口的通信，因此要在该过程中加入一个 for 循环，根据节点接口的个数，创建相同数目的链路层、队列、MAC 层、网络接口、天线，最后将多个网络接口连接到同一个无线信道上。

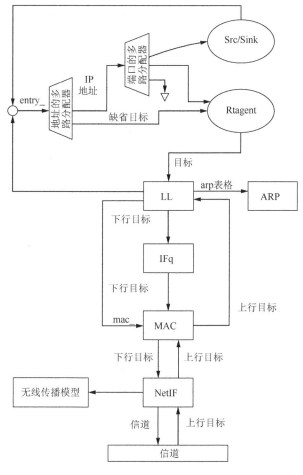

图 5.13　无线节点模型[27]

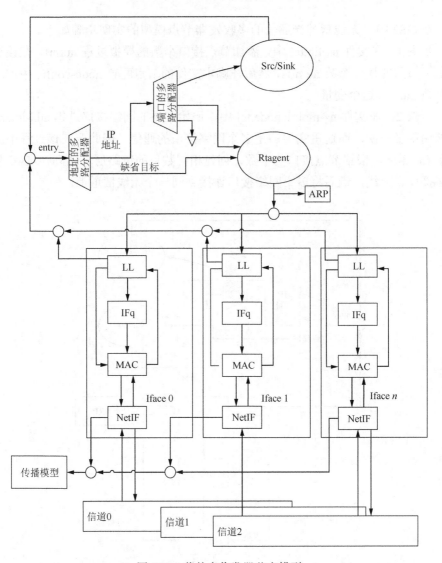

图 5.14　紫外多收发器节点模型

步骤 3：NS2 中的地址解析 ARP 模块的任务是解析出分组下一跳节点的物理地址。ARP 依赖于通信节点的地址，对有多个网络接口的通信节点不再适用。在链路层文件 ll.c 中添加 add-arp-entry 命令，这样在脚本文件中就可以手动设置 ARP 表，同时，文件 arp.cc 和 arp.h 也要做相应的修改，分别添加 arpadd 函数的声明和实现过程。在添加的 ARP 表中指定节点的下一跳的物理（MAC）地址，不同 MAC 对应不同的网络接口、不同的紫外光源[28]。

5.2.3　角度感知的无线紫外光通信性能分析

NS2 提供了 threshold 工具来计算在某种传输模型下，通过设定接收功率的阈值来调节无线通信节点的传输范围。从图 5.11 可以看出，当接收仰角为 20°，发送仰角在 20°~80°变化时，节点的最小覆盖距离的变化范围为 240~27m。对如图 5.15 所示的 11 节点链状网络拓扑进行仿真，节点之间的分布为均匀分布，设定两个节点之间的距离为 25m。根据不同角度下的最小覆盖距离，在网络拓扑中设置不同的传输跳数，节点 0 向节点 10 以不同的速率发送恒定比特率（constant bit rate，CBR）数据，数据的分组长度设置为 1000B，仿真时间设置为 100s。不同 CBR 速率下的网络吞吐量和平均端到端时延如图 5.16 所示。

从图 5.11 可以看出，当接收仰角为 30°，发送仰角在 20°~80°变化时，节点的最小覆盖距离的变化范围为 111~21m。对如图 5.17 所示的 6 节点链状网络拓扑进行仿真分析，节点之间的通信距离设置为 20m。根据不同发送仰角下的最小覆盖距离，在网络拓扑中设置不同的传输跳数。不同 CBR 速率下的网络吞吐量和平均端到端时延如图 5.18 所示。

图 5.15　11 节点链状网络拓扑

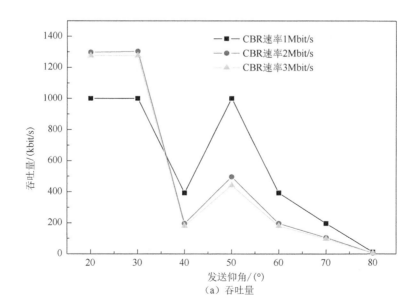

（a）吞吐量

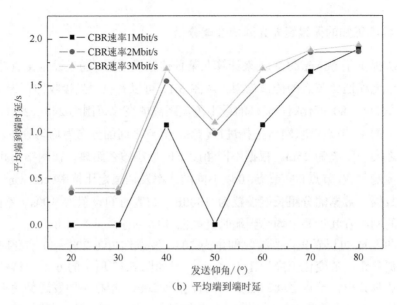

（b）平均端到端时延

图 5.16　接收仰角为 20°时的仿真结果

图 5.17　6 节点链状网络拓扑

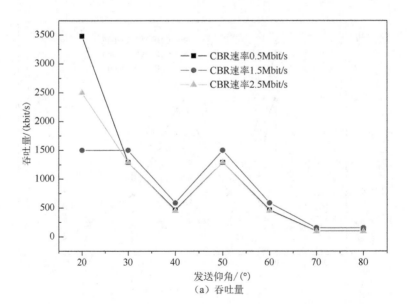

（a）吞吐量

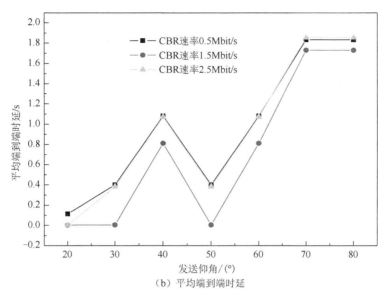

（b）平均端到端时延

图 5.18　接收仰角为 30°时的仿真结果

　　从图 5.11 可以看出，当接收仰角为 40°，发送仰角在 20°～80°内变化时，节点的最小覆盖距离的变化范围为 57～14m。对如图 5.19 所示的 7 节点链状网络拓扑进行仿真分析，节点之间的通信距离设置为 10m。根据不同发送仰角下的最小覆盖距离，在网络拓扑中设置不同的传输跳数。不同 CBR 速率下的网络吞吐量和平均端到端时延如图 5.20 所示。

n_0 — n_1 — n_2 — n_3 — n_4 — n_5 — n_6

图 5.19　7 节点链状网状拓扑

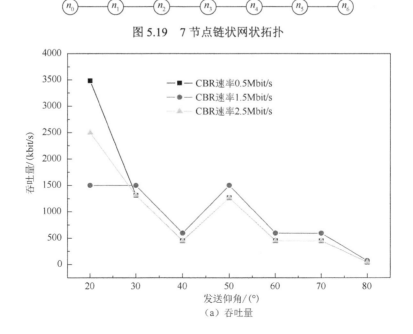

（a）吞吐量

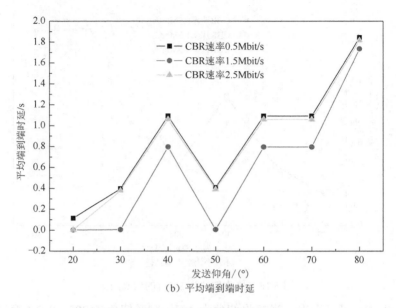

（b）平均端到端时延

图 5.20　接收仰角为 40°时的仿真结果

　　无线紫外光 Mesh 网络如图 5.21 所示，当接收仰角为 30°，发送仰角在 20°～80°内变化时，对网状拓扑进行仿真分析，节点之间的通信距离设置为 20m。链路1-31、3-33、12-17 和 24-29 进行通信。不同 CBR 速率下的网络吞吐量和平均端到端时延如图 5.22 所示。

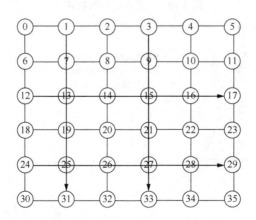

图 5.21　无线紫外光 Mesh 网络

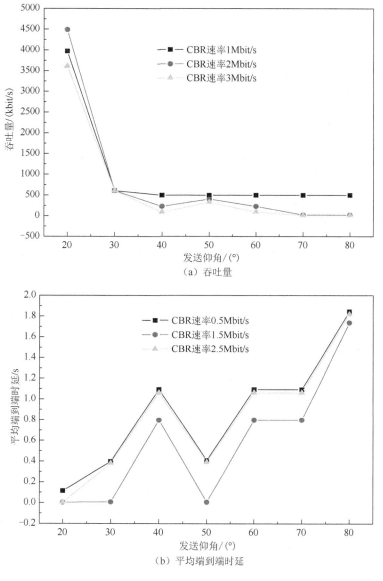

（a）吞吐量

（b）平均端到端时延

图 5.22　无线紫外光 Mesh 网仿真结果

　　从图 5.16、图 5.18、图 5.20 和图 5.22 的仿真结果可以看出，当发送仰角的角度比较小时，网络能够获得比较高的吞吐量和较低的平均端到端时延。这是由于在发送仰角较小时，节点的通信最小覆盖距离比较大，那么数据包就不用经过每一个中继节点的转发，而是选择合适的中继节点进行通信。可见，通过调节节点的发送仰角，可以有效地减少数据包的转发次数，从而增大网络的吞吐量，传输数据包的平均端到端时延也相应减少。

参 考 文 献

[1]　JIANG X J, LUO P F, ZHANG M. Performance analysis of none-line-of-sight ultraviolet communications with multi-user interference[C]. 2013 2nd IEEE/CIC International Conference on Communications in China(ICCC): Optical Communication System(OCS), 2013: 199-203.

[2]　ZUO Y, XIAO H, WU J, et al. A single-scatter path loss model for non-line-of-sight ultraviolet channels[J]. Optics Express, 2012, 20(9):10359-10369.

[3]　HE Q, XU Z, SADLER B M. Non-line-of-sight serial relayed link for optical wireless communications[C]. Military Communications Conference, 2010 - Milcom. IEEE, 2010:1588-1593.

[4]　REILLY D M, WARDE C. Temporal characteristics of single-scatter radiation[J]. Journal of the Optical Society of America, 1979, 69(3):464-470.

[5]　LUETTGEN M R, REILLY D M, SHAPIRO J H. Non-line-of-sight single-scatter propagation model[J]. Journal of the Optical Society of America A, 1991, 8(12):1964-1972.

[6]　DING H, CHEN G, MAJUMDAR A K. Modeling of non-line-of-sight ultraviolet scattering channels for communication[J]. IEEE Journal on Selected Areas in Communications, 2009, 27(9):1535-1544.

[7]　DING H, XU Z, SADLER B M. A path loss model for non-line-of-sight ultraviolet multiple scattering channels[J]. EURASIP Journal on Wireless Communications and Networking, 2009, 2010(1):1-12.

[8]　KEDAR D, ARNON S. Non-line-of-sight optical wireless sensor network operating in multiscattering channel[J]. Applied Optics, 2006, 45(33):8454-8461.

[9]　CHEN G, XU Z, DING H, et al. Path loss modeling and performance trade-off study for short-range non-line-of-sight ultraviolet communications[J].Optics Express,2009,17(5): 3929-3940.

[10]　赵太飞, 王小瑞, 柯熙政. 无线紫外光散射通信中多信道接入技术研究[J]. 光学学报, 2012, 32(3):14-21.

[11]　XU Z. Approximate performance analysis of wireless ultraviolet links[C]. IEEE International Conference on Acoustics, Speech and Signal Processing, IEEE, 2007: III-577-III-580.

[12]　REILLY D M. Atmospheric optical communications in the middle ultraviolet[J]. Massachusetts Institute of Technology, 1976.

[13]　HE Q, SADLER B M, XU Z. Modulation and coding tradeoffs for non-line-of-sight ultraviolet communications[J]. Proceedings of SPIE - The International Society for Optical Engineering, 2009, 7464:74640H.

[14]　WANG L, LI Y, XU Z, et al. Wireless ultraviolet network models and performance in noncoplanar geometry[C]. GLOBECOM Workshops, IEEE, 2011:1037-1041.

[15]　ZUO Y, XIAO H, ZHANG W, et al. Approximate performance study of non-line-of-sight ultraviolet communication links in noncoplanar geometry[C]. International ICST Conference on Communications and Networking in China, 2012:296-300.

[16]　WANG L, XU Z, SADLER B M. An approximate closed-form link loss model for non-line-of-sight ultraviolet communication in noncoplanar geometry[J]. Optics Letters, 2011, 36(7):1224-1226.

[17]　GAGLIARDI R M, KARP S. Optical Communications[M]. 2nd ed. New York: John Wiley & Sons, 1995:445.

[18]　SAFARI M, UYSAL M. Relay-assisted free-space optical communication[J]. IEEE Transactions on Wireless Communications, 2007, 7(12):5441-5449.

[19]　赵太飞, 冯艳玲, 柯熙政, 等. "日盲"紫外光通信网络中节点覆盖范围研究[J]. 光学学报, 2010, 30(8): 2229-2235.

[20]　CHEN G, XU Z, SADLER B M. Experimental demonstration of ultraviolet pulse broadening in short-range non-line-of-sight communication channels[J]. Optics Express, 2010, 18(10): 10500-10509.

[21]　ZHANG H, YIN H, JIA H, et al. Study of effects of obstacle on non-line-of-sight ultraviolet communication links[J]. Optics Express, 2011, 19(22):21216-21226.

[22] LI M, BAI L, WU Z S, et al. The effects of ultraviolet communication in different working wavelength base on single-scatter model[C]. International Conference on Microwave and Millimeter Wave Technology, IEEE, 2010: 132-135.

[23] CHEN G, ABOUGALALA F, XU Z, et al. Experimental evaluation of LED-based solar blind NLOS communication links[J]. Optics Express, 2008, 16(19):15059-15068.

[24] VAVOULAS A, SANDALIDIS H G, VAROUTAS D. Connectivity issues for ultraviolet UV-C networks[J]. Journal of Optical Communications & Networking, 2011, 3(3):199-205.

[25] 方路平, 刘世华, 陈盼, 等. NS-2 网络模拟基础与应用[M]. 北京: 国防工业出版社, 2008: 89-95.

[26] CALVO R A, CAMPO J P. Adding multiple interface support in NS-2[User Guide]. http://personales.unican.es/aguerocr/files/ucmultilfacessupport.polf[2009-12-06].

[27] 徐雷鸣, 庞博, 赵耀. NS 与网络模拟[M]. 北京: 人民邮电出版社, 2003: 117-124.

[28] 赵太飞, 张爱利, 金丹, 等. 无线紫外光非视距通信中链路间干扰模型研究[J]. 光学学报, 2013, 33(7): 0306001-1-0306001-8.

第 6 章　无线紫外光网络接入协议

对于紫外 NLOS（a）类通信方式，节点全向发送全向接收，覆盖范围为圆形区域，可以采用传统的全向 MAC 接入协议，如 IEEE 802.11DCF。对于紫外 NLOS（b）、NLOS（c）类通信方式，节点分别定向发送全向接收和定向发送定向接收，节点通信的覆盖范围不再为圆形区域。这样就导致节点只能和一部分邻居节点进行通信，即只有位于发送节点覆盖范围内的邻居节点才有可能和发送节点进行通信。

6.1　无线紫外光非直视通信定向 MAC 协议

6.1.1　网络假设与模型

目前的定向 MAC 协议使用的是定向天线技术，由天线的定向和全向模式配合来实现。对数据和确认帧进行定向收发，但对进行信道预约的 RTS 和 CTS 帧的收发却是全向和定向的多种组合。这种由定向和全向方式配合实现的 MAC 协议显然不适合紫外 NLOS（b）、NLOS（c）类通信方式。因为紫外发送节点和接收节点在最初已经定好各种角度，包括紫外发送仰角、接收仰角、发散角、视场角。按照目前的定向 MAC 协议，一个数据包发送期间要不停地进行这 4 个角度的调整来实现，这样是不可能的。因为实际上一个数据包的发送时间很短，如果发送节点在固定时间内没有收到接收节点的成功应答就会进行数据的重发，而此期间紫外收发器各种角度的调整却可能还没有完成。因此，一旦确定发送节点和接收节点之间使用何种紫外光非直视通信方式，此后，它们之间的所有帧的发送接收方式就确定，或者为 NLOS（b）类，或者为 NLOS（c）类。本章基于紫外 NLOS（b）类通信方式，参考现有 MAC 协议的设计，提出了一种基于角度感知的紫外光非直视通信定向 MAC[1]（UV NLOS communication directional media access control，UV-NLOS-DMAC）协议。

假设如下网络环境。①节点事先知道周围邻居节点的位置信息，在网络拓扑固定的场合中，这种假设是成立的。②每个节点安装有多个紫外收发器，每个紫外收发器覆盖一定角度的范围。使用多个收发器来分别和节点周围的邻居进行通信。③节点有数据发送时，上层能够判定使用哪个方向的紫外收发器来进行数据的发送。④网络中的节点所使用发送仰角的大小能够使紫外光绕过障碍物进行信息的非直视传输。

在定向 MAC 协议的设计中，对包的定向传输可以减少干扰区域并提高信道的空分复用率。但是，定向传输也存在劣势，将导致定向隐藏终端和耳聋节点的产生，降低网络的性能。UV-NLOS-DMAC 协议中，对于一跳通信，RTS 和 CTS 的发送采用所有 DNAV（directional network allocation vector）值为零的接口方向，是避免产生定向隐藏终端和耳聋节点；对于多跳通信，选择 DNAV 表中 DNAV 值为零的所有接口中发送仰角最小的接口发送 RTS 帧，目的是尽量减少传输所需要的跳数。

UV-NLOS-DMAC 协议的角度感知的 DNAV 表更新规律如图 6.1 所示。

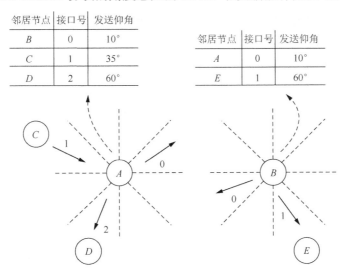

邻居节点	接口号	发送仰角
B	0	10°
C	1	35°
D	2	60°

邻居节点	接口号	发送仰角
A	0	10°
E	1	60°

图 6.1　UV-NLOS-DMAC 协议的角度感知的 DNAV 表更新规律

1）角度感知

网络进行初始化，构建接口仰角邻居表如图 6.1 所示。表的记录包括邻居节点、接口号、发送仰角。节点每次进行通信前会检测此表中是否有相应的邻居节点，如果有则说明是一跳通信，节点根据接口仰角邻居表选择相应接口、发送仰角进行信息发送；否则为多跳通信，节点选择能够达到最远通信距离的发送仰角进行信息的发送，这样可以减少信息传输所需跳数。

对于固定拓扑，节点位置信息确定了，节点和邻居通信所用的接口号、发送仰角也就确定了。在动态拓扑结构中，可以参考使用定向天线的射频通信网络中邻居节点发现和维护策略[1]来构建和维护不同发送仰角时的邻居表。由于不同接口的通信覆盖范围不同，接口仰角邻居表的使用充分发挥了信道空分复用的优势。

2）DNAV 表的更新

每个节点有多个紫外光源，对应多个 DNAV 值。邻居节点根据收到的控制帧 RTS、CTS 信息来更新自己对应方向的 DNAV 值。例如，发送端节点 A 周围的邻居节点收到不是发给自己的 RTS 帧后，根据 RTS 帧的信息更新对应方向的 DNAV 值，即更新自己和发送节点 A 进行通信所需要紫外光源接口和发送仰角方向的 DNAV 值。同理，接收端节点 B 周围的邻居节点也根据收到的 CTS 帧来更新对应方向的 DNAV 值。

6.1.2　UV-NLOS-DMAC 协议描述

图 6.2（a）和图 6.2（b）分别为 UV-NLOS-DMAC 协议发送节点和接收节点的流程图，UV-NLOS-DMAC 协议包括信道空闲的判定、RTS/CTS 帧的交换、数据的发送和接收三个过程。这里以图 6.2 为例来说明协议的具体流程。

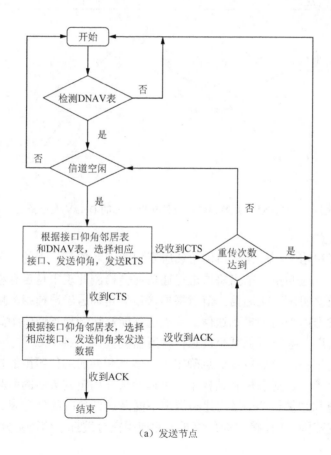

（a）发送节点

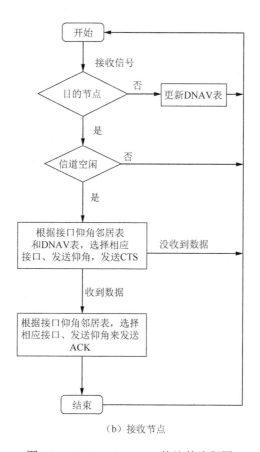

（b）接收节点

图 6.2　UV-NLOS-DMAC 协议的流程图

1）信道空闲的判定

UV-NLOS-DMAC 协议在通信前，网络中的节点处于空闲信道扫描模式，假设此时节点 A 有数据要发送给节点 B，节点 A 就检测信道是否空闲。在判断信道是否空闲前，节点 A 首先检测 DNAV 表中对应向节点 B 发送所需的紫外光源方向的 DNAV 值是否为零，如果为零，就进行信道空闲的判定，否则，节点回到初始的空闲信道扫描模式。

2）RTS/CTS 帧的交换

当节点 A 判定信道空闲时，节点 A 就检测接口仰角邻居表中是否有目的节点 B，如果有则节点选择 DNAV 表中 DNAV 值为零的所有接口，根据接口仰角邻居表中相应的发送仰角发送 RTS 帧；否则，节点选择 DNAV 表中 DNAV 值为零的所有接口中发送仰角最小的接口发送 RTS 帧。这样做的目的是在信道预约

（RTS/CTS 帧的交换）过程中尽量减少传输所需的跳数。图 6.1 中，节点 A 检测到接口仰角邻居表中有节点 B，且 DNAV 表中所有值全为零，于是，使用 0、1、2 接口以相应的发送仰角 10°、35°、60° 来发送 RTS 帧，并在 SIFS 时间内等待接收节点 B 回复 CTS 帧。

节点 B 收到节点 A 发给自己的 RTS 帧后，选择 DNAV 表中 DNAV 值为零的所有接口，根据接口仰角邻居表中相应的发送仰角发送 CTS 帧。节点 A 收到 CTS 帧后，说明信道预约成功，等待 SIFS 时间后进行数据的发送；否则，节点 A 认为此次信道预约失败，转入退避过程，重新竞争接入信道。节点 A 和节点 B 周围的邻居节点分别根据接收到的 RTS 帧和 CTS 帧进行 DNAV 表的更新。

3）数据的发送和接收

当节点 A 成功与节点 B 进行 RTS/CTS 交换后，说明信道预约成功。节点 A 就根据接口仰角邻居表，选择对应节点 B 方向的接口号、发送仰角向节点 B 发送数据，此时节点 A 其余接口方向的紫外光源暂停工作。图 6.1 中，节点 A 选择 0 号接口发送数据，则此时接口 1 和接口 2 暂停工作。节点 B 收到节点 A 发给自己的数据后，也根据接口仰角邻居表，选择对应节点 A 方向的接口号、发送仰角向节点 A 回复 ACK 确认帧，节点 B 其他接口方向的紫外光源此时也暂停工作。图 6.1 中，节点 B 选择 0 号接口发送 ACK 确认帧，接口 1 此时暂停工作。节点 A 成功收到 ACK 确认帧后，证明此次数据传输成功。

6.1.3　UV-NLOS-DMAC 协议仿真结果与分析

对如图 6.3 所示链状拓扑进行仿真，当拓扑中节点 n 分别为 1、2、3、4、5（即不同的传输跳数）时，不同 CBR 发送速率下的吞吐量和时延分别如图 6.4（a）和图 6.4（b）所示。可以看出：对于链状拓扑，随着传输跳数的增多，吞吐量逐渐下降，端到端的平均时延逐渐增大。当跳数≥3 时，吞吐量变化不明显。当 CBR 发送速率≥1500kbit/s 和跳数>3 时，端到端平均时延逐渐增大。在使用紫外光 NLOS（b）类通信方式的网络中，对于时延要求严格的语音和视频应用，在数据发送速率一定的情况下，网络拓扑规划中应该尽量减少传输所需的跳数。

图 6.3　链状拓扑

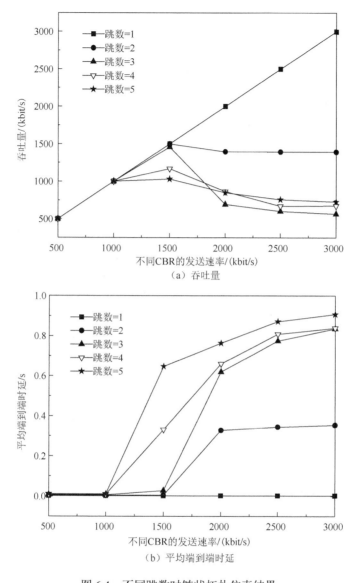

（a）吞吐量

（b）平均端到端时延

图 6.4　不同跳数时链状拓扑仿真结果

对图 6.5 所示的 4 节点的链状拓扑，节点 0 给节点 3 以不同的速率发送 CBR，数据的分组长度设置为 1000B，仿真时间设置为 100s，仿真结果如图 6.6 所示。

图 6.5　4 节点链状拓扑

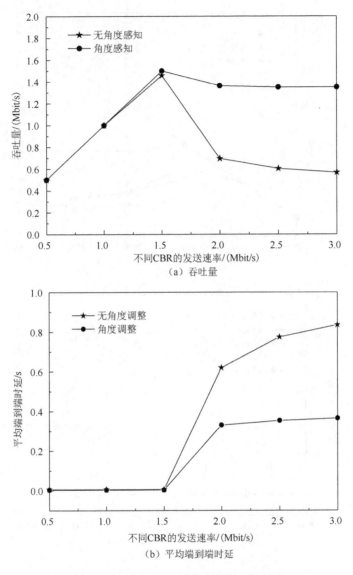

（a）吞吐量

（b）平均端到端时延

图 6.6　有无角度感知时链状拓扑仿真结果

从图 6.6（a）和图 6.6（b）所示的仿真结果可以看出，改进后的定向接入协议相比原来的紫外定向接入协议获得了更高的吞吐量和更低的时延。这是因为原来的协议基于紫外定向发送定向接收，由于无法进行角度的调整，因此节点 0 到节点 3 要通过 3 跳才能进行通信，而采用修改后的基于角度感知的定向接入协议，发送端节点 0 进行了发送仰角的调整，使得发送端覆盖范围的方位角变小，同时节点 0 的通信距离变长，节点 0 通信距离的增大使得节点 0 可以直接和节点 2 进行通信而不必通过节点 1 进行转发，节点 2 再把数据转发给节点 3。由此可见，节点通过调节发送仰角，减少了数据包的转发次数，从而吞吐量增大，传输数据包的平均端到端时延也减少。

对图 6.7 所示的 5×5 格型拓扑进行仿真，图中有 6 对节点同时进行数据的传输，即节点 1→21、2→22、3→23、5→9、10→14、15→19，数据的分组长度设置为 1000B，仿真时间设置为 100s。当设置不同的发送速率时，获得的网络吞吐量和平均端到端时延分别如图 6.8（a）和图 6.8（b）所示。

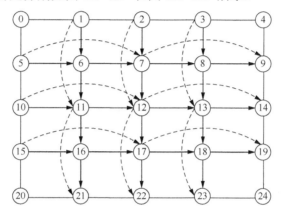

图 6.7　5×5 格型拓扑

从图 6.8（a）和图 6.8（b）所示的仿真结果可以看出：改进后的定向接入协议相比原来的紫外定向接入协议获得了更高的吞吐量和更低的时延。这是因为原来的协议基于紫外通信方式，无法进行角度的调整，所以节点 1 到节点 21 要通过 4 跳才能进行通信。而采用修改后的基于角度感知的定向接入协议，发送端节点 1 进行了发送仰角的调整，使得发送端覆盖范围的方位角变小。同时，节点 1 的通信距离变长，节点 1 通信距离的增大使节点 1 可以直接和节点 11 进行通信而不必通过节点 6 进行转发。同理，节点 11 经过角度的调整可以直接和节点 21 进行通信。因此，从节点 1 到节点 21 的数据的传输，只需要中间节点 11 进行一次转发，而采用原来的紫外定向接入协议时，节点 1 和节点 21 的通信需要通过节点 6、节点 11、节点 16，最后才能传给节点 21。可见，节点通过调节发送仰角，减少了数据包的转发次数，传输一个数据包的时间相对减少。单位时间内可以传输更多的数据包，从而基于角度感知的定向接入协议获得了吞吐量的提升。同时，数据包转发次数的减少可以降低数据包端到端传输的时延，从而平均端到端时延减小。

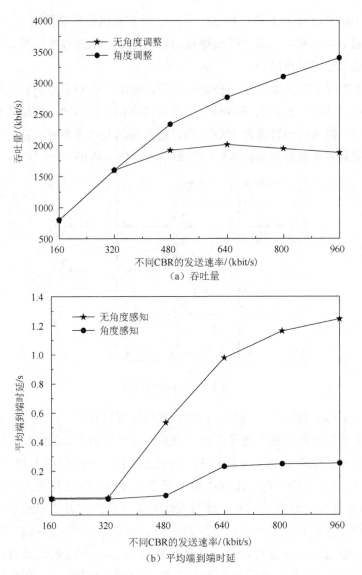

（a）吞吐量

（b）平均端到端时延

图 6.8　有无角度感知时格型拓扑仿真结果

6.2　无线紫外光多信道接入协议

6.2.1　研究背景

IEEE 802.16a 标准提出了基于无线 Mesh 技术的宽带无线接入方案,实际上它是一种多点对多点的分布式网络。在此接入系统中，不需要网络基础设施，每个用户节点都是骨干网络的一部分，且网络的覆盖范围和灵活性随着网络节点数目的增多而增大[2]。Mesh 网也是一种多跳的无线网络，它兼具了 WLAN 和无线 Ad Hoc 网络的优势，是一种容量大、速率高、覆盖范围广的网络技术[3]。紫外光通信和无线 Mesh 网络相结合，不仅可以充分发挥无线紫外光非直视通信、抗干扰能力强的优势，而且通过无线 Mesh 网络的多跳通信延长了有效通信距离，从而弥补了无线紫外光通信距离短的不足。

信道资源的合理分配和管理是无线紫外光 Mesh 网络通信的关键问题之一。而 MAC 协议主要解决如何在相互竞争的用户之间分配无线信道资源，即控制媒体如何接入信道来进行数据的发送。MAC 协议的好坏直接影响到网络的吞吐量、公平性、时延、信道空分复用率等性能。由于无线紫外光通信不同于无线射频通信，它是一种散射通信，并且无线紫外光非直视通信的覆盖范围具有一定的方向性，因此采用定向的无线紫外光接入协议，这样就可以提高信道的空分复用率和通信距离。

但是，单信道的无线紫外光接入技术面临的一个问题是：当接入终端的数量增加时，由于会出现很高的竞争和冲突，并且会引入隐藏终端、暴露终端和耳聋，这使网络性能迅速降低。缓解这种竞争和冲突的方法就是使用多信道多接口的无线紫外光 MAC 接入协议，由于使用多个信道，单个节点可以在使用不同信道的同时和不同的节点进行通信而提高网络性能。

6.2.2　多信道的 MAC 协议及问题

多信道的 MAC 协议概括起来，主要分为以下几种[4]。

按节点接口数目划分，可分为单接口多信道 MAC 协议和多接口多信道 MAC 协议两类。多接口多信道 MAC 协议的各个节点上具有很多接口，每个接口放置一套收发器，这样，节点可以同时在多个信道上传输数据，能更有效地控制节点的传输。

按控制信道分，也可分为无专用控制信道的多信道 MAC 协议和专用控制信道的多信道 MAC 协议两类。

（1）单接口多信道 MAC 协议。单接口多信道 MAC 协议主要有 MMAC（multi-channel MAC）协议[5]和 SSCH（slotted seeded channel hopping）协议[6]。

（2）多接口多信道（multi-radio multi-channel，MRMC）协议[7]。MRMC 协议中 MAC 协议的种类比较多，其中有一类使 RTS/CTS 等控制包和数据包在不同的信道上传输的协议，称为 CDS（control data separation）协议。CDS 协议有多种，如 DCA[8]（dynamic channel assignment）、双忙音多址接入协议[9]（DBTMA）、PCAM（primary channel assignment based MAC）、DPC[10]（dynamic private channel）、AACA[11]（adaptive acquisition collision avoidance）等。

相对于单信道 MAC 协议来说，多信道 MAC 协议的设计要复杂得多，所面临的问题也很多，其主要面临如下问题[12]。

（1）接收端忙。在多信道 MAC 协议的设计中，还需考虑信道切换带来的问题，如果接收者刚好切换到别的信道，但发方仍然保持原来的信道进行切换，那么这将因接收者不能够对广播信号或者 RTS 进行侦听，引起接收端忙的现象。

（2）广播消息。无线信道的不可预知性、网络拥塞和终端的移动性，致使节点可能失去连通性，因此务必要不断地对路由信息进行更换。因此在设计 MAC 协议时，为了确保信息能够准确、及时地发送过去，对广播信息的考虑显得尤为必要[13]。

（3）隐藏终端。在单信道的协议中隐藏终端与暴露终端问题始终困扰着人们，虽然采用 RTS 与 CTS 握手方式但仍不能完全避免在多信道的 MAC 中隐藏终端的发生。在 IEEE 802.11 标准下，因为物理层上可保持多个信道存在，但是 MAC 层上只可保持一个信道存在，所以在多信道的情况下也会产生隐藏终端的现象。

6.2.3　无线紫外光非直视多信道多接口通信模型

紫外 NLOS（a）类工作方式下，发射光束散射后，其覆盖范围是一个圆形且范围较小，不仅传输距离有限，而且通信效果和性能都不好，带宽窄、延时大及信号失真严重。而对于紫外 NLOS（c）类通信方式，其性能较好、带宽大、延时小，但是覆盖范围有较强的方向性。紫外 NLOS（b）类通信方式的通信性能介于 NLOS（a）类和 NLOS（c）类之间，在通信性能和通信方向性之间实现了一定的折中。无线紫外光通信对方向和角度比较敏感，故实现通信组网时需要充分考虑方向性和方位性。因此，本章针对无线紫外光通信的特点，设计了具有多收多发的通信节点模型。无线紫外光非直视通信的三种工作方式，在不同的方向上有不同的覆盖范围，当节点的密度较大时，紫外光多信道模型可以把空分复用和频分复用结合起来，即在不同方向上的节点设置不同波长的紫外光 LED，把不同的信号加载到不同波长的紫外光上发送出去，经过大气的散射，在接收端设置一个带通的滤光片，把信号过滤，经过探测器的放大，再经过解调，就可以得到发送的原信号即实现紫外光的多信道通信。为了支持紫外多收发器节点结构在 NS2[14,15]下的仿真，在多接口模型[16]的基础上，提出了一种新的紫外多收发器节点模型，具体参见 5.2.2 小节。无线紫外光通信节点的每个接口配置一套紫外收发器，对于传输到信道的数据包，信道根据其物理地址的不同传送给不同的接口进行收发。针对传输数据包所使用的接口号，需要对链路层文件进行修改,链路层连接的 ARP 模块能够解析出数据包使用的接口号，然后数据包根据接口号被传入相应的队列中，再到相应的 MAC 层，最后通过相应的网络接口传给信道，信道接收后选择合适的接口往上传数据包。文献[17]和文献[18]对 Ad Hoc 网络进行了多接口的仿真，本书在此基础上，对无线紫外光散射通信的多接口多信道模型进行了配置和实现。

在紫外光非直视接入协议中，每个节点都要维持 4 个表，它们分别是连接表、使用表、速率表以及接收节点列表。以下是对这 4 个表的介绍。

（1）连接表。每个节点维持一个邻居节点的连接表，在这张表中描述了此节点和邻居节点通信的可能方向和角度，表的顺序是从小到大排列的。连接表的空间复杂度可表示为 O{(节点个数)(方向数)(角度)}。

（2）使用表。每个节点都维持一张这样的表。当节点实现的新传输即将占用它的邻居节点时，使用表就会更新。详细地说，一个节点收到邻居节点 B 的 CTS 时，这个节点首先核对与节点 B 相关的连接表[19]。然后它在使用表中设置与使用表中相对应入口的定时器（一个入口就定义了方向和对准角度），这些入口规定的传输结构将会对节点 B 的接收产生干扰[19]。这个表的空间复杂度可表示为 O{(方向数)(对准)}。

（3）速率表。这个表中记录了一个节点的邻居节点的使用数据速率。当一个节点作为发射节点时，这个表中的信息就会被用来选择合适的发送速率（脉冲宽度），当主节点在核对最早偶然听到的所有方向上的数据包时，这个速率表就会更新。速率表的空间复杂度可表示为 O{对准}。

（4）接收节点列表。这张表上的邻居节点就是当前作为接收器的节点，时间取决于谁仍停留在接收模式。这张表的内容使用信号信息进行传播，这些内容可以用来判定一些影响，如耳聋。它的空间复杂度可表示为 O{邻居节点数}。

紫外光非直视通信接入协议的状态转换如图 6.9 所示。在默认的情况下，节点都在空闲状态下，并且在这个状态下节点很容易对收到的控制信号进行译码并且更新相应的表。当接收到一个 RTS 时，一个接收端核对时间等待域并设定一个定时器。当定时器达到零时它就发送一个 CTS[20]。发送 CTS 的方向是由占用表决定的，这时，节点转换成接收数据状态[20]。

如果在空闲时间，一个节点有新数据要发送，它就会核对表发送 RTS 并转换为等待 CTS 状态。在这个状态下，节点仍能对收到的信号进行译码并更新表直到经历的 CTS 超时。如果节点收到了它期待的 CTS，节点就进入发送数据状态；一旦超时，它就进入退避状态。

如果一个节点收到一个 CTS，它就核对选择角域来确定传输的方向和相应的速率，然后定向地发送数据。当发送数据时，节点能够收到其他节点的 RTS 信息，这主要依赖全双工通信的情况。发送数据之后，如果节点仍能收到其他节点信息，它就保持这个状态，否则就返回空闲状态。

无线紫外光散射通信定向静态路由协议的添加主要是在 AODV 的基础上进行修改的，图 6.2（a）和图 6.2（b）是紫外光定向静态路由协议发送节点和接收节点的流程图。该协议首先判定信道是否空闲，接着对 RTS/CTS 帧进行交换，然后是数据的发送和接收。

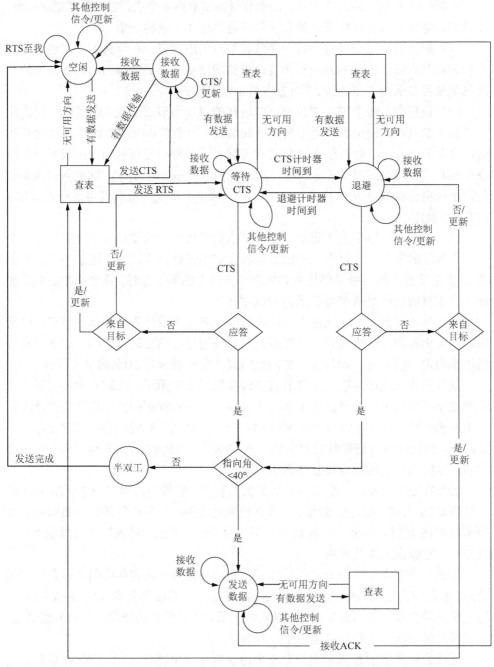

图 6.9　紫外光非直视通信接入协议状态转换图[19]

6.2.4　无线紫外光非直视多信道多接口通信仿真与分析

为了分析紫外光非直视多接口多信道通信的性能,在 NS2 软件中进行了仿真。三种紫外光非直视通信工作方式的收发仰角分别设置为 NLOS（a）类（90°,90°）,NLOS（b）类（30°,90°）,NLOS（c）类（20°,60°）。NLOS（b）类与 NLOS（c）类覆盖范围简化为扇形,其角度为 45°,并且设定节点间的最大通信距离为 200m。本小节对紫外光非直视通信的网络吞吐量进行了仿真,可用信道为 3 个,数据包的长度为 1000B,仿真时间为 100s。链状结构如图 6.10 所示,节点个数为 6 个。图 6.11 为在该链状拓扑结构下对紫外光 NLOS（a）类、NLOS（b）类、NLOS（c）类三类进行仿真的结果,图中为不同通信方式和不同信道数情况下的网络吞吐量。

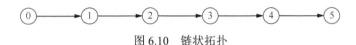

图 6.10　链状拓扑

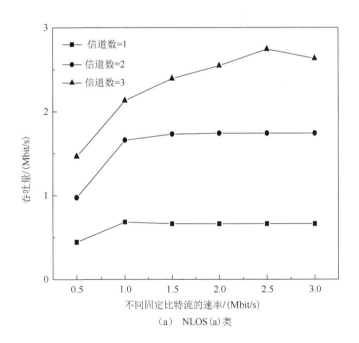

（a）　NLOS（a）类

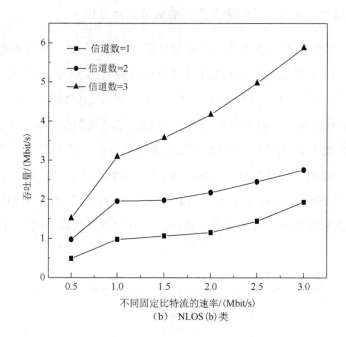

（b）　NLOS（b）类

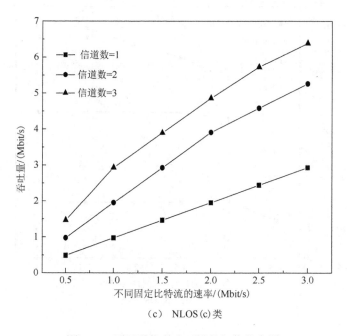

（c）　NLOS（c）类

图 6.11　不同通信方式下链状拓扑仿真图

从图 6.11 可以看出，在单信道时，由于 NLOS（a）类通信方式是全向发送全向接收，当其中的一对节点 1 和节点 2 在通信时，节点 3 会收到节点 2 的发送信息而判定信道忙，等待节点 1 和节点 2 之间通信结束后才竞争信道向其他节点发送数据，因此此时吞吐量较低，但是其吞吐量曲线比较平稳。对于 NLOS（b）类通信方式，由于其定向发送全向接收，当接收节点全向接收时容易产生定向隐藏终端，如节点 1 向节点 2 定向发送信息，节点 2 全向接收，这时节点 3 定向地向节点 2 发送信息，就会对节点 2 造成干扰，吞吐量较低，随着数据速率的增加，其吞吐量逐渐减小，甚至低于 NLOS（a）类通信方式。NLOS（c）类通信方式采用定向发送定向接收，提高了信道的空分复用率，相比前两种通信方式，其吞吐量显著提高，吞吐量曲线也呈上升趋势，通信性能达到了最优。

从图 6.11 中还可以看出，无论哪种通信方式，单信道的网络吞量都是最低的，而双信道和三信道通信时，三种通信方式的吞吐量都明显增加。NLOS（a）类通信方式的吞吐量曲线比较平稳，在双信道和三信道情况下，最大值分别达到了约 2Mbit/s 和 3Mbit/s；在 NLOS（b）类通信方式下，在双信道和三信道通信的情况下，吞吐量曲线的变化趋势为缓慢上升，且其吞吐量的最大值分别约为 3Mbit/s 和 6Mbit/s；而在 NLOS（c）类通信方式下，双信道和三信道通信时的吞吐量曲线急速上升，吞吐量的最大值约为 5.5Mbit/s 和 6.5Mbit/s。

同样的初试条件下，图 6.12（a）～图 6.12（e）分别是 3×3、3×4、4×4、4×5、5×5 的网状拓扑结构。仿真中每个接口的可用信道为 3 个，数据包的长度为 1000B，仿真时间为 100s，具体的仿真结果如图 6.13～图 6.17 所示。

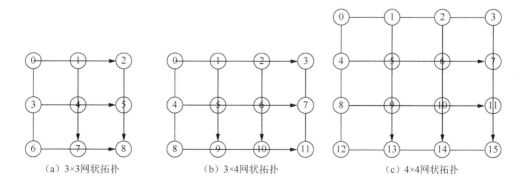

（a）3×3网状拓扑　　　　　　（b）3×4网状拓扑　　　　　　（c）4×4网状拓扑

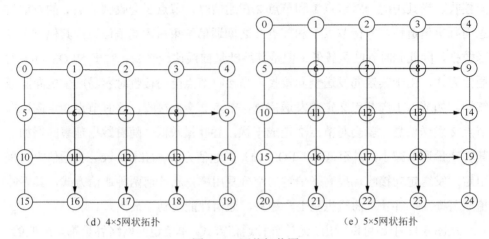

（d）4×5网状拓扑　　　　　　　　　　（e）5×5网状拓扑

图 6.12　网状拓扑图

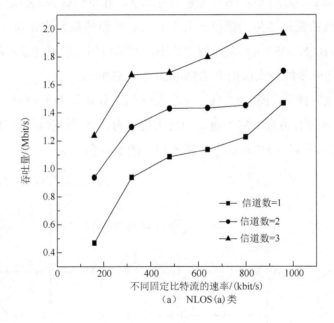

（a）NLOS（a）类

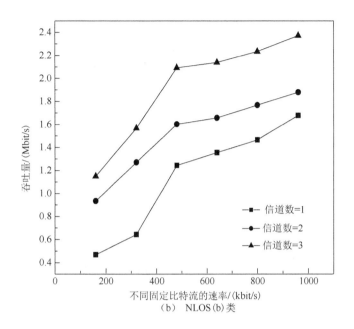

（b） NLOS（b）类

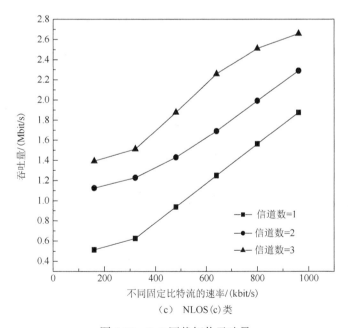

（c） NLOS（c）类

图 6.13 3×3 网状拓扑吞吐量

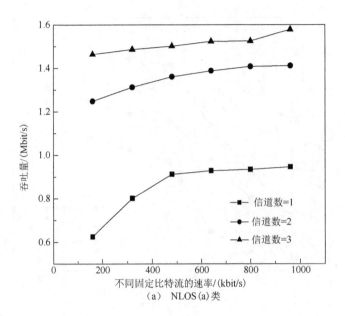

（a） NLOS（a）类

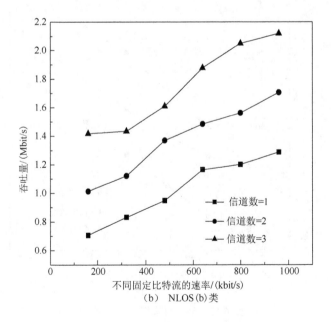

（b） NLOS（b）类

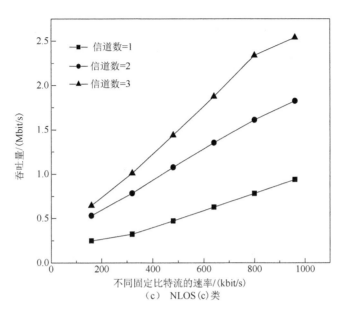

（c）　NLOS（c）类

图 6.14　3×4 网状拓扑吞吐量

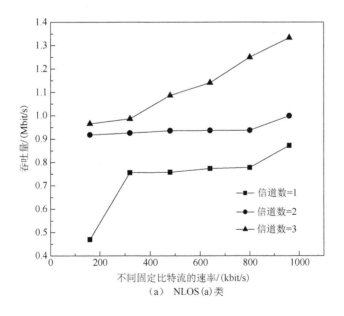

（a）　NLOS（a）类

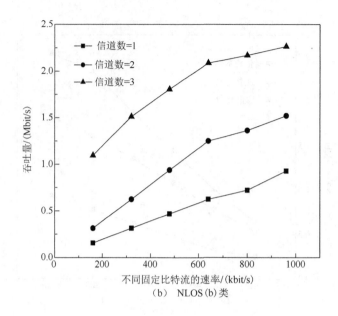

（b）　NLOS（b）类

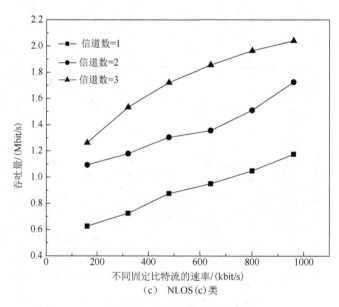

（c）　NLOS（c）类

图 6.15　4×4 网状拓扑吞吐量

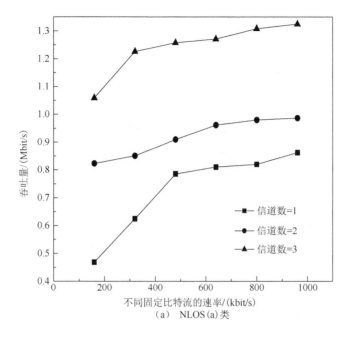

（a）　NLOS（a）类

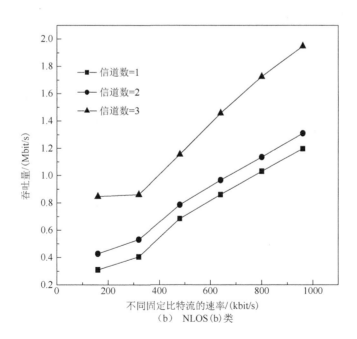

（b）　NLOS（b）类

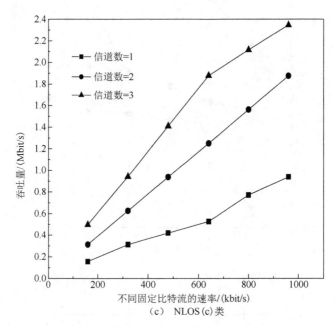

（c）　NLOS（c）类

图 6.16　4×5 网状拓扑吞吐量

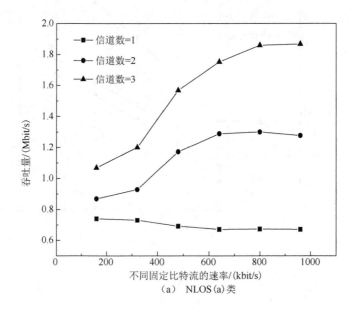

（a）　NLOS（a）类

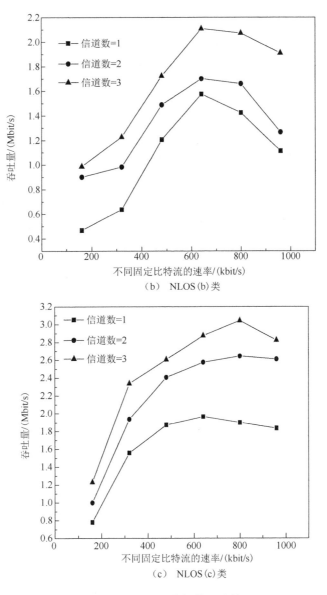

图 6.17　5×5 网状拓扑吞吐量

通过图 6.13～图 6.17 中 NLOS（a）类、NLOS（b）类、NLOS（c）类的对比分析，可以看出采用紫外 NLOS（c）类通信方式网络的吞吐量最大，这是因为定向通信会提高信道的空分复用率。采用紫外 NLOS（c）类通信方式时信道空分复用率的增加极大地弱化了"耳聋"问题对网络的影响，而采用紫外 NLOS（b）类通信方式时在通信速率小于 500kbit/s 的情况下，信道的空分复用率的优势可以弱化定向隐藏终端的影响，但是随着通信速率的增加，单信道情况下定向隐藏终端问题加剧，致使网络的吞吐量比采用紫外 NLOS（a）类通信方式时还低，定向隐藏终端的存在极大地减弱了信道空分复用率对网络性能的提高。

从图 6.13～图 6.17 中还可以看出，无论哪种通信方式，单信道的网络吞吐量是最低的，而双信道和三信道通信时，三种通信方式的吞吐量都明显增加。NLOS（a）类通信方式的吞吐量曲线比较平稳，随着信道数目的增加，网络吞吐量的增加明显；NLOS（b）类通信方式在双信道和三信道时的吞吐量快速上升，当网络负载过大时网络吞吐量有一定的下降；NLOS（c）类通信方式下，双信道和三信道通信时的吞吐量曲线急速上升，当网络负载过大时网络吞吐量略微下降。

仿真的结果还表明，随着信道数目的增加，网络吞吐量不断增大。从图中还可以看出，单信道、双信道、三信道的仿真曲线之间的间隔不是均匀的，这是因为在多跳通信时，在某两个节点之间会出现争用信道的情况，这时就会出现干扰，影响了网络的吞吐量，所以仿真图中单信道、双信道、三信道的吞吐量仿真曲线之间的间隔不是均匀的。

对于网络参数的配置，与前述仿真相同。拓扑形状为网状，节点的个数分别为 9、12、16、20、25。仿真结果如图 6.18 所示。

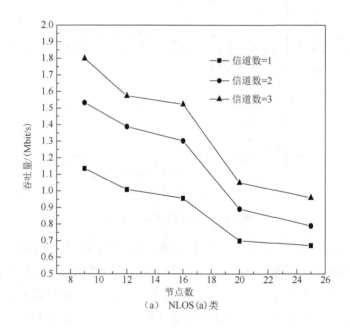

（a）　NLOS（a）类

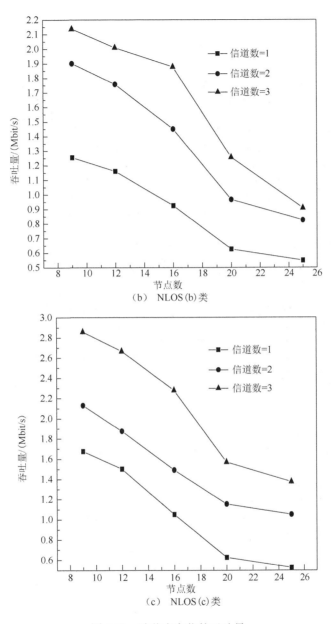

图 6.18　随节点变化的吞吐量

从图 6.18 中可以看出，NLOS（c）类通信方式网络的吞吐量是最大的，其次是 NLOS（b）类通信方式，NLOS（a）类通信方式的网络吞吐量最小，并且随着节点数的增加，网络的吞吐量呈下降的趋势，节点越多，信道多的优势将越来越小，网络的吞吐量也逐渐下降。同样，仿真图中单信道、双信道、三信道的吞吐量曲线间隔也是不均匀的，但是 NLOS（c）类通信方式的效果要优一些。

参 考 文 献

[1] VASUDEVAN S, KUROSE J, TOWSLEY D. On neighbor discovery in wireless networks with directional antennas[J]. Proceedings - IEEE INFOCOM, 2004, 4:2502 - 2512.

[2] 郭诚. 多信道无线 Mesh 网络中基于独立控制信道的 MAC 协议研究[D]. 南京: 南京邮电大学, 2007.

[3] 张勇. 无线网状网原理与技术[M]. 北京:电子工业出版社, 2007.

[4] 邓力. 无线 Mesh 网络多信道 MAC 协议的研究[D]. 武汉: 武汉理工大学, 2010.

[5] LOSCRI V. MAC protocols over wireless mesh networks: problems and perspective[J]. Journal of Parallel & Distributed Computing, 2008, 68(68):387-397.

[6] SO J, VAIDYA N H. Multi-channel mac for ad hoc networks:handling multi-channel hidden terminals using a single transceiver[C]. ACM International Symposium on Mobile Ad Hoc Networking and Computing, MOBIHOC 2004, Tokyo, 2004:222-233.

[7] 姚煜丰, 慕春棣. 多收发器多信道 MAC 协议的 NS2 仿真[J]. 微计算机信息, 2009,(10):198-200.

[8] CHOI N, SEOK Y, CHOI Y. Multi-channel MAC protocol for mobile ad hoc networks[C]. Vehicular Technology Conference, IEEE Xplore, 2003,2:1379-1382.

[9] HAAS Z, DENG J. Dual busy tone multiple access(DBTMA): A new medium access control for packet radio networks[C]. International Conference on Universal Personal Communications, IEEE, 2002:973-977.

[10] YANG L, SHENG F, GUAN J. Multi-channel MAC protocol based on channel quality of receiver for Ad Hoc networks[J]. Computer Engineering & Applications, 2006, 45(20):129-132.

[11] MO J, SO H S W, WALRAND J. Comparison of multichannel MAC protocols[J]. IEEE Transactions on Mobile Computing, 2007, 7(1):50-65.

[12] 刘凯, 李建东, 张文柱. 一种用于多跳分布式无线网络的多址接入协议及其性能分析[J]. 计算机学报, 2003, 26(8): 925-933.

[13] 方旭明. 下一代无线因特网技术: 无线 Mesh 网络[M]. 北京: 人民邮电出版社, 2006.

[14] 徐雷鸣. NS 与网络模拟[M]. 北京: 人民邮电出版社, 2003.

[15] 柯志亨, 程荣祥, 邓德隽.NS2 仿真实验: 多媒体和无线网络通信[M]. 北京: 电子工业出版社, 2009.

[16] CALVO R A,CAMPO J P.Adding multiple interface support in NS-2 [User Guide]. http://personales.unican.es/aguerar/files/ucmultiifacessupport.poy[2009-12-6].

[17] KYASANUR P, VAIDYA N H. Routing and link-layer protocols for multi-channel multi-interface ad hoc wireless networks[J]. ACM SIGMOBILE Mobile Computing & Communications Review, 2006, 10(1):31-43.

[18] LI Y, NING J, XU Z, et al. UVOC-MAC: A MAC protocol for outdoor ultraviolet networks[C]. The IEEE International Conference on Network Protocols, IEEE Computer Society, 2010:72-81.

[19] 赵太飞, 王小瑞, 柯熙政. 无线紫外光散射通信中多信道接入技术研究[J]. 光学学报, 2012, 32(3):14-21.

[20] ZHAO T, ZHANG A , XUE R. Multi-channel access technology based on wavelength division multiplexing in wireless UV communication mesh network[J]. Optoelectronics Letters, 2013, 9(3):208-212.

第 7 章　无线紫外光通信系统设计与实现

无线紫外光通信系统主要由发送端、大气信道以及接收端三部分组成。发送端主要是完成传输信息的转换，在语音传输时，首先对模拟的语音信号进行模数转换，对信号进行压缩编码处理，然后将数字信号传输到光源驱动电路，由驱动电路对紫外光光源进行控制，通过紫外光的闪烁实现信号的发射。传输数据时则不需模数转换过程。信号通过大气信道的散射传输后被接收端接收，通过探测器将光信号转变为电信号，经过放大整形后，经解调解码就可得到原始的发射信号。语音通信时，最后使用数模转换，还原为发送端的语音信号。

7.1　发送端的设计与实现

本章提到的发送端的设计主要是指紫外光语音通信系统。紫外光语音通信系统的发送端需要对模拟的语音信号进行数字化处理，而紫外光数据通信不需要对信号进行数字化处理，可直接进行编码调制，相对语音通信要简易些，因此本章主要介绍无线紫外光语音通信系统发送端的设计。

7.1.1　光源的选择

紫外光源可以使用紫外激光器、紫外光灯和紫外 LED[1]。这三种类型的紫外光源各有特点，下面分别对其进行介绍。

1）紫外激光器

紫外激光器是按照输出波段的范围来分类的，主要是为了与红外激光和可见激光进行比较。红外激光和可见激光通常是靠局部的加热使物质熔化或者气化的方式来加工，而紫外激光直接破坏连接物质原子的化学键，这种过程不产生对外围的加热而是直接将物质分离成原子[2]。

常见的紫外激光器主要分为四种。第一种是气体激光器，主要是有准分子激光器，是一种以脉冲方式应用的激光器和离子激光器与氦-镉激光器以连接方式应用的激光器。氦氖激光器发出光束的方向性、单色性都很好，常用在全息照相的精密测量和准直定位上。而氩离子激光器发出的蓝绿光正好适用于医学的眼科，且可进行水下作业。这几种激光器都有其不同的缺点，但主要表现在设备占地面积大、可靠性小、能耗高、设备费用高等。第二种是固态激光器。例如，调 Q 开关的 Nd：YAG 全固态激光器[3-5]，这种激光器适合多种场合，如粒子图像测速、激光诱导荧光、雷达以及微细加工技术。第三种是气体激光器。这是一种以气体为工作物质的激光器。这里所说的气体可以是纯气体，也可以是混合气体，还可以是原子气体、分子气体、离子气体、金属气体等。第四种则是半导体激光器。例如，型号为 GFY01-DG4 的德国产的紫外光半导体激光器，可以产生波长为375nm、功率为 40mW 的紫外光。但是这种紫外光半导体激光器的功率稳定需要几个小时，耗时较长。

　　无线紫外光通信中使用激光器的优点是激光的频率比微波高 3～4 个量级，其作为无线紫外光通信的载波会有更大的利用频带。但是紫外激光也有许多不尽如人意的缺点，如功率转换效率很低、电源容量大以及瞄准、接收和跟踪问题等。由于激光的发射在空间上可以看作一条很窄的线，但是紫外光具有强烈的散射作用以及强烈的大气吸收特性，功率衰减很大，因此不能保证接收端能收到可靠的信号。而激光通信时发送端和接收端只有保持良好，接收端才能正确地接收信号。这对于无线紫外光非直视通信来说是一个难题。

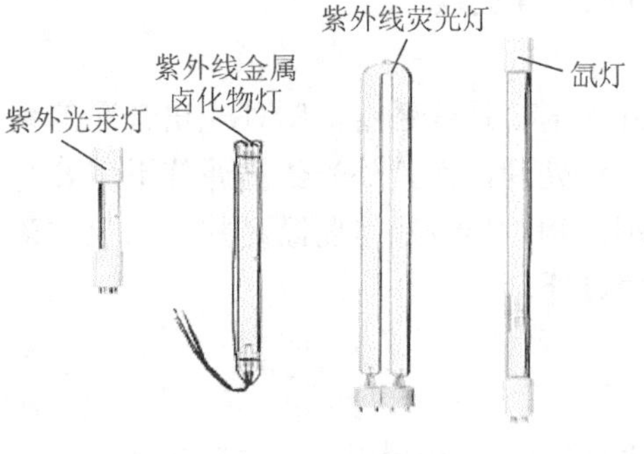

　　2）紫外光灯

　　紫外光灯有紫外光汞灯、紫外线金属卤化物灯、紫外线荧光灯、氙灯以及其他紫外光灯等[6]，如图 7.1 所示。

　　（1）紫外线低压汞灯、高压充气汞灯。根据汞在灯内的蒸气压强不同，可分为低气压、中等气压、高气压和超高气压，因此各种汞灯的命名就是按其蒸气压强的大小划分的。紫外线低压汞灯

图 7.1　几种紫外光灯

就是利用低压汞蒸气放电时，相比于高压汞灯，它是比较容易获得的光源，其输出功率小，可产生的紫外线能量都集中在 254nm。若在这种灯管适当的位置安装反光镜，则其发射功率可达几十瓦到上万瓦[7]。紫外低压汞灯的不足之处是发射功率小、通信距离短[8,9]。

　　高压充气汞灯的光谱能量主要集中在中长波紫外和可见光范围内[10]，但其具有易碎、高压驱动、寿命短、转换紫外光的效率低等缺点。

　　（2）紫外线金属卤化物灯。紫外线金属卤化物灯是在高压汞灯的基础上发展而来的。紫外线金属卤化物灯能给出汞灯不能给出的一些紫外波段，几乎在 200～400nm 的整个范围。它工作在中等气压范围，一般为 1～5 个大气压[11]。

　　（3）紫外线荧光灯。紫外线荧光灯是用波长较短的紫外线去激发荧光物质，可以激发出较长的紫外线。目前生产的紫外线荧光灯均是中长波（280～400nm），假如不改变激光源的波长（即低压汞灯 185～254nm），只能做到中长波紫外荧光

辐射。要想实现短波紫外荧光辐射，只有把激发源的波长变得更短（波长小于200nm）。

由于紫外光灯在启动过程中的电阻一直在变化，对其影响比较大，在使用时要加上镇流器，因而造价太高。虽然紫外光灯发出的光呈散射状有利于非直视传输，但其自身的特性大大限制了系统的通信速率，因此紫外光灯不适合作为本发射系统的光源。

3）紫外 LED

相比以上紫外光源，紫外 LED 具有以下优点：价格低廉、节能、环保、抗震、寿命长且功耗低、体积小、可灵活配置以及功率可调等[11,12]。按照波长来划分，LED 可分为单波长 LED 和多波长 LED。按照 LED 的结构来划分，则有面射型（surface emitting）和透射型（edge- emitting）两种。

发射紫外光的二极管，一般指发光中心波长在 400nm 以下的 LED。一般将发光波长大于 380nm 时称为近紫外 LED，而短于 300nm 时称为深紫外 LED。紫外LED 主要采用 GaN 类半导体。在产品方面，2002 年，日亚化学工业上市了发光中心波长为 365～385nm 不等的品种，氮化物半导体上市了发光中心波长为 355～375nm 不等的品种。2010 年底，国内首条波长 280nm 的深紫外 LED 生产线在青岛杰生电气有限公司建成并投产，标志着我国半导体照明产业的发展水平实现了质的飞跃。

图 7.2　紫外 LED

通过对以上几种紫外光源性能及参数的比较，最后选择了紫外 LED 作为本实验发送端的紫外光源，如图 7.2 所示。紫外 LED 的调制可以使用强度调制的方式，比较容易实现高速的调制，并且紫外 LED 驱动电路的调制信号为数字信号，简化了光源调制驱动电路的复杂性，且调制速率比传统的紫外光灯的模拟调制速率高。表 7.1 给出了所选紫外 LED 的性能指标，其工作电压范围在额定电压±3%范围内，光功率在典型光功率±10%范围内[12]。

表 7.1　365nm 紫外 LED 性能指标

项目	符号	最小值	典型值	最大值	单位
工作电压	V_F	—	4.0	4.6	V
峰值波长	λ_P	360	365	370	nm
谱宽	$\Delta\lambda$	—	18	—	nm
发散角	$2\theta_{1/2}$	10～100			°
光功率	P_0		40		mW

本通信系统中使用的紫外 LED 光源的波长为 365nm，其输出窗口是半球形的，半球窗 LED 光路图如图 7.3 所示，光束以大约 6°的发散全角从光源发射出去[13]。

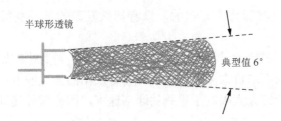

图 7.3　365nm 紫外 LED 的窗口光束输出图

7.1.2　调制驱动电路设计

在发送端，首先是对模拟的语音信号进行数字化处理设计，然后是对光源调制驱动电路的设计。图 7.4 为调制驱动电路的原理框图。

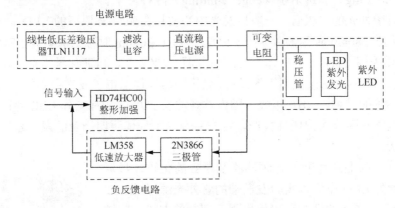

图 7.4　调制驱动电路的原理框图

从图 7.4 中可以看出，本系统驱动电路主要由电源电路、负反馈电路及紫外 LED 光源模块三部分组成。其中，线性低压差稳压器 TLN1117 作为电源的稳压电路。光源保护电路选用 3.3V 型号为 1N4728 的稳压二极管，利用电容滤除杂波来得到稳定的 3.3V 直流电源，2N3866 三极管的频率和功率分别为 400MHz、5W。2N3866 和 LM358 构成负反馈结构，提供了较稳定的直流偏置。本系统调制输入的信号为数字信号，由 HD74HC00 对输入信号进行整形和加强，从而起到驱动的效果，还可以通过改变电路中可变电阻的阻值从而调节 LED 中电流的大小，实现多个 LED 的配置。

7.2　接收端的设计与实现

接收端的设计主要包括滤光片的选择、光电探测器的选取、接收端的电路设计。以下对这三个部分进行简单的介绍。

7.2.1　滤光片的选择

紫外光源发射出的通常都是频谱比较宽的非线性光谱，因此传输接收中应配置紫外滤光片。

滤光片是用来选取所需辐射波段的光学器件。它的功能有两种，一种是提高光学系统的光学增益，增加通信距离；另一种是增大光学系统的水平视场，以达到全方位信号接收的目的。

在选用紫外滤光片时必须要考虑到下面的因素[14]。

（1）紫外光源辐射能量的分布。

（2）人类活动对紫外辐射源的影响，如电焊、高压汞灯、钠灯、日光灯等。

（3）探测器能够探测到的信号的波长范围。

本系统选用的滤光片是型号为 BPF-UB1T2 的滤光片，其参数如表 7.2 所示，图 7.5 为其光谱图[15]。

表 7.2　BPF-UB1T2 滤光片的参数

型号	中心波段	厚度	颜色
BPF-UB1T2	340nm	2mm	黑色

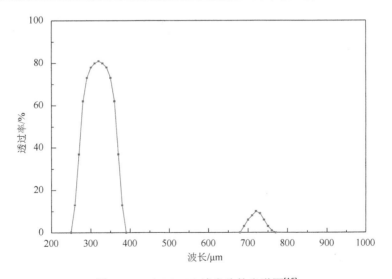

图 7.5　BPF-UB1T2 滤光片的光谱图[15]

从图 7.5 中可以看出，在 LED 波长为 365nm 时的透过率大约为 70%。从图中还可以看出，一部分的红外线可以透过滤光片，因此这也会给实验系统带来一定的干扰。

7.2.2　光电探测器的选取

光电探测器是一种可以探测到空中的光信号，并把放大的光信号转换为电信号的装置。在本通信系统中采用光电倍增管作为光电探测器。

光电倍增管是一种灵敏度极高且时间响应超快的光电探测器件，其优点如下[16,17]：一是光电倍增管的倍增因子很高，可达到 $10^3 \sim 10^7$，然而此时仍保持较好的信噪比；二是它可探测到极其微弱的光信号；三是相对于其他探测器，光电倍增管的光敏面面积可以很大，直径从小于 2.54cm 到 50.80cm 都有。光电倍增管波长响应范围包含紫外光区，具有高量子效率、高获取率、性能稳定等优点[18]。

本通信系统使用的是北京滨松电子技术股份有限公司（简称北京滨松公司）的 R212 型光电倍增管，如图 7.6 所示。它是侧窗结构，从玻璃壳的侧面接收入射光，它的光谱响应范围为 185～650nm，光电转换效率为 20%，峰值响应波长为 340nm，带宽为 50kHz，光敏面的面积为 8mm×24mm。图 7.7 为 R212 型光电倍增管的光谱响应特性曲线[19]。

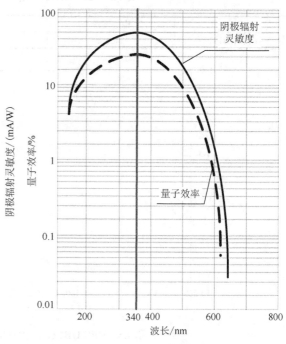

图 7.6　北京滨松公司 R212 型光电
　　　　倍增管

图 7.7　R212 型光电倍增管的光谱响应特性曲线

7.2.3　接收端的电路设计

在无线紫外光通信系统的接收端，信号先经过光电倍增管的光电转换，然后通过整形放大后送入语音处理芯片进行数模转换，再对数模转换后的模拟信号进行放大滤波，即得到音质较好的语音信号。接收端电路的结构框图如图 7.8 所示，光电倍增管的供电装置为一个输出可调节的负高压电源模块，主要通过外接电位器来控制输出电压的大小。信号经光电倍增管光电转换，然后通过放大整形后，由串口进入凌阳实验板进行滤波，经过解码及数模转换，就可以从耳机听到模拟的语音信号[20]。

图 7.8　接收端电路的结构框图

7.3　PPM 调制系统的 FPGA 设计

图 7.9 是本次无线紫外光调制系统设计中，发送端和接收端电路的具体连接示意图[21]。

从发送端来看，在硬件系统中，使用 USB 转 UART 模块通过串口调试工具，将 PC 上的数据下传。由于 USB 转 UART 模块是 TTL-5V 电平，FPGA 开发板是 TTL-3.3V 电平，为了保护 FPGA 引脚不被击穿，使用 74LVC245A 进行隔离。同样地，在 FPGA 完成 PPM 信道编码后，输出的信号向紫外光发送电路输出时，也使用 74LVC245A 进行隔离。接收端接收信号是发送信号的逆过程，信号传输方向正好相反，其设计思路与发送端是一致的。

PC 与 USB 转 UART 模块的连接通过计算机的 USB 接口来实现。考虑到低功耗将 74LVC245A 接口模块的 $\overline{OE}$ 端和 DIR 端置为低电平，此时 74LVC245A 芯片处于使能状态，总线的传输方向为由 B 端总线向 A 端总线[22]。

发送端 UART 的数据发送端 TXD 与发送端 74LVC245A 接口模块的 B1 引脚相连，信号输出引脚为 A1。发送端 74LVC245A 接口模块的 A1 引脚与 FPGA 开发板的 PIN_099 引脚相连，这样就实现了 PC 串口数据向 FPGA 的传输。将 FPGA 开发板的 PIN_098 引脚设置为调制后的 PPM 信号输出引脚，将其与发送端 74LVC245A 接口模块的 B2 引脚相连接，信号的输出为 74LVC245A 的 A2 引脚。74LVC245A 的 A2 引脚与紫外光发送电路的数据输入端连接，这样就完成了 PPM

信号的输出。信号通过紫外光发送电路后就实现了紫外光信号的 PPM 调制[23]。

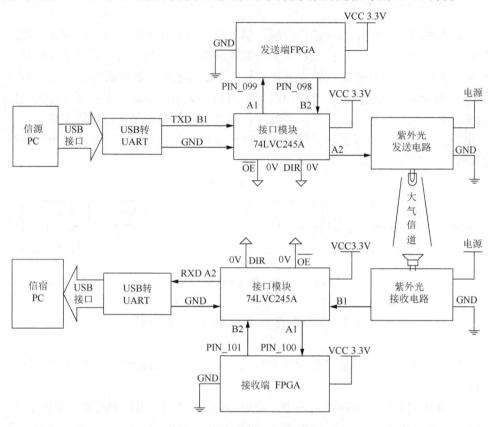

图 7.9　系统硬件设计示意图

接收端从紫外光接收电路开始,紫外光接收电路可以接收通过大气信道传输的紫外光信号。在接收电路将光信号转换为电信号后,信号输出端与接收端74LVC245A 的 B1 引脚相连。通过 74LVC245A 接口模块,数据从 A1 引脚输出,再将 A1 引脚与接收端 FPGA 开发板的引脚 PIN_100 相连,这样就实现了调制后的 PPM 信号向 FPGA 的输入。将 FPGA 开发板的 PIN_101 引脚设置为 PPM 信号解调后生成的串口数据的输出引脚,将其与接收端 74LVC245A 的 B2 引脚相连,信号的输出为 74LVC245A 的 A2 引脚。再将 74LVC245A 的 A2 引脚与接收端 UART的 RXD 引脚连接,USB 转 UART 模块同 PC 相连,这样 PC 就可以接收 PPM 解调后的串口数据[24]。

接收端与发送端的 74LVC245A 接口模块和 FPGA 开发板均为 3.3V 供电。紫外光发送和接收电路采用电源,用市电供电。特别需要注意的是,接收端和发送端必须分别将其所有的器件共地,否则系统会因为地线电压不同导致系统在通信

时器件之间相互干扰，产生大量误码。具体的共地做法是将所有器件的地线都与
PC 的地相连。

7.4　无线紫外光通信实验结果与性能分析

按照本章所述方法设计了整个无线紫外光通信系统。发送端主要包括一块凌
阳语音实验板、一块驱动电路板和紫外 LED 光源，可以把发送端的部分封装在一
个实验箱内。接收端主要包括滤光片、光电倍增管、凌阳语音处理板以及一个整
形电路板，同样对接收端的组成部分进行了封装，使其固定在另一个实验箱内。
在实验中要不断地移动接收端和发送端使其获得较好的对准，把接收端和发送端
的器件都分别封装在实验箱内，这样在做实验的过程中就比较方便。总体来说，
实验过程包括三部分：第一部分是无线紫外光语音通信实验与结果分析；第二部
分是无线紫外光数据通信实验与结果分析；第三部分是无线紫外光 PPM 调制系统
实验与结果分析。

7.4.1　无线紫外光语音通信实验与结果分析

紫外光语音通信实验发送端光源选用波长为 365nm 的紫外 LED，分别采用 1、
2、3、4 个 LED 管作为光源进行比较测试，话音信号的采样频率为 8kHz，串口
数据传输速率选择 115.2kbit/s。对紫外光语音通信性能的测试，主要是对语音通
信能够分辨语音（即语音开始变嘈杂）时的通信距离进行统计，将这个距离称为
语音最远传输距离。表 7.3 为在晴天室外白天的语音测试表。

表 7.3　晴天室外白天的语音测试表

电流/mA	通信距离/m			
	1 个灯管	2 个灯管	3 个灯管	4 个灯管
13	2.5	3.5	3.7	3.9
25	2.6	3.8	4.0	4.5
41	3.0	4.5	5.3	6.0

表 7.3 的第一行数据中，采用单管 LED 进行语音通信时，其供电电流为 13mA，
语音的最远通信距离为 2.5m，即超过 2.5m 时语音开始变嘈杂；对于双管 LED 语
音通信，两个 LED 管的电流都为 13mA 时，其语音最远通信距离为 3.5m；当用
三管 LED 进行语音通信，3 个 LED 管的电流均为 13mA 时，其最远通信距离为
3.7m；而对于四管 LED 语音通信，4 个 LED 管的电流均为 13mA 时，最远通信
距离为 3.9m，超过 3.9m 时语音开始变嘈杂。从表 7.3 中还可以看出，当增大 LED
管的供电电流时，如 LED 的供电电流由 13mA 增加到 25mA 时，无论有几个 LED
管作为光源，其语音最远传输距离均明显增加；在同样的供电电流下，随着 LED

管个数的增加，通信距离也会增大，这也证明增加功率可以提高传输距离。表 7.4
为晴天晚上 19:00 时的语音测试表。

表 7.4　晴天室外晚上（19:00）语音测试表

电流/mA	通信距离/m			
	1 个灯管	2 个灯管	3 个灯管	4 个灯管
13	12	16	21	25
25	19	27	29	36
41	23	30	36	41

由表 7.4 可以看出，在傍晚没有强烈的日光影响，在有灯光干扰的情况下，
本系统的传输距离相比白天日光照射下要大。由此可见，远距离的紫外光语音传
输在加大功率的条件下是可行的。表 7.5 为露天路灯下晴天夜晚 20:00～22:00 时
的语音测试表。

表 7.5　晴天室外晚上（20:00～22:00）语音测试表

电流/mA	通信距离/m			
	1 个灯管	2 个灯管	3 个灯管	4 个灯管
13	38	70	90	120
25	65	87	120	150
41	80	110	135	170

表 7.4 和表 7.5 均为晴天室外晚上灯光下的语音测试表。将表 7.5 和表 7.4 进
行比较可以看出，表 7.5 的通信效果更好一些，表 7.5 的增加幅度明显较大，通信
距离是表 7.4 的 2～4 倍。表 7.4 结果是在噪声（日光灯，因为日光灯管会发出少
量的紫外光）的干扰下测得的，而表 7.5 则是在露天路灯下的测试结果，其背景
噪声影响相对较小，因此通信距离明显较大。整体来看，随着 LED 管的增加，通
信距离的增加幅度较大；增大 LED 管的供电电流时，通信距离也明显增大，实际
效果也与 LED 器件的特性有关。

表 7.6 为阴天室外的白天语音测试的数据表，表 7.7 为阴天室内灯光下的语音
测试数据表。

表 7.6　阴天室外白天语音测试表

电流/mA	通信距离/m			
	1 个灯管	2 个灯管	3 个灯管	4 个灯管
13	2.7	3.8	3.9	4.0
25	2.9	4.1	4.2	4.9
41	3.1	5.0	5.5	6.2

表 7.7　阴天室内灯光语音测试表

电流/mA	通信距离/m			
	1 个灯管	2 个灯管	3 个灯管	4 个灯管
13	15	18	23	30
25	21	30	32	38
41	26	33	38	45

将表 7.6 与表 7.3 进行对比可以看出，在阴天室外进行语音通信的效果要比晴天室外语音通信的好，体现在阴天室外语音通信的传输距离比晴天时远。因为相比晴天，阴天时日光对通信的干扰要小一些，所以在阴天时语音传输的距离就大些。但是尽管同样是阴天，从表 7.7 中可以看出语音的传输距离更大，这是因为在室内尽管有灯光，日光灯管发射出的少量波长为 365nm 的紫外光是无线紫外光通信系统的主要干扰源，这个干扰相对于日光还是比较小的。

通过多次测量和分析可以发现如下结论。

（1）对语音通信中主要由于环境噪声的不同测得的结果有所不同，白天和傍晚日光下语音通信效果最差。

（2）由于阴天的大气信道好于晴天，对设备影响较小，因此阴天的通信效果好于晴天。

（3）经实验发现，选择双管 LED 和三管 LED 作为发射光源时，通信效果区别不是很大，经过分析，应该是由于光束的结合问题，三管 LED 不好校准，导致和双管 LED 差不多，效果不明显。

（4）多管功率比较大，如果需要大规模使用时，就需要大型 LED 阵列作为发射光源来加强通信效果。

在进行紫外光语音实验测试时，可以得到如下结论。

（1）由于外界环境的主要影响来自日光和灯光以及人为因素，为了达到最好的通信效果，即语音最大的通信距离，可以在接收端的实验箱加上顶板和侧板，尽可能地减少影响，获得更好的通信效果。

（2）由于没有光学器件的辅助，因此校准也是需要注意的一个方面，有待进一步改善。

（3）在进行室外实验测量时，可以以地面为准，接收端与发送端落差不能太大，否则就会获得错误的数据。

（4）虽然紫外光源的功率很小，但是紫外线对人还是有危害的，不要用眼睛直视或者长时间注视。

7.4.2　无线紫外光数据通信实验与结果分析

无线紫外光数据通信系统原理框图如图 7.10 所示。在发送端，数据由笔记本电脑经过 USB 转串口，到达光源调制驱动电路，信号搭载在紫外光上发射出去。在接收端由光电倍增探测接收数据（光电倍增管前放置一个滤光片），并对信号进行光电转换，在经过整形电路以后，由 USB 转串口传到接收端笔记本电脑上。

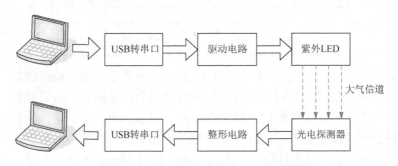

图 7.10　无线紫外光数据通信系统原理框图

　　无线紫外光数据通信实验测试了两种情况，一种是以无线紫外 365nm LED 为发射光源进行的测试，另一种是以无线"日盲"紫外 270nm LED 为发射光源进行的测试。下面对这两种情况的实验结果进行分析[25]。

　　1）发射光源为无线紫外 365nm LED

　　首先对无线紫外光通信系统的误码率和通信距离进行测试。实验过程中串口数据的发送速率和接收速率为 115.2kbit/s，实验时间是晚上 19:00，实验地点为西安理工大学教五楼的六楼，楼道日光灯全开，调制方式采用 OOK 调制，每个 LED 的供电电流为 13mA，对紫外 LED 管数量分别为单、双、3 个、4 个的情况进行实验。数据通信实验测试结果如图 7.11 所示。图中在传输距离小于 14m 时系统误码率都低于 10^{-7}，测试距离间隔为 1m，数据误码率高于 10^{-2} 时没有进行测试。从图 7.11 中可以看出，单管通信在 15m 时误码率开始随着传输距离的增加而升高，当传输距离超过 16m 时误码率急剧升高，而误码率从 10^{-7} 升高到 10^{-3} 时的传输距离间隔为 2m 多；双管通信在传输距离为 18m 时的误码率开始升高，误码率曲线变化速率相对单管平缓一些，误码率从 10^{-7} 升高到 10^{-3} 时的传输距离间隔为 3m 左右；三管通信在传输 21m 时误码率开始升高，其趋势相对单管、双管都较缓，误码率从 10^{-7} 升高到 10^{-3} 时的传输距离间隔约为 4m；四管时其误码率曲线升高最平缓，约在 25m 时误码率开始升高，误码率从 10^{-7} 升高到 10^{-3} 时的传输距离间隔接近 5m。从实验结果来看，随着 LED 管数量的增加，通信传输距离增加，且实际通信效果越来越好；相对于误码率，相同的通信距离时随着发光 LED 个数的增加误码率减小，且容易对准[26]。

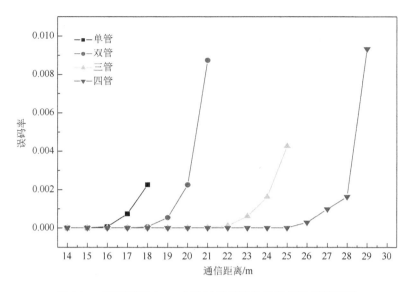

图 7.11　不同紫外 LED 个数时无线紫外光数据通信测试图

　　然后，针对无线紫外光通信系统不同通信速率下的误码率和通信距离进行测试，实验过程中数据的发送速率和接收速率分别为 921.6kbit/s、460kbit/s、256kbit/s、115.2kbit/s、57.6kbit/s 和 28.8kbit/s。实验时间同样是晚上的 19:00，实验地点为西安理工大学教五楼的六楼，楼道日光灯全开，调制方式采用 OOK 调制，光源为单 LED 且供电电流为 13mA。不同数据传输速率下紫外光数据通信测试结果如图 7.12 所示。图中在传输距离小于 11m 时系统误码率都低于 10^{-7}，测试距离间隔为 1m。从图中可以看出，当数据传输速率为 921.6kbit/s 时，传输距离在 12.5m 时误码率开始升高，且上升速度比较快；当数据传输速率为 460kbit/s 时，在 14.5m 时其误码率开始升高；当数据速率降低到 256kbit/s 时，在传输距离为 15.5m 时误码率开始升高；当数据传输速率为 115.2kbit/s 时，其传输距离在 16.5m 时误码率开始升高；在数据传输速率在 57.6kbit/s 时，传输距离为 17m 时误码率开始升高；当数据传输速率降到 28.8kbit/s 时，误码率在传输距离约为 20.5m 时的误码率开始升高，上升速度较缓慢。从图中还可以看出，当数据传输速率成倍地增加时，其误码率曲线间隔分布基本为均匀的；当速率比较高时，如当高于 256kbit/s 时，误码率曲线间隔比较大，且随着传输速率的升高间隔逐渐增大；当速率比较低时，误码率曲线间隔分布比较均匀。总之，随着数据传输速率的降低，传输距离是增加的，但整体来看，近距离通信时数据传输速率对有效通信距离的影响比较小。

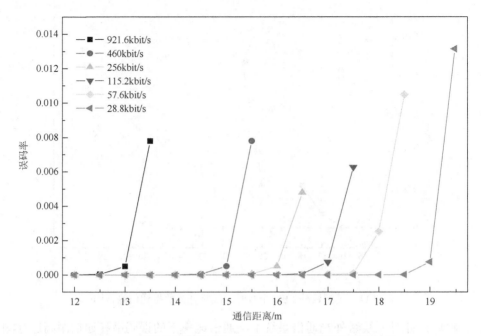

图 7.12　不同数据传输速率下无线紫外光数据通信测试结果

　　通过对不同环境测试实验结果的分析，该系统的通信距离随着供电电流的增大而增大，通信距离随着数据传输速率的减小而增大，当数据传输速率成倍增加时，其误码率曲线间隔分布基本为均匀的，并且通信性能随着 LED 管个数的增加也明显提高，误码率曲线的拐点随着 LED 个数的增加逐渐平缓。

　　2）发射光源为无线"日盲"紫外 270nm LED

　　（1）无线"日盲"紫外光室内通信测量。

　　本实验主要针对不同传输距离、不同时间以及不同的传输速率下测试的误码率情况，实验地点是实验室的楼道内，实验结果如图 7.13 和图 7.14 所示。从图 7.13 可以看出，下午的误码率最高，其次是上午、傍晚，深夜时的误码率最低。另外，在通信距离为 3～4m 时，几个时段的误码率情况相差不大，但是过了 4m，几个时段的误码率均急剧升高。

　　分析其原因，主要是因为下午时外界日光干扰最强，所以该时段的误码率最高，在上午时太阳慢慢升起，干扰会逐渐变大，但是日光是以午后两点最为强烈，因此上午通信的误码率要低于下午；到了傍晚，太阳下山，但是仍存在日光干扰，但是相比上午，干扰要小，所以傍晚时的误码率会低于上午，通信效果有所好转；到了深夜，特别是过了零点以后，此时的通信效果最好，原因除没有日光的干扰以外，人为的干扰也最小。

　　同时还测试了在不同传输速率下通信的误码率情况，如图 7.14 所示。从图中可以看出，随着传输速率的增加，其误码率逐渐减小。从图中还可以看出，在传输速率比较小的情况下，误码率曲线变化较小，且误码率曲线比较平缓，而在传输速率变大时，其误码率曲线的趋势会急剧升高。

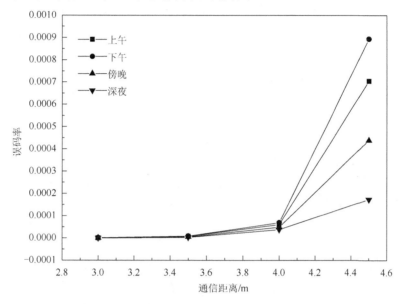

图 7.13　不同时间室内误码率测试结果

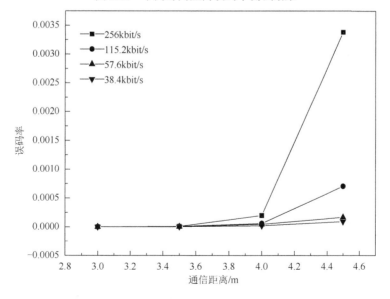

图 7.14　室内不同传输速率下误码率测试结果

通过实验测试可知，对于室内环境对无线"日盲"紫外光通信误码率的影响因素，主要有以下几点。

① 实验测试主要是在楼道内进行的，在测试的过程中，难免会有人为的干扰，主要影响了实验的效果。针对这种情况，将实验箱靠近墙面放置，人可以从另一侧经过，但是这同样会受到墙面反射光的影响，对实验还是存在干扰。

② 在实验的过程中，时间会持续得比较长，这样实验器件的温度会升高，致使器件的性能下降，影响通信效果。

③ 这里采用的紫外 LED 的波长与滤光片和光电倍增管的透过波长基本匹配，但是紫外 LED 的波长与滤光片和光电倍增管的透过峰值波长不是完全匹配的，故这样也会影响实验的效果。

（2）无线"日盲"紫外光室外通信测量。

本实验主要对不同传输距离、不同时间下通信的误码率进行测试，实验地点是实验楼七楼的楼顶，实验楼的周围没有别的高建筑，同时没有人为干扰，此实验地点的主要干扰源是日光，大气温度为 28℃。测试结果如图 7.15 所示。从图中可以看出，在相同的传输距离上，在中午有太阳直射时通信误码率最高，下午次之，上午通信的误码率最低。从图中还可以看出，随着太阳光在一天中由弱变强再变弱，这样的变化会对无线"日盲"紫外光通信产生相同的影响，但就误码率曲线来看，其影响不大。同样把图 7.15 和图 7.13 进行比较，在室内的通信距离相比室外传输距离增加，但是增加的程度不大，这主要是因为"日盲"紫外光具备背景噪声小的特点。

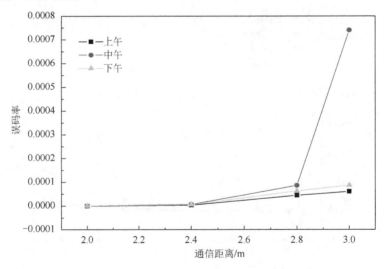

图 7.15　室外不同传输距离下通信的误码率测试结果

针对室外通信对误码率的影响因素，可总结为以下几点。

① 本实验中太阳光对通信设备的影响为主要干扰源，因此接收端要尽量避免

直接对准太阳进行通信。

② 室外通信环境中，不同的天气下大气成分会对通信产生影响。

③ 由于 LED 性能受到环境温度的影响，因此设备经过一段时间的工作才能达到一个稳定的通信状态。

④ 与室内通信相似的是，光源 LED、滤光片和光电探测器之间的匹配问题也是决定通信性能的因素。

7.4.3　无线紫外光 PPM 调制系统实验与结果分析

1. 时钟信号发生模块仿真结果

图 7.16 是设计中 Baud_Generator.v 文件的仿真结果。

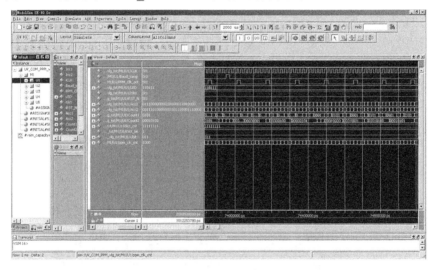

图 7.16　时钟信号发生器模块仿真结果

图 7.17 是图 7.16 中 Count2 这个八位寄存器的具体波形。为了检验是否达到设计目标，对图 7.17 进行具体分析。在 Baud_Generator.v 文件里产生了频率为 7372800Hz 的时钟信号，并通过连续的二分频，由此产生了 3686400Hz、1843200Hz、921600Hz 和 460800Hz 的时钟信号。图 7.17 展示的就是这一过程的波形。从图中可以看出，Count2 的第 0 位和第 1 位、第 2 位和第 3 位、第 4 位和第 5 位、第 6 位和第 7 位这四组波形，每一组的频率都是一样的，并且后一组的频率是前一组的一半。每一组的两个信号同频，一个是单脉冲时间信号，另一个是占空比为 50%的时间信号。Count2 的第 0 位和第 1 位的设计目标为 3686400Hz，在图中可见平均一个周期的时间为 270000ps，即约为 3703703Hz。可见其基本符合设计目标，并且对于本系统其精度要求已经能够满足。

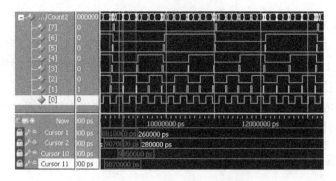

图 7.17　时钟信号的仿真图

2. PPM 编码译码仿真

将 UART 分两次连续发送的四帧数据编码为 16-PPM 信号，此过程中各信号的波形如图 7.18（a）所示。第一次连续接收到的串口数据为 01010101、01111111、01010101、01111111；第二次连续接收到的串口数据为 11110000、00001111、11110000、00001111。图 7.18（b）则是上述的逆过程，完成 16-PPM 信号的译码，以串口格式输出译码的数据。

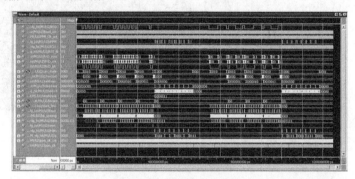

（a）16-PPM 编码信号仿真波形

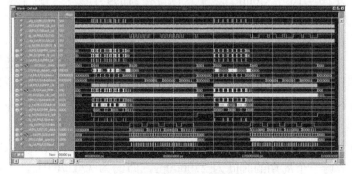

（b）16-PPM 译码信号仿真波形

图 7.18　16-PPM 编码及译码信号仿真波形

下面具体来看数据为 01010101、01111111、01010101、01111111 的连续发送的串口信号通过本系统的 PPM 调制解调波形，如图 7.19 所示。

图 7.19　PPM 调制解调仿真波形

图 7.19 中，RXD_bit 信号是收到的串口信号波形，收到数据后存入 RAM。之后对 RAM 中的数据进行 16-PPM 编码，结果为 oPPM 波形。PPM_bit 是接收端收到的 PPM 信号，在实际中其与发送端的 oPPM 信号波形之间会有延迟。对 16-PPM 信号解调，得到的数据为 TXD_data 波形，最后将数据按串口信号格式输出，波形为图中的 oTXD 波形。对比 RXD_bit 信号和 oTXD 信号，其波形被完全一致地恢复出来，只有时间上的延迟。由此可见本系统所要完成的功能全部实现。

图 7.20 是把数据 0101010101111111101010101011111111 编码成同时隙宽度的 4-PPM 和 16-PPM 信号波形图。对比可见，4-PPM 比 16-PPM 有更高的时间效率，但是这是以提高功率上的消耗为代价的。

图 7.20　4-PPM 和 16-PPM 仿真波形

3. 实验结果与分析

本系统进行了多次试验，主要是在以下条件下进行的。

（1）地理环境：楼宇内。

（2）照明条件：自然光或白炽灯。

（3）通信距离：20m。

（4）光通信方式：直视通信。

（5）气温：30℃。

（6）PPM 调制波特率：781250bit/s。

（7）测试数据：abcdefghijklmnopqrstuvwxyz1234567890!@#$%^&*()_+{}。

（8）串口发送波特率：921600bit/s。

图 7.21 展示的是实验现场，图 7.22 中分别是发送端和接收端设备。

图 7.21　实验现场

（a）发送端　　　　　　　　　　　　　　　　（b）接收端

图 7.22　实验系统发送端和接收端设备

图 7.23 是用示波器观察调制出的 4-PPM 信号和 16-PPM 信号波形。

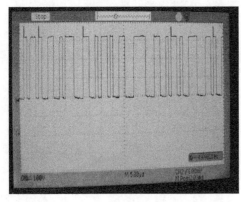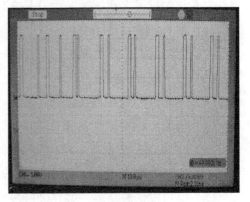

（a）4-PPM　　　　　　　　　　　　　　　　（b）16-PPM

图 7.23　4-PPM 和 16-PPM 调制信号波形

图 7.24 是在接收端收到 63939 个字节后串口调试工具的统计结果，可以看出

误码率为 0，同步率接近 100%。

图 7.24　接收端统计结果

通过 ModelSim 的仿真分析，可以看出本实验的无线紫外光 PPM 调制通信系统的功能全部实现。在本系统的一般实验环境中，通信目标能够实现，并且通信质量良好，一般情况下误码率较低。经过本系统的多次实验，发现误码并不是随机偶然发生的，而是由一定的因素引起的。现在对现阶段发现的对系统有一定影响的因素总结如下。

（1）对准。直视紫外光通信对对准的要求不高，但是通过实验发现在对准方面做得越好，产生的误码越少。

（2）光线。由于本系统中采用的紫外光 LED 并不是纯粹的"日盲"波段，所以会受到光线影响，实验发现在弱光环境下的通信性能更佳。

（3）温度。实验发现，在其他环境不变的情况下，长时间通信后，当发送机及 LED 光管温度上升时，通信的性能降低。

（4）通信距离。实验发现，当通信距离较近时，对发送机与接收机的对准要求较高。通信距离逐渐增大对对准的要求逐渐降低，但是当继续不断增加通信距离时，通信的误码率会随之急剧增加。

7.5　无线紫外光大气传输性能实验

本书利用无线"日盲"紫外光硬件实验平台，针对共面直视、非直视通信链路进行实测。本次实验的目的，是为了验证利用无线紫外光在直升机辅助降落场景中建立空地通信链路及利用接收端的输出信号估算发送端与接收端距离从而计算直升机位置坐标的可行性，并且利用实验对真实大气环境中无线"日盲"紫外光的传输性能进行更为准确的分析。实验将从路径损耗对比、接收功率对比、信噪比等几个方面进行[19,20]。

7.5.1 无线紫外光大气传输性能实验硬件平台

硬件实验平台主要器件使用日本滨松光子学株式会社生产的 R7154 型光电倍增管及美国 SET 公司生产的 UVTOP 系列 LED，具体参数如表 7.8 和表 7.9 所示[21,22]。光电倍增管由 CC238 高压包提供，可通过电位器抽头系数改变输出电压的负高压电源电压，采用 12V/15V 电压输入，50kΩ 电位器或 0～+5V 电压控制，使用简单方便。

表 7.8 日本滨松 R7154 型光电倍增管的主要参数

参数	取值
光谱响应	160～320nm
最大响应波长	230nm
接收孔径	8mm×24mm
增益	10^7
阴极灵敏度	62mA/W（254nm）
阳极灵敏度	6.2×10^5A/W（254nm）
量子效率	$\eta_{\mathrm{p}}=25\%$

表 7.9 美国 SET UVTOP260 的主要参数

参数	取值
峰值波长	265nm
典型光功率	0.30mW
最小光功率	0.18mW
透镜类型	半球形透镜
典型发光模式	6°

7.5.2 实验条件及方法验证

其他实验参数选取如下：大气消光系数 $K_e = 1.255\times10^{-3}/\mathrm{m}$，温度 $T = 10\sim25℃$，测试选取在空旷室外场地，晴朗的夜晚环境下。

为了验证实验方案的可行性，先在 5～10m 的距离下进行特定角度的测试验证实验。图 7.25 和图 7.26 是接收仰角和发送仰角均为 15°时，5～10m 范围内，测试得到的路径损耗和接收功率与经典理论仿真相比的结果，路径损耗的差值平均在 3dB 左右，接收功率相差在 0.1～1 个量级以内。基本符合预期规律，能够从结果中反映出一定的紫外光传输特性规律，验证了本书提出的利用光电倍增管输出信号推算接收功率和路径损耗方法的正确性[23,24]。

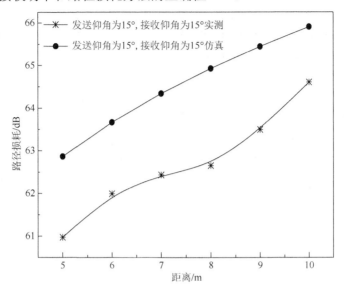

图 7.25　发送仰角为 15°，接收仰角为 15°时，实测与仿真的路径损耗对比

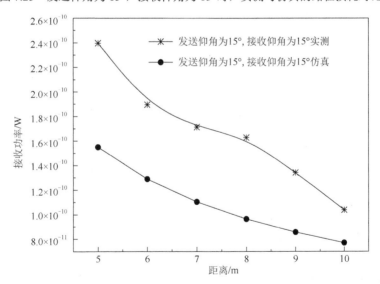

图 7.26　发送仰角为 15°，接收仰角为 15°时，实测与仿真的接收功率对比

　　验证实验的结果中理论仿真数据与实测测试数据的差别来源主要如下。所使用滤光片具有带通滤光特性，且所使用 LED 发射的紫外光线也并不只有单一波长而是在一个范围内类似于高斯分布，发射和入射的光线均是在一个范围内不同波长的光线，因此接收光的光功率和相应的路径损耗必定是小于理论仿真中对于单

一波长光线射入情形的，一般认为差异为 2～3dB。因此验证了实验方案的正确性后，在 0～50m 范围内，不同的接收仰角和发送仰角下，对无线"日盲"紫外光传输系统进行实验测试，主要测量背景光噪声及紫外光信号接收光功率的大小，计算得到同一天气状态下的紫外光实际传输的路径损耗以及该环境中的信噪比情况。

7.5.3 收发端共面情形下的实验结果及分析

在收发端视场的轴线在同一平面的情况下对路径损耗、信噪比等方面进行实验。目前关于无线紫外光通信性能的研究主要集中在共面情况。共面模型较为简单，易于分析，能够更直观地展现无线紫外光在大气信道中的传输情况。无线紫外光通信系统共面情形示意图如图 7.27 所示。

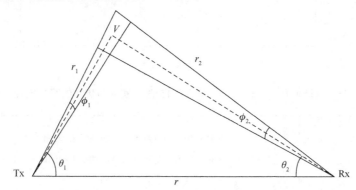

图 7.27　无线紫外光通信共面情形示意图

1. 收发端共面情形路径损耗分析

图 7.28 为 0～50°收发仰角范围下，实测 0～50m 的无线"日盲"紫外光传输路径损耗情况。从图中可以分析得到，UVtop 系列紫外光 LED 以 0.3mW 的发射光功率发射光信号，直视通信下即发送仰角和接收仰角均为 0°时接收信号强度最高，在 50m 以内的范围内，功率损耗很小，性能较好。

收发仰角均为 10°时，在 0～20m 的范围内与直视方式的路径损耗相差在 2dB 以内，当距离大于 20m 后路径损耗上升较为明显。主要原因分析如下：10°的仰角很小，与直视相比变化不大，基本上属于小仰角下的类直视通信，在一定距离内，其性能相当于直视通信，当距离增大时，散射体积的变化程度影响加剧，使得其性能又不同于直视通信。

在收发仰角均为 20°与收发仰角均为 30°时，两者路径损耗相比差别很小，基本上在 1～3dB 范围内，但与直视的性能差异变大，15m 以内路径损耗较为平缓，

15m 以上变化加剧。

收发仰角均为 40°与收发仰角均为 50°两者的性能非常接近，但与直视及小仰角的性能差异巨大，40°仰角与 50°仰角两者的路径损耗随距离的变化明显，与 20°和 30°仰角差异明显，可获知 30°以上及以下的收发仰角对紫外光散射的传输性能具有较大差异。

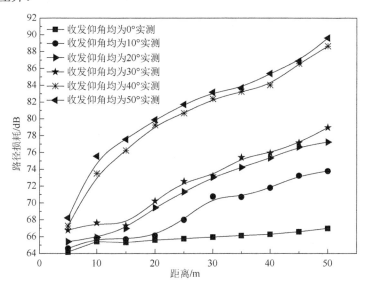

图 7.28　0°～50°收发仰角范围下，实测 0～50m 的无线"日盲"紫外光传输路径损耗变化情况

2. 收发端共面情形下的信噪比分析

环境噪声会进入接收端，因此在发送端没有发送紫外光信号时，接收端可以对背景环境噪声进行大致测量。图 7.29 是不同收发仰角下，同一信道中，紫外光传输信噪比的测试结果，可以发现 30°仰角以内，信噪比是正值，也就是说信号接收功率是大于噪声功率的，但当收发仰角大于 40°时，只有在 15m 内的信号接收功率大于噪声功率，也就是说在发射功率一定的情况下，远距离、大收发仰角的传输性能相对更差。

共面传输模型是理论研究紫外光传输的基本模型，传输性能的好坏同样受到大气环境的影响，但是在环境稳定的情况下，受传输距离和收发仰角的影响较大。因此，在实际的应用中，在发射功率和接收能力一定的情形中，如何克服过大的收发仰角，同时加大发射功率以增加传输距离是提高传输性能的关键。但是由于无线紫外光的非直视传输性能，因此利用直视方式进行传输的可能性并不高，故寻找一个合适的发射角度满足系统应用需求也是需要考虑的关键问题。

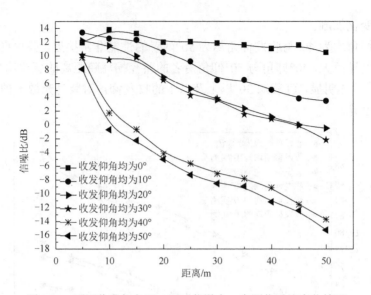

图 7.29　不同收发仰角下，同一信道中，实测信噪比变化情况

7.5.4　非共面路径损耗实验结果及分析

在收发端视场的轴线不在同一平面上的情况下对路径损耗进行实验。相比于共面情况，非共面模型在实际使用中更为常见，与实际情况更为贴合，但分析过程更为复杂。目前对非共面的研究并不多，而且对于其性能的分析及相应模型建立的研究更为少见，因此对非共面的实验结果进行分析具有一定的实际意义。无线紫外光非直视通信系统非共面情形示意图如图 7.30 所示。

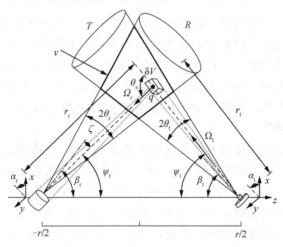

图 7.30　无线紫外光通信非共面情形示意图

非共面路径损耗实验在收发端 5m 及 10m 两个距离下进行。对于 5m 的情形，在不同的收发仰角下，将发送端偏转角设定在 5°、10°、15° 及 20°，分别测量在此角度下大气信道该波段紫外光的路径损耗情况。

图 7.31 是在距离 5m 下，发送端偏转角为 5° 时，不同收发仰角下路径损耗的对比，从图中结果可以发现，在同一偏转角下，路径损耗随着收发仰角的增大而增大，这与共面的情况基本一致，虽然损耗值有一定的差异，但变化趋势非常一致。收发仰角在 0° 时的路径损耗与收发仰角在 40° 时的路径损耗相差在 1dB 以内，因此总体上 5° 的偏转角对路径损耗的影响并不很大。

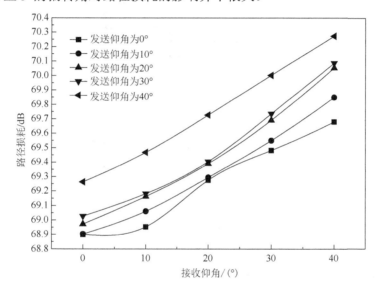

图 7.31　距离 5m，发送端偏转角为 5° 时，不同收发仰角下的路径损耗对比

图 7.32 是在距离 5m 下，发送端偏转角为 10° 时，不同收发仰角下的路径损耗对比。将图 7.31 的结果与图 7.32 进行纵向对比可以发现，基本上 10° 偏转角时的路径损耗与 5° 偏转角时的路径损耗相差也在 1dB 左右，故变化并不明显。

当发送端偏转角逐渐增大到 15° 时，紫外光的路径损耗与更小的偏转角相比，有一些明显的变化，结果如图 7.33 所示，收发仰角在 0° 及 10° 时，路径损耗的变化并不明显，相比 5° 及 10° 偏转角下，此时的路径损耗变化很小；但是当收发仰角在 20° 以上时可以发现路径损耗的变化较大，相比 5° 及 10° 偏转角下增加了 3～4dB。

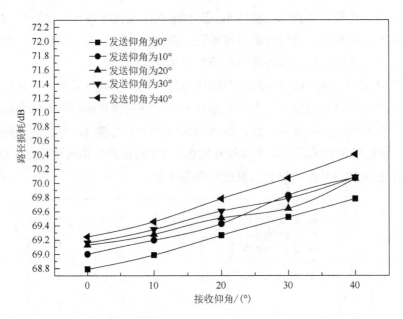

图 7.32　距离 5m，发送端偏转角为 10°时，不同收发仰角下的路径损耗对比

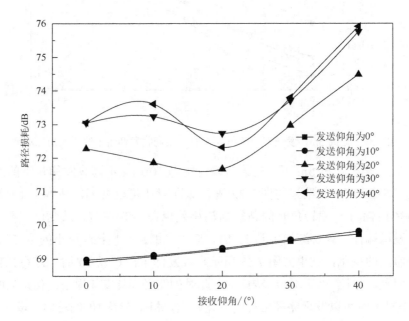

图 7.33　距离 5m，发送端偏转角为 15°时，不同收发仰角下的路径损耗对比

当在 5m 的距离下，发送端偏转角增加到 20°时，与 15°相比，路径损耗情况的变化并不显著，当收发仰角在 20°以上时，路径损耗增加 1～2dB，实验结果如图 7.34 所示。

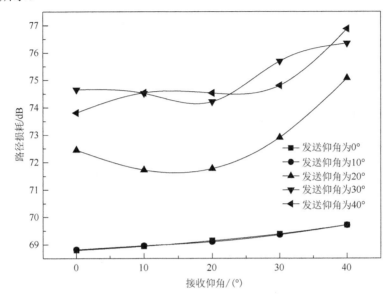

图 7.34　距离 5m，发送端偏转角 20°时，不同收发仰角下的路径损耗对比

实验除了在 5m 距离下对不同的收发仰角下的路径损耗进行了测量，同时还在 10m 的距离下对收发仰角分别在 0°、10°、20°、30°、40°以及 50°下，发送端偏转角在 10°、20°、30°、40°时进行了实测。相比于 5m 的结果，更大的距离所带来的路径损耗增大，如果再加上偏转角的影响，在发射功率一定的情况下，通信性能并不能够得到较好的保证。

当收发端距离为 10m 时，发送端偏转角在 10°下，大气空间信道路径损耗情况如图 7.35 所示。可以发现，小仰角下即收发仰角在 0°及 10°时，通信性能差异很小，20°与 30°的性能在一个水平之内，而大仰角下，路径损耗急剧增大，与 0°仰角相差近 10dB。

当收发端距离为 10m 时，继续加大发送端的偏转角度至 20°，紫外光在大气空间传播的路径损耗测量结果如图 7.36 所示。可以发现，路径损耗的增加非常明显，虽然小的收发仰角下的通信性能依然比较稳定，但是在收发仰角大于 20°以上时，路径损耗已到达 70～85dB，且收发仰角对通信性能的影响已经变小。

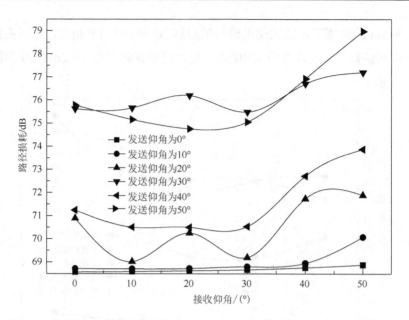

图 7.35　距离 10m 下，发送端偏转角 10°时，不同收发仰角下的路径损耗对比

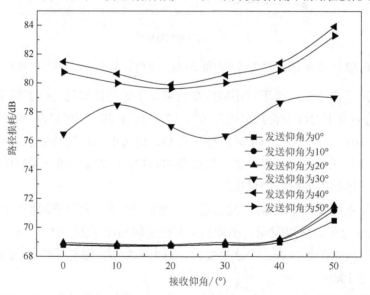

图 7.36　距离 10m 下，发送端偏转角 20°时，不同收发仰角下的路径损耗对比

　　继续增大发送端偏转角至 30°及 40°，路径损耗情况如图 7.37 和图 7.38 所示。图 7.37 是发送端偏转角在 30°时的变化情况，图 7.38 是发送端偏转角在 40°时的变化情况。可以发现，当偏转角在 30°时，小收发仰角下的性能依旧与之前的实验结果相差不大，但是随着偏转角增加到 40°，小仰角的通信性能也极度恶化，

路径损耗增加 3～4dB，而大收发仰角下的路径损耗值继续增大达到 80dB 以上。

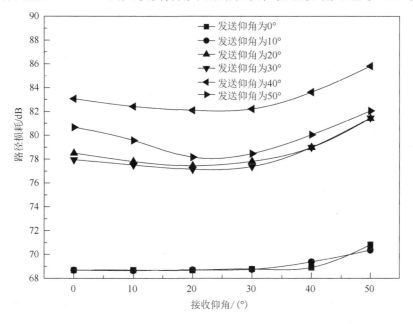

图 7.37　距离 10m 下，发送端偏转角 30°时，不同收发仰角下的路径损耗对比

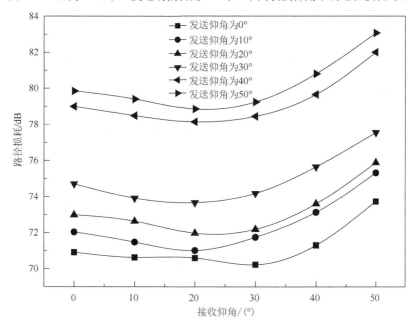

图 7.38　距离 10m 下，发送端偏转角 40°时，不同收发仰角下的路径损耗对比

参 考 文 献

[1]　周志斌, 肖沙里, 汪科,等. 日盲紫外光通信系统关键器件[J]. 重庆大学学报, 2006, 29(12):30-33.

[2]　高海瑞. 紫外激光器的发展及应用[J]. 中国新技术新产品, 2010,(8):13.

[3]　申高, 檀慧明, 付喜宏,等. Nd：YAG/Cr：YAG 键合晶体的 355nm 激光器[J]. 中国激光, 2008, 35(2):191-194.

[4]　杨涛, 赵书云, 张弛,等. LD 端面泵浦 355nm 紫外激光器[J]. 激光与红外, 2012, 42(3):279-282.

[5]　KONNO S, KOJIMA T, FUJIKAWA S, et al. High-average-power, high-repetition, diode-pumped third-harmonic Nd:YAG laser[C]. Lasers and Electro-Optics, Technical Digest, of Papers Presented at the Conference on Summaries, IEEE, 2001:391.

[6]　石中玉. 紫外线光源及其应用[M]. 北京: 中国轻工业出版社, 1984.

[7]　张静. 非直视紫外光通信大气信道模型研究及编解码设计[D]. 成都: 电子科技大学, 2007.

[8]　庞华伟, 刘天山. 紫外光通信及其军事应用[J]. 云南大学学报自然科学版, 2005,(s2):194-196.

[9]　WANG S C, SU C F, LIU C H. High power factor electronic ballast with intelligent energy saving control for ultraviolet lamps drive[C]. Industry Applications Conference, Conference Record of the Fortieth Ias Meeting. IEEE, 2005(4):2958-2964.

[10]　李霁野, 邱柯妮, 王云帆. 自由大气紫外光通信中几类光源的比较和研究[J]. 光通信技术, 2006, 30(9):56,57.

[11]　赵明, 肖沙里, 王玺,等. 基于 LED 的紫外光通信系统研究[J]. 激光与光电子学进展, 2010, 47(4):19-24.

[12]　YAGI N, MORI M, HAMAMOTO A, et al. Sterilization using 365 nm UV-LED[C]. Conference: International Conference of the IEEE Engineering in Medicine & Biology Society IEEE Engineering in Medicine & Biology Society Conference, PubMed, 2007:5842-5845.

[13]　芦永军, 许文海, 曲艳玲,等. 365nm 紫外 LED 二维空间阵列光学系统设计[J]. 光子学报, 2009, 38(2):268-271.

[14]　冯平兴. 紫外光通信信道散射模型研究及实验系统设计[D]. 成都:电子科技大学, 2009.

[15]　http://www.21ic.com/app/opto/201202/105596.htm.

[16]　雷肇棣. 光电探测器原理及应用[J]. 物理, 1994, 23(4):220-226.

[17]　XU F, SUN T, LU J, et al. Research of multi-channel programmable photomultiplier tube power supply system[C]. International Conference on Intelligent Human-Machine Systems and Cybernetics. IEEE Computer Society, 2013:86-89.

[18]　郭赛, 丁全心, 羊毅. 雪崩光电探测器的噪声抑制技术研究[J]. 电光与控制, 2012, 19(3):69-73.

[19]　TANG Y, NI G, WU Z, et al. Research on channel character of solar blind UV communication[C]. Photonics Asia. International Society for Optics and Photonics, 2007.

[20]　ZHANG H, YIN H, JIA H, et al. Study of effects of obstacle on non-line-of-sight ultraviolet communication links[J]. Optics Express, 2011, 19(22):21216-21226.

[21]　Sensor Electronic Technology, Inc, UVTOP series LED Technical data manual [Z].2008.

[22]　HAMAMATSU, 北京滨松光子技术股份有限公司. Photomultiplier Tube R7154 technological manual [Z]. 2010.

[23]　XU Z, CHEN G, ABOUGALALA F. Experimental performance evaluation of non-line-of-sight ultraviolet communication systems[J]. Colloids & Surfaces A Physicochemical & Engineering Aspects, 2007, 6709(s2-s3): 161-173.

[24]　CHEN G, ABOUGALALA F, XU Z, et al. Experimental evaluation of LED-based solar blind NLOS communication links[J]. Optics Express, 2008, 16(19):15059-68.

[25]　赵太飞, 王小瑞, 柯熙政. 多 LED 紫外光通信系统设计与性能分析[J]. 红外与激光工程, 2012, 41(6): 1544-1549.

[26]　于晓冬, 赵太飞, 王小瑞, 等. 基于单 LED 的无线紫外光通信系统设计与实现[J]. 电子设计工程, 2011, 19(11): 23-25.

第8章　直升机助降中无线紫外光引导方法

8.1　无线"日盲"紫外光直升机引导方法

直升机助降过程中，首先需要帮助飞行员寻找到地面降落点，将紫外光 LED 组成阵列，在半球形结构上将若干个 LED 按一定规则分布。每层每列均单独编号，每层为纬线，每列为经线，每条经线与其基准线有一个已知的固定夹角 α，每条纬线与其基准线有一个夹角 β，如图 8.1 与图 8.2 所示。因此位于纬线和经线交点的每一个 LED 均有一个独立的 ID 编号，此 ID 编号的前一位代表其经线号，后一位代表其纬线号，在每个 LED 被点亮时，该 LED 即通过一定的编码方式发送包含自身 ID 的信息。

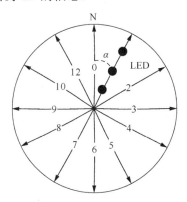

图 8.1　LED 阵列经线方向示意图

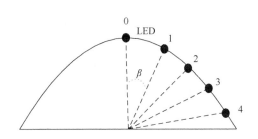

图 8.2　LED 阵列纬线方向示意图

当直升机上的接收端接收到 LED 所发送的无线紫外光信号时，即可获得该 LED 编号，也就得到了两个角度 α 与 β，此时如果知道降落点与直升机的直线距离 r，再通过计算就能够得到直升机在以降落点为原点的直角坐标系中的位置，如图 8.3 和图 8.4 所示。

距离 r 在以发送端为原点的直角坐标系中的 x-O-y 平面内的投影为 $r'=r\sin\beta$，因此在 x 轴的投影为 $x=r\sin\beta\sin\alpha$，在 y 轴的投影为 $y=r\sin\beta\cos\alpha$，在 z 轴的投影为 $z=r\cos\beta$，这样就可以得到直升机的坐标 (x,y,z)。

因此，直升机相对于降落点的坐标 (x,y,z) 为

$$x = r\sin\beta\sin\alpha$$
$$y = r\sin\beta\cos\alpha \qquad\qquad (8.1)$$
$$z = r\cos\beta$$

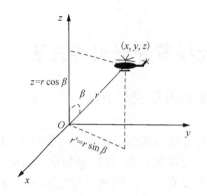

图 8.3 直角坐标系示意

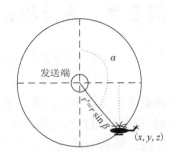

图 8.4 直升机坐标示意图

获取坐标后，便能够帮助飞行员在肉眼无法判断位置的情况下，驾驶直升机抵达降落点上空，从而降落直升机。

8.1.1 计算参数的获取

此时的问题转变为：如何通过接收到的信号获得发送端与接收端的距离 r，考虑直升机降落应用场景特点的同时也考虑先将问题简化处理。在 0～50m 距离内，将 LED 阵列结构的发送端与直升机所携带接收端的通信方式规定为直视通信，而且实际中直视通信的信号强度要大于非直视通信，因此在此直升机助降的应用研究里首先考虑简单的直视通信情况。

在直视通信中，在发射功率、大气吸收系数和接收孔径面积等参数一定的情况下，接收功率 P_r 是关于自变量为传输距离 r 的函数，此时求此函数的反函数，即

$$P_r = f(r)$$
$$r = f^{-1}(P_r) \tag{8.2}$$

因此，在其他参数一定的情况下，如果已知接收端的接收功率 P_r，则利用公式可以计算得到直视通信的通信距离 r，故现在的问题再次转变为如何方便、简单地得到接收端的接收光功率 P_r。

若将光电倍增管作为接收器件，可通过其输出信号估算出入射光功率的大小。其信号以电流的形式输出，其输出电流表达式为

$$I = \frac{N_r \eta_d \eta_f Ge}{T} \tag{8.3}$$

式中，N_r 为接收到的入射光子数；η_d 为光电倍增管对此波长入射光的光电转换效率；η_f 为滤光片对该波长紫外光的透过率；G 为光电倍增管的增益；e 为电子电荷量；T 为时间。因此得到入射光子数量为

$$N_r = IT/(\eta_d \eta_f Ge) \tag{8.4}$$

单个光子的能量为 $E = h\nu$ ，普朗克常量 $h = 6.62 \times 10^{-34} \text{J} \cdot \text{s}$ ， ν 为频率，因此接收光功率为

$$P_r = EN_r/T = EI/(\eta_d \eta_f Ge) \tag{8.5}$$

因此，只需要对接收端输出信号的电流大小进行采样，即可大致计算得到接收光功率的大小，再通过式（8.2）得到直流通信中发送端与接收端的距离 r 。具体直升机引导的实施流程如图 8.5 所示。

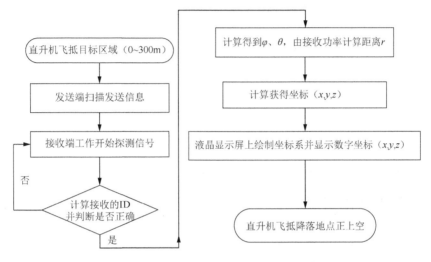

图 8.5　紫外光 LED 阵列引导直升机的实施流程

8.1.2　在直升机降落中风对无线紫外光通信性能的影响

在直升机降落场景中，由于旋翼的旋转会在机身下方产生一定风速的风，为了探求单一方向的风是否对紫外光传输性能产生影响，本实验对横向风（垂直于收发端水平连线）及纵向风（平行于收发端水平连线）两种情况进行了实测，得到一定风速下无线紫外光直视通信情况下的传输路径损耗情况。实验发现，单一方向的风对路径损耗的影响十分微弱：水平方向的风几乎对性能没有影响，而垂直于收发端水平连线的风对路径损耗影响有限。实验结果如图 8.6 所示。实验在平均风速为 20m/s 下进行，此风速标准是对六旋翼飞行器实验平台的翼下最大风速进行测量后选取的。

因此可以得知，在直升机助降的场景中，直升机旋翼产生的单一方向的风并没有对无线紫外光传输性能造成强烈的干扰，但是对于旋翼风带来的其他影响，如扬尘、湍流等情况会造成怎样的干扰，还需要在今后的研究中通过实验手段继续深入探索。

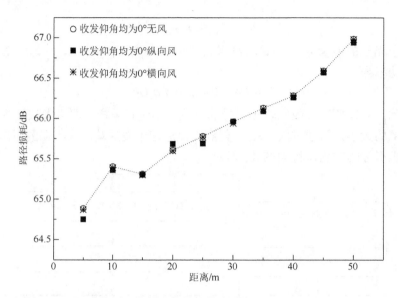

图 8.6　不同风向下，紫外光传输性能实测结果（平均风速：20m/s）

8.1.3　无线"日盲"紫外光直升机降落调整方法

当飞机抵达降落点上空后，为了能够准确地降落在安全区域内，希望通过地面紫外光信标帮助飞行员对准降落点，及时调整直升机位姿，因此设计了利用 4 个不同波长的紫外光 LED 来规定降落点四角，通过直升机接收端对准信标从而实现精确降落的方法，示意图如图 8.7 所示。下面介绍本方法的具体步骤。

步骤 1：布置发送端。如图 8.7 所示，地面的引导人员通过选择合适的降落场地，首先将 4 个便携式发送端固定在带有降落标志的 4 个角，然后开启便携式发送端，同时检查传感器和数据测量是否正常。

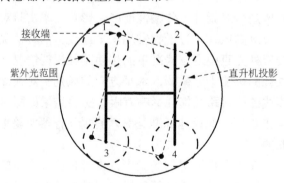

图 8.7　直升机降落信标定位示意图

步骤 2：直升机盘旋搜索信号。通过阵列的引导，当直升机进入降落点上空 100m 左右的高度时，安装在直升机上固定位置的其他紫外光接收端、声光设备及接收光强指示灯阵列开始工作，按照降落场标识所指示的进场方向进入并搜索地面的紫外光信号。当接收光强指示灯阵列中有指示灯显示搜索到信号时则保持直升机姿态，根据各个指示灯的显示情况相应地调整直升机的位姿。

步骤 3：直升机对准接收端。飞行员通过观察直升机上的接收光强指示灯阵列的显示情况，继续微调机身方向使机身准确地对准接收端。具体方法是：观察接收光强指示灯阵列，当每一行 3 个指示灯全部点亮时，表示该接收端与对应发送端精确对准；当每一行两个指示灯点亮时，表示该接收端与对应发送端基本对准；当每一行有一个指示灯点亮时，表示该接收端与对应发送端对准，飞行员调整直升机的位姿，使 4 个接收端中至少有 3 个显示成功搜索到信号。

表 8.1 是利用发送端对准情况调整直升机位姿的具体规则。

表 8.1　本方法中不同对准接收端组合所示意的直升机调整方向

已对准组合	调整方向（机身超过标识）	调整方向（机身未超过标识）
1 号	右转机头，左下方平移	左转机头，右上方平移
2 号	左转机头，右下方平移	右转机头，左上方平移
3 号	右转机头，右下方平移	左转机头，左上方平移
4 号	左转机头，左下方平移	右转机头，右上方平移
1 号，3 号	右转机头，下方平移	左转机头，上方平移
2 号，4 号	左转机头，下方平移	右转机头，上方平移
1 号，2 号	右转机头，左方平移	左转机头，右方平移
3 号，4 号	左转机头，左方平移	右转机头，右方平移

步骤 4：直升机下降阶段。当 4 个接收端中至少 3 个显示对准成功后，飞行员就已经确定了具体的降落方位，然后就要考虑降落时机身的姿态问题了。在步骤 1 中，从直升机开始接收紫外光信号开始，发送端将其所携带的传感器所测风力、风向及降落环境等地面信息，不间断地发送给了直升机上的接收端，并通过多功能显示器显示给飞行员。飞行员需要按照所示的地面实际降落条件，操作直升机开始下降。

在直升机下降阶段最重要的便是调整直升机与地面的相对水平，要防止相对夹角过大产生撞击而导致事故发生。4 个地面发送端将坡度测量仪测量出的地面坡度发送给直升机集中处理，处理器对各个坡度数据进行计算并将最终得到的地面坡度反映给飞行员；飞行员得到信息后，据此调整直升机接地时的姿态，使直升机安全降落，可以通过三轴结构的自动调整来实现对坡度的获取。

本系统同时利用 LED 阵列作为引导发送端，因此可以利用不同的点亮方式与点亮顺序设置轴线、全向、圆周、扇区、自设等多种扫描方式。各个发送端的底部设置有固定机构，用于将发送端可靠地固定于地面上，各个发送端内部集成有各类传感器，一起构成数据采集单元，与编码器连接，而编码器通过驱动与紫外LED 阵列连接。发送端利用数字信号处理设备实现数据信号的数字化编码处理，通过驱动电路的调制,采用紫外 LED 阵列的光源实现信号的不同模式发射。

在各种扫描方式中,设定黑点表示被点亮的 LED,白点表示未被点亮的 LED;然后在图 8.7 中,在扇区扫描方式中,以任意角度扇区内的 LED 为一组,并将该组的 LED 统一地址编号,将完整的圆形阵列分为多个扇区并编址,多个扇区循环被点亮。

以右上角 90°扇区为例,该扇区内所有 LED 地址为 01,右下扇区 LED 所有 LED 地址为 02,左下扇区地址为 03,左上扇区地址为 04。扇区内所有 LED 被点亮,被点亮的区域按照顺时针旋转,在上一时刻右上区域所有 LED 被点亮,在下一时刻,右下区域所有 LED 被点亮,右上区域 LED 熄灭,随后左下区域所有 LED 被点亮,右下区域 LED 熄灭,依次类推。扇形扫描方法中直升机接收到不同 LED 地址时对应的直升机相对于信标的范围方向如表 8.2 所示。

表 8.2 扇形扫描方法中不同 LED 地址对应的直升机范围方向

解析出 LED 的地址	相对直升机在信标的方向范围
01	东北
02	东南
03	西南
04	西北

飞行员可根据解析出的方位信息调整航向,靠近信标和临时起降场。对比扇区扫描方式,轴线扫描更加节能,但发射功率和覆盖范围会有所缩小。

在轴线扫描方式中,被点亮的 LED 呈直线排列,以半球顶部 LED 为圆心,顺时针方向旋转。在右上扇区中北至东北方向范围内所有轴线上的 LED 地址为 01,以轴线为准,第一秒正北轴线上的 LED 全亮,第二秒北偏东第一条轴线上的 LED 全亮,第三秒北偏东第三条轴向上的 LED 全亮,直到北至东北方向扇区内所有轴线上的 LED 依次全部点亮后,跳到东北至东方向扇区内,该区所有轴线上的 LED 地址均为 02,东北轴线上的 LED 亮,接下来东北偏东第一条轴线上的 LED 全亮,然后第二条轴线上的 LED 全亮,依次类推。轴线扫描方法中直升机接收到不同 LED 地址对应的直升机相对于信标的范围方向如表 8.3 所示。

表 8.3 轴线形扫描方法中不同 LED 地址对应的直升机范围方向

解析出 LED 的地址	相对直升机在信标的方向范围
01	北至东北
02	东北至东
03	东南至南
04	北至东北
05	南至西南
06	西南至西
07	西至西北
08	西北至北

图 8.8 是已搭建的六轴无人飞行器实验平台,通过指示灯的亮灭情况来帮助飞行器执行定点降落任务。

图 8.8 　六轴无人飞行器实验平台及演示实验

8.2　直升机起降中无线紫外光 ULC-LT 码引导方法研究

本节首先介绍无线紫外光引导的直升机应急辅助起降系统,并对其起降通信过程中信道的特殊性进行说明。针对该通信场景,本节提出一种基于度分布的分等级编码方案,设计一种不同降落阶段的通信策略,并与传统喷泉码编码方案进行仿真对比和分析,表明本节所提方法的优越性能。

为了提高直升机在应急无线紫外光通信辅助起降中信标搜寻、定位降落的效率和可靠性,本节提出一种基于 LT 码的分等级编码通信方案,采用不同等级编码的分级方法设计不同场景、不同引导阶段的通信策略,分析高丢包率信道环境中变化删除概率下的误比特率,并与其他传统信道编码进行比较。实验仿真结果表明,在二进制删除信道下,该分等级编码方法可显著降低 LT 码的误比特率,提高编译码性能。该通信策略适用于高丢包率信道环境,能获得更好的通信效果,提高直升机应急辅助起降的安全性。

8.2.1　无线紫外光辅助起降

1. 无线紫外光辅助起降系统组成

无线紫外光引导的直升机应急辅助起降系统是利用紫外光散射特性进行的,适应于各类复杂环境的直升机和飞行器的降落场位置引导、降落辅助以及防碰撞等问题的安全保障手段;其全天候通信、抗干扰能力强以及部署简单便携的特点能够满足野外救援、抗震救灾、低空农药喷洒等场合的安全保障。无线紫外光通信具有抗干扰能力强、全天候非直视、便携、宽视场、保密性强等特点,在直升机辅助起降中将能够充分发挥其优势[1]。

无线紫外光引导的直升机辅助起降系统分为两部分:地表信标引导部分和直升机携带接收端部分。地表信标引导部分通过对紫外光源进行光功率控制、多波段、多角度发送引导信息来完成对近地空域的信息覆盖，同时利用集成在地表信标中的角度传感器和舵机等装置感应地表坡度并完成自动角度补偿，以此来辅助直升机飞行员更精确地判断直升机起降时的相对位姿以及起降条件。直升机携带接收端采用多集接收技术，接收端光电探测器实时检测无线紫外光信标发送的位置引导信息，通过解析出的数据来辅助飞行员了解降落场信息，增强直升机降落的安全性。

无线紫外光辅助起降系统中，降落标识"H"的四角首先被放置 4 个便携式无线紫外光信标，信标安装位置示意图如图 8.9 所示，降落场首先要选择东、西、南、北 4 个方向均为无障碍阻挡且相对较为空旷的地区，4 个地表信标中 4 号位置同时配置 240nm、250nm、270nm 多波段的紫外光源。信标启动后自检各项传感器数据是否正常，等待直升机到来。直升机进入降落场区域附近上空 200m 左右高度，检查直升机上的紫外光接收端、声光设备及接收光强指示灯阵列是否工作正常，搜索降落场的位置信息。由于发送端采用多个不同波段发射紫外光，接收端通过不同波长的滤光片对应接收不同波长的无线紫外光信息，通过接收端与地表信标的对准程度来判定直升机降落位置方向是否合适。信标通过喷泉码编码方案广播发送引导信息，降落点的相对位置信息便可以通过波分复用的方式发送出去，飞行员只需要根据光电探测器解析出的引导信息，就可以得到直升机实时的相对位置和位姿信息；当确定降落场位置之后，需要判断降落环境、净空条件是否适合降落，若适合降落，则飞行员驾驶直升机开始下降，降落过程中，需要不断调整直升机位姿使其与地表保持相对水平，防止着陆时由于夹角太大而导致事故发生。

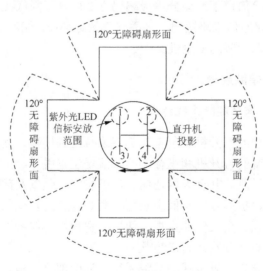

图 8.9　信标安装位置示意图

2. 辅助引导不同阶段

由于降落场景的复杂多变，植被、河流覆盖，山体遮挡等都会影响无线光通信的性能。例如，楼宇间震后建筑物的摇摆、伸缩会影响无线光通信的链路性能；空中飞鸟、绿化树木等外来障碍物的阻碍，对无线光通信造成链路中断，并且持续时间不定；在森林火灾等救灾现场，森林火场变化无常，树木、山体的遮挡会造成通信中断[2]；海上救援中海面波动、大气湍流等也会影响无线紫外光的通信效果[3]。为了保证不同搜寻阶段、不同场景下直升机辅助起降紫外光通信的高效可靠进行，首先需要了解不同搜寻阶段的信道环境。下面将对无线紫外光辅助起降的 3 个阶段信道环境进行分析，进而针对不同的降落阶段采用不同的通信策略，具体通信策略会在后面详细介绍。无线紫外光辅助直升机降落可分为 3 个阶段。

（1）信标搜寻阶段。该阶段直升机高速移动并盘旋下降，不断搜寻信标所发送的广播信息。如图 8.10 所示，此时直升机处于信号搜寻阶段，信标发送的广播信息可能遇到山坡、建筑、树木等障碍物遮挡，通信效果最差，甚至通信中断。该阶段的目的是快速高效确定信标位置。

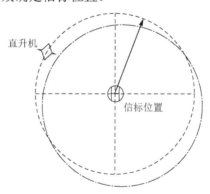

图 8.10　信标搜寻阶段示意图

（2）对准阶段。该阶段直升机飞行范围基本确定在无线紫外光散射通信覆盖范围内。如图 8.11 所示，信标（发送端）与接收端基本在垂直接收范围内，对准偏差会造成少量丢包，相对移动变小，通信过程没有障碍物阻挡，信道条件变好。该阶段的目的是调整直升机位姿，为降落阶段做准备。

（3）降落阶段。直升机垂直下降的过程中，通过位姿微调，保持接收端与信标的对准。此时高对准、低移动性基本消除了信标搜寻和对准阶段通信丢包和通信中断的缺点，但是该阶段对信息的实时性和可靠性要求最高。

通过对不同降落阶段信道环境的分析，结合本章所提出的分等级编码（unequal level coding，ULC）的 LT 码以及不同码长 LT 码的通信性能，针对不同的降落阶段采用不同的信息传输策略，提高直升机搜寻信标效率和着陆安全性。

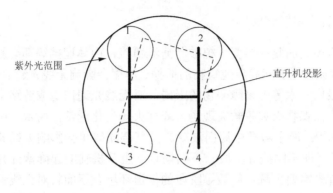

图 8.11　对准阶段示意图

8.2.2　ULC-LT 码

由于直升机搜寻信标、定位降落的过程中，信道环境实时多变，ULC-LT 编码等级的设计是为了保证不同信道环境下信息传输的可靠性。尤其在信道丢失率较大时，ULC-LT 码能够提高译码成功率，确保信标数据的可靠传输。例如，在信标搜寻阶段，信道环境最差、丢包严重，采用最高编码等级能够保证信标位置信息的可靠传输和高效快速解析，辅助直升机迅速搜寻信标位置。因此，ULC-LT 码的设计是为了保证信道条件差时信息的可靠传输，提高译码成功率。

1. ULC-LT 码等级划分

在前面已经介绍过，度分布是保证 LT 码编译效率的关键参数之一，对于一个好的度分布，大部分节点的度值应该较小，减少编译码的异或计算次数；需要存在度为 1 的编码包才能启动译码；少量度值较大的编码包，以保证覆盖所有的原始数据包。ULC-LT 码是一种基于 RSD 的 LT 码，其产生编码包时，在保证覆盖所有源数据包的基础上，调整度为 1 的编码包所占的比例来提高译码成功率。

本章仿真分析中，选取码长 $k=256$，译码开销 $\varepsilon=0.2$，鲁棒孤波分布的 LT 码，应用 BP 译码算法，首先确定度为 1 的编码包的不同比例对译码误比特率以及编译码时间的影响。仿真结果如图 8.12 所示。由图 8.12（a）可以看出，随着度为 1 的编码包在所有编码包中所占的比例不断增大，译码 BER 不断减小，其中度为 1 的编码包所占比例为 0.20～0.24 和 0.24～0.27 时，译码 BER 下降最快。由图 8.12（b）可以看出，随着度为 1 的编码包在所有编码包中所占的比例不断增加，LT 码编译码消耗的时间逐渐变化。当度为 1 的编码包所占编码包的比例小于 0.28 时，编译码所消耗的时间变化浮动较小，当其超过 0.28 时，完成编译码消耗的时间急剧上升，此时极大地降低了编译码的效率。因此，在分等级编码保护的 LT 码中，选取度为 1 的编码包所占的比例控制在 0.28 之内。最后结合译码成功率和编译码效率的综合考虑，1 级、2 级编码保护等级中，度为 1 的编码包在所有编码包中所占的比例区间分别为 0.20～0.24 和 0.24～0.27。

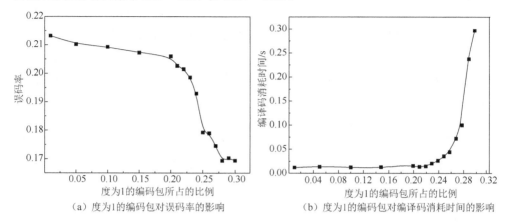

（a）度为 1 的编码包对误码率的影响　　　　　（b）度为 1 的编码包对编译码消耗时间的影响

图 8.12　度为 1 的编码包不同比例对 BER 和编译码时间的影响

综上所述，ULC-LT 码编码的主要编码思想是，首先保证度分布的选取，使原始数据包在编码过程中被全部覆盖到。在保证每个数据包都被覆盖到的情况下，选取整体平均度值较小的编码方案，通过较小的度值来减小编译码过程中的异或次数，提高编译码效率。在选取较小度值编码方案的同时，需要根据既定的分等级编码保护方案来调整度为 1 的编码包所占的比例达到一定的量级，实现 LT 码的分等级编码保护。

2. ULC-LT 码编码步骤

本章所提出的 ULC-LT 码分为两级，定义两个编码保护等级的名称分别为 ULC-LT-1 和 ULC-LT-2，保护强度依次增强。根据划分的编码包所占的比例区间，进行 ULC-LT 码编码，其编码流程如图 8.13 所示。分等级编码算法的具体实施步骤如下。

步骤 1：划分数据帧。将原始数据分为 S/k 帧数据，S 为总码长，k 为每帧数据的长度。

步骤 2：判断数据帧编码等级。判断该数据帧的编码等级，通过编码等级确定度为 1 的编码包所占的比例范围，同时根据信道环境确定该数据帧产生的编码包数量 N。

步骤 3：产生度值。在 $(0,1)$ 范围内产生随机数 a，根据度分布函数 $\mu(i)$ 和产生的随机数 a 确定一个编码包的度值 d；进行 N 次该操作，产生 N 个编码包的度值为 $d(1),d(2),\cdots,d(j),\cdots,d(N)$。

步骤 4：选取数据包。根据步骤 3 中产生的 N 个度值 $d(1),d(2),\cdots,d(j),\cdots,d(N)$，

每个编码包每次在该帧数据中随机选取 $d(j)$ 个数据包，总共进行 N 次，完成数据包的选取。

步骤 5：判断数据包是否完全被覆盖。根据步骤 4 中每个编码包随机选取的数据包，判断该帧数据产生的所有编码包是否覆盖该帧数据中所有的数据包，如果是则进行步骤 6，否则返回步骤 4。

步骤 6：判断是否满足编码等级要求。根据步骤 2 中确定的该数据帧的编码等级，判断产生的数据包中度为 1 的编码包所占编码包的比例是否在该等级的划分范围内，如果是则进行步骤 7，否则返回步骤 4。

步骤 7：产生编码包。根据步骤 4 中每个编码包选取的数据包，每次对随机选出的 $d(j)$ 个数据包进行异或，产生一个编码包，总共进行 N 次，得到该帧数据的 N 个编码包。

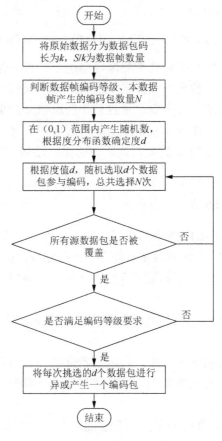

图 8.13　ULC-LT 码编码流程图

8.2.3　直升机辅助起降无线紫外光通信传输策略

1.　不同降落阶段通信策略划分依据

8.2.1 小节已经对无线紫外光辅助起降过程中三个阶段的信道环境和对通信性能的需求进行了分析，不同降落阶段的信道特点和对通信的需求是不同的，需要针对不同的降落阶段实施不同的助降通信策略，从而扩大无线紫外光辅助起降系统的应用场景，提高助降效率。然而，对不同的降落阶段实施不同通信策略时，仅仅考虑信道环境是不够的，还需要对 LT 码本身的性能进行研究，才能够针对不同的通信信道采用更加可靠、高效的通信策略，例如，通过不同码长、不同的编码等级以及不同的数据量控制来保证不同信道环境的可靠通信。

首先，为了明确总码长对 LT 码译码性能的影响，在二进制删除信道模型下，对总码长不同的 LT 码性能进行仿真分析，其横坐标为接收到的编码包的数量，纵坐标为译码误比特率，不同编码包数量对 LT 码译码 BER 的影响如图 8.14 所示。可以看出，当接收到的编码包数量远小于原始数据包数量时，译码失败，当接收到的编码包数量接近原始数据包数量时，译码成功率逐渐提高，译码误比特率不断降低。总体看来，对于不同数据帧长度的 LT 码，当接收到相同个数的编码包时，数据帧长度越短，单帧译码误比特率越低。接着，在考虑到原始数据总码长不同对译码误比特率影响的同时，需要分析不同数据帧长度 LT 码完成整体数据译码时，译码开销对译码成功率的影响。因此，针对不同的译码开销，选择不同码长的 LT 码进行仿真分析，其译码成功率比较如图 8.15 所示。

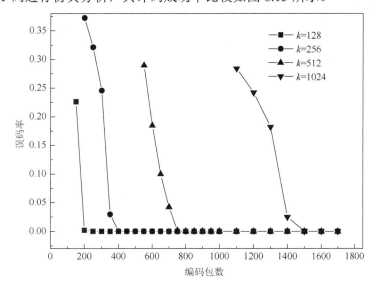

图 8.14　不同编码包数量对 LT 码译码误码率的影响

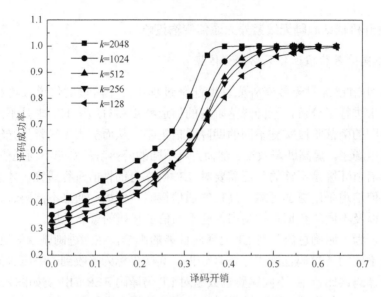

图 8.15　不同译码开销下 LT 码译码成功率的比较

由图 8.15 可以看出，随着译码开销的增加，译码成功率不断提高。在相同译码开销下，长码长的 LT 码译码成功率相对较高。短码长的 LT 码完成译码需要更大的译码开销，冗余度较大。对比图 8.14 和图 8.15 可以看出，码长较短时，其译码所需的编码包数量不再趋于原始数据包的长度；长码长 LT 码单帧数据译码所需数据包个数大于短码长 LT 码，但是从整个数据长度来看，长码长 LT 码译码所需的数据包更加趋近原始数据包长度。因此，在信标搜寻阶段，信道环境相对较差，采用短码长 LT 码，能够以相对较少的编码包数量恢复出单帧原始数据；对准和降落阶段，采用长码长 LT 码，能够缩短全部原始数据包的译码时间，提高编译码效率。

2. 直升机辅助起降通信策略

由于紫外光的大气传输特性，大气环境中紫外光水平方向的透过率与垂直方向的透过率不同[4]，不同波长的紫外光衰减程度也不相同，因此通过信标同时发送 240nm、250nm、270nm 波长的"日盲"波段紫外光广播信息。其中，240nm 波段的紫外光采用短码长 ULC-LT 码，发送降落环境二值图像数据以及降落场位置坐标等数据信息；250nm 波段的紫外光采用长码长 ULC-LT 码，发送降落环境灰度图像数据以及风速、地貌种类等数据信息；270nm 波段的紫外光采用长码长 LT 码，发送降落环境全彩图像数据以及地表坡度、舰面横摇纵摇角度等数据信息。具体通信策略如下。

信标搜寻阶段通信策略。不同场景下，由于山体、树木、层叠楼宇建筑的影响，信标覆盖范围可能达不到预期。该过程信道丢失率大，该阶段的目的是快速高效确定信标位置，对环境细节要求相对较低。此时接收 240nm 波长紫外光信号，该波段发送的二值图像数据量是全彩图像的 1/24，接收端能够快速恢复降落场的大致场景，解析出的信标位置信息能够确保直升机快速定位信标位置。

对准阶段通信策略。接收端基本在紫外光散射通信覆盖范围内，信道丢失率变小，该阶段对净空条件、悬停条件要求较高。此时接收 250nm 波长紫外光信号，该波段发送的灰度图像数据量是全彩图像的 1/3，接收端接收到的灰度图像数据能够快速恢复出净空环境的纹理信息。同时风速等数据能够辅助飞行员判断悬停条件。

降落阶段通信策略。该阶段接收端与信标（发送端）对准偏差很小，信道丢失率较低，对环境细节要求最高。此阶段接收 270nm 波长紫外光信号，该波段实时传输降落场环境图像数据以及地面坡度信息，辅助飞行员实时调整直升机位姿，保证直升机安全可靠降落。

8.2.4 仿真结果分析

仿真分析中，采用鲁棒孤波分布以及 BP 译码算法，在二进制删除信道中，鲁棒孤波分布参数 c=0.2、δ=0.3，进行多次实验取平均值。假设收到编码包数量为 N，定义译码开销 ε=$(N-k)/k$。

1. 不同错误概率和变化删除概率下 LT 码性能分析

在考虑外界干扰、背景噪声的情况下，传输过程会造成误码。在不同错误概率和不同删除概率时，对 k=1024 的 RS(15,9)码、ULC-LT 码和 LT 码进行仿真分析，其中 ULC-LT 码和 LT 码采用鲁棒孤波分布，译码开销为 0.4 时，译码误码率的对比如图 8.16 所示。

从图 8.16（a）可以看出，相同的错误概率下，RS 码的纠错性能优于 LT 码。由图 8.16（b）可以看出信道丢失率对 RS 码译码性能的影响较大。在直升机辅助起降无线紫外光通信中，由于采用"日盲"波段紫外 LED 作为信源发送信息，近地"日盲"紫外 LED 散射通信信道是一种较为理想的信道[4]，直升机辅助起降无线紫外光通信中主要考虑丢包对通信的影响。因此，LT 码更适合应用于直升机应急辅助起降通信中高丢失率的通信信道。

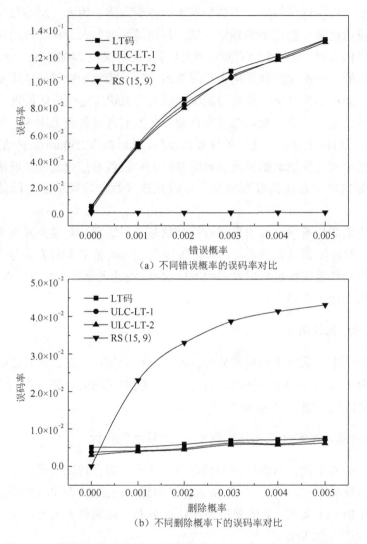

（a）不同错误概率的误码率对比

（b）不同删除概率下的误码率对比

图 8.16　不同错误概率和不同删除概率下 LT 码和 RS 码的误码率对比

2. ULC-LT 码性能分析

应用本章提出的 ULC-LT 码分级标准，选取码长 $k=256$，在不同编码等级、不同译码开销时，与未采用分等级编码的 LT 码进行仿真对比，其误码率对比结果如图 8.17 所示。由图 8.17 可以看出，译码开销小于 0.55 时，在相同的译码开销下，随着保护等级的增高，误码率逐渐降低。ULC-LT-2 等级的编码误码率最低，ULC-LT-1 等级的编码误码率次之，ULC-LT 码的误码率小于传统的 LT 码。保护等级最高的编码方式，最先完成完全译码。当译码开销大于 0.55 时，已经接收到足够多的编码包，足以恢复出源码符号，此时编码等级对误码率的影响较小。因此，该分等级编码保护方案在信道情况较差或者丢包率较大时，能显著降低译码误码率，提高译码成功率。

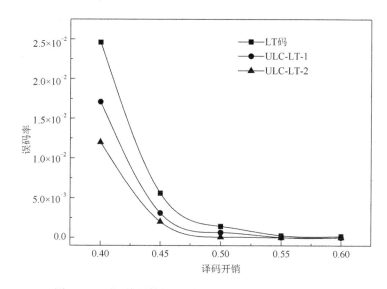

图 8.17　不同编码等级、不同译码开销下的误码率对比

直升机搜寻信标过程中，根据其所处位置的不同，其丢包率是不断变化的。针对这一问题，在不同译码开销下，对固定删除概率 ULC-LT 码与随机删除概率的 ULC-LT（random erasure probability ULC-LT，REP-ULC-LT）码进行了仿真。随机删除概率是以某一删除概率为上限的随机丢包，例如，当丢包率设置为 1 时，每个编码包传输的丢包率都为随机概率 p，且 $p \in [0,1]$，仿真结果如图 8.18 所示。其中随机删除概率是最大丢包率为 1 的时变丢包，当丢包率为 1 时，直升机不在紫外光散射通信覆盖范围内或者由于阻挡，接收端无法接收到信标所发出的紫外光信号。

随机删除概率信道中，每帧数据丢包率都是随机变化的，进行多次实验，取平均得到该实验结果。在相同的译码开销下，随机删除概率的译码成功率在固定删除概率 0.4 上下浮动，即在直升机搜寻信标阶段，删除概率为 0.4 左右。

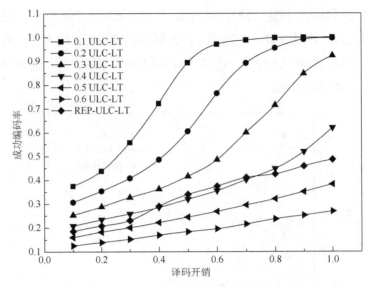

图 8.18　不同译码开销下，不同删除概率译码成功率的比较

3. 不同通信策略 ULC-LT 码性能分析

本章提出了不同编码等级的 LT 码编码方案，分析了不同码长以及信道丢失率对直升机辅助起降无线紫外光通信性能的影响；针对不同搜寻阶段、不同场景，提出了不同的通信策略。在不同通信策略性能仿真中，选取不同码长 LT 码，采用不同编码保护等级，产生相同数量的编码包，在不同类型删除概率下，进行译码误码率对比。主要考虑丢包对通信性能的影响，随机丢包率分别设置为最大丢包率为 0.1～0.6 的随机丢包，仿真结果如图 8.19（a）所示，其中变化的删除概率是以对应的删除概率为上限的变化删除概率，其 ULC-LT 码选取第 2 级编码。同时结合直升机在峡谷中降落过程时的复杂通信条件进行仿真对比分析，由于该场景下直升机搜寻信标过程是信道环境最差的阶段，岩石、土丘等障碍物的阻挡使通信丢包极其严重，甚至通信中断，并且由于太阳光中紫外线的影响，会产生少量误码。针对该实际场景，设置最大丢包率为 1 的随机删除概率，加入噪声概率为 0.01，采用码长 k=512，在不同译码开销情况下，ULC-LT 码译码误码率与传统 LT 码译码误码率仿真结果如图 8.19（b）所示。

由图 8.19（a）可以看出，k=256，相同删除概率时，ULC-LT 码的误码率低于传统 LT 码的误码率。k=128 时，删除概率小于 0.4 时，ULC-LT 码与传统 LT 码都基本完成译码，译码误码率差距较小；删除概率大于 0.4 时，ULC-LT 码的译码误码率小于传统 LT 码，分等级编码的优势得到体现。以某删除概率为上限的变化丢包率总体误码率较低，因为其平均丢包率小于丢包率的上限。由于编码包的数量一定，短码长 LT 码的冗余度最高，其误码率也是最低的。

从图 8.19（b）可以看出，在复杂恶劣的通信环境中，需要更大的译码开销来保证成功译码；在该实际场景模拟仿真中，当译码开销高于 0.7 时，ULC-LT 码的优势开始体现，相同译码开销下，ULC-LT 码的译码成功率更高，更加适合于恶劣环境下。

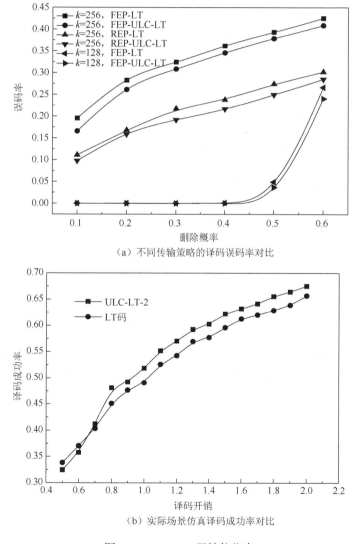

（a）不同传输策略的译码误码率对比

（b）实际场景仿真译码成功率对比

图 8.19　ULC-LT 码性能仿真

8.3　分步式 UEP-LT 码研究

本节首先对两种典型的 UEP-LT 码编码方案进行介绍，在该编码方案的基础上，提出一种分步式 UEP-LT 码。直升机应急起降中无线紫外光通信数据决定了助降过程的安全性，针对数据码流中的重要数据需要提供更强保护的问题，结合重复信息块方法对窗函数扩展（expanding window fountain，EWF）码进行改进，提出一种分步式 UEP-LT 码。在二进制删除信道下对重复信息块方法、EWF 和分步式 UEP-LT 码进行仿真和对比。结果表明，分步式 UEP-LT 编码方式拥有更强的非均等保护特性，在牺牲少量整体数据可靠性的情况下显著提高了重要等级数据的可靠性，保障了直升机起降中重要数据的优先可靠传输，增强了直升机起降的安全性。

8.3.1　非均等数据保护的 LT 码

1. 无线紫外光直升机助降通信中的 UEP 方案

无线紫外光辅助起降中，地表信标通过无线紫外光发送的信息包括信标位置信息、地表坡度信息、实时风速信息以及地形地貌信息等，这些数据对直升机降落安全的影响系数是不同的。对直升机安全影响大的数据需要以更高的可靠性被传输，因此在直升机辅助起降通信中，对重要数据和次等重要数据采用 UEP-LT 编码传输方案，其方案示意图如图 8.20 所示。

首先，根据原始数据帧中不同比特位对应的信息类别不同，将原始数据信息划分为最重要数据比特（most important bits，MIB）、次等重要数据比特（less important bits，LIB）、非重要数据比特（not important bits，NIB）以及预留数据比特。其中，MIB 信息以最高的数据保护等级进行编码，当信道条件较差时，可以适当地牺牲 LIB 数据和 NIB 数据的可靠传输来确保该数据的传输；LIB 数据需要较低等级的数据保护编码，必要时，可以牺牲 NIB 数据来确保更高保护等级数据的传输；NIB 数据则属于对直升机助降安全性影响较小的信息，无须进行特殊的保护编码，当信道环境差时，甚至可以丢弃来保证具有保护等级数据的可靠传输；而预留数据位则是为了应对突发降落状况，如地表坡度的突然改变、较大气流冲击等，正常情况下该数据位为空，当该数据位出现有效信息时，则以最高的优先级和可靠性来编码和发送该数据。

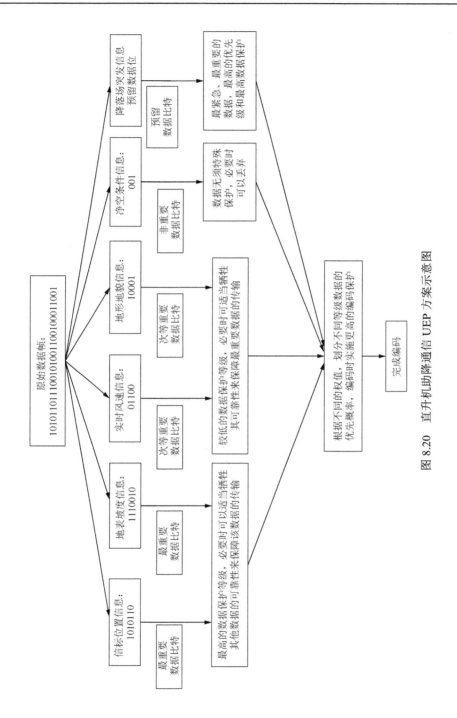

图 8.20 直升机助降通信 UEP 方案示意图

2. 重复信息块法

常用的 LT 码 UEP 编码方案主要包括重复信息块方法和扩展窗函数法。重复信息块方法降低 MIB 信息的误码率是通过对 MIB 信息块和整体信息的重复，得到虚拟长度的信息序列，然后对该序列进行 LT 编码[5]。图 8.21 为重复信息块编码方式编码过程示意图。

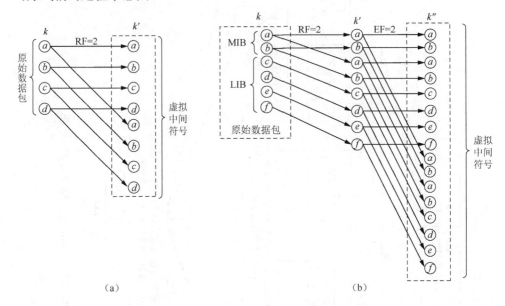

图 8.21　重复信息块编码方式编码过程示意图

编码过程中度分布采用 RSD，假设原始数据符号个数为 k，则编码时原始数据包的取值范围为$[1, k]$，如图 8.21（a）中将 k 个原始数据符号重复 RF=2 次，得到 k'个虚拟信息，此时对虚拟信息进行 LT 编码，可选择的参与编码的数据包范围就变成了$[1, EF \times k]$。编码时根据随机产生的度值随机挑选数据包进行异或编码，如果挑选的数据包编号大于 k，则用该编号减去 $n \times k$，其中，$n=1,2,\cdots,EF-1$，以此得到 k 个数据包内的数据包编号，这样进行 LT 编码时，编译码生成矩阵 G 仍然为 $k \times N$ 维，译码时无须针对重复信息块算法进行译码算法调整。

应用上述重复信息块方法思想，当把原始数据分为 MIB 和 LIB 等级时，如图 8.21（b）所示，首先将 MIB 数据重复 RF=2 次，得到 k'个第一层符号，被重复的 MIB 信息位于原 MIB 数据之后；接着对 k'个第一层数据符号整体重复 EF=2 次，得到 k''个虚拟信息符号，整体重复信息块位于原数据块之后，此时虚拟符号个数 k''为

$$k'' = \left(n_{\text{MIB}} \cdot \text{RF} + n_{\text{LIB}}\right) \cdot \text{EF} \tag{8.6}$$

式中，当重复次数为 1 时，保持原来的数据序列不变，n_{MIB} 表示 MIB 数据的个数；

n_{LIB} 表示 LIB 数据的个数。此时，如果挑选到参与编码的数据编号大于 $\mathrm{RF} \times n_{\mathrm{MIB}} + n_{\mathrm{LIB}}$ 时，用该编号减去 $n \times (\mathrm{RF} \times n_{\mathrm{MIB}} + n_{\mathrm{LIB}})$，其中，$n = 1,2,\cdots,\mathrm{EF}-1$，如果此时的编号仍然大于 k，则再减去 $n' \times n_{\mathrm{MIB}}$，其中，$n' = 1,2,\cdots,(\mathrm{RF}-1) \times n_{\mathrm{MIB}}$，仍然是为了保证译码生成矩阵 G 为 $k \times N$ 维，接下来对该算法进行与或树分析。

当 MIB 数据和 LIB 数据分别被重复 RF 和 EF 次后，MIB 数据符号数由 αn 增长为 $R_{\mathrm{M}} \times \alpha n$，其中：

$$R_{\mathrm{M}} = \frac{\mathrm{EF} \cdot \mathrm{RF}}{\alpha \cdot \mathrm{EF} \cdot \mathrm{RF} + (1-\alpha) \cdot \mathrm{EF}} = \frac{\mathrm{RF}}{1 - \alpha + \alpha \cdot \mathrm{EF}} \tag{8.7}$$

式中，RF 为 MIB 数据重复次数；EF 为 LIB 数据重复次数；α 为 MIB 数据在原始数据中所占的比例；n 为原始数据包个数。MIB 信息块被挑选到的概率 q_1 以及 MIB 中每个数据符号被挑选到的概率 q_2 为

$$\begin{cases} q_1 = \alpha R_{\mathrm{M}} \\ q_2 = \dfrac{\alpha R_{\mathrm{M}}}{\alpha \cdot n} = \dfrac{R_{\mathrm{M}}}{n} \end{cases} \tag{8.8}$$

式中，R_{M} 表示最后一层虚拟中间符号中 MIB 数据的比例系数。同时，LIB 信息块被挑选到的概率 p_1 以及 MIB 中每个数据符号被挑选到的概率 p_2 为

$$\begin{cases} q_1 = \alpha R_{\mathrm{M}} \\ q_2 = \dfrac{\alpha R_{\mathrm{M}}}{\alpha n} = \dfrac{R_{\mathrm{M}}}{n} \end{cases} \tag{8.9}$$

3. 扩展窗函数法

扩展窗函数法中，将原始信息按照不同重要等级分类后，用不同扩展窗口 W 覆盖不同重要等级信息，使第一个窗口覆盖重要等级最高的信息块，而最后一个窗口覆盖所有数据包[3]。每个编码包生成前首先选择窗口 W_i，然后根据该编码包的度值 d，在选择的窗口 W_i 中随机选取 d 个数据包参与编码。

扩展窗函数方法中，k 个原始符号首先被分成 r 个数据块，每个数据块的符号数量为 $s_1, s_2, s_3, \cdots, s_r$ 且 $s_1 + s_2 + \cdots + s_r = k$，每个数据块中的数据是不同重要等级的，$s_i$ 所覆盖的数据块为第 i 重要等级，如果 s_i 覆盖数据块的重要等级高于 s_j 所覆盖的数据块的重要等级，则必须满足 $i < j$；不同等级的数据被不同的窗口覆盖，例如，第 W_i 个窗口覆盖前 k_i 个输入符号，且满足：

$$k_i = \sum_{j=1}^{i} s_j \tag{8.10}$$

扩展窗函数方法示意图如图 8.22 所示，最重要的数据将被编号较小的窗口覆盖，整体的数据将被最后一个窗口 W_r 覆盖。当且仅当 $j > i$ 时，被 W_i 覆盖的重要等级数据同时属于 W_j。编码时，与随机选取的传统 LT 码不同，在生成每个编码包

时会首先选择一个窗口，参与该编码包的原始数据将会全部在该窗口中选取；采用这样的编码方式，重要等级高的数据所处的覆盖窗口编号较小，编码时，原始数据包被挑选到的概率就会增大。

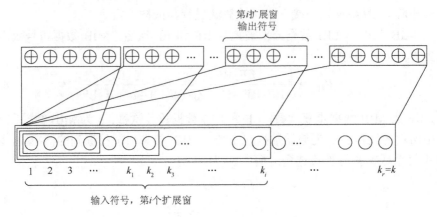

图 8.22　扩展窗方法示意图

8.3.2　SUEP-LT 码编码方法及步骤

文献[6]中运用了重复信息块的方法来降低 MIB 信息的误码率，该方法通过对 MIB 信息块和整体信息的重复，得到虚拟长度的信息序列，然后对该序列进行 LT 编码，但是该方法根据虚拟扩展信息的长度来调整度分布，只能应用于度分布与信息符号相关的度分布。文献[7]中采用扩展窗的方法实现了 LT 码的 UEP 编码方式，但是该方法在对 MIB 信息可靠性提升的同时极大地损失了 LIB 数据的可靠性。本小节针对这两种方法，首先对 EWF-LT 码进行改进，使改进型 EWF 编码方式在保证 MIB 数据高优先级和可靠性的同时，降低了 LIB 数据的可靠性损失；其次结合改进型 EWF 编码方式和重复信息块方法，提出了分步式 UEP-LT（stepwise unequal error protection LT，SUEP-LT）码，并将其应用到直升机辅助起降通信中。SUEP-LT 码拥有更好的 UEP 特性，在提高 MIB 数据传输可靠性的同时降低了总体数据的传输损失，为直升机辅助起降通信中不同重要等级数据的传输提供非均等保护，增强了直升机搜寻、定位信标以及应急降落的安全性。

由于在 EWF-LT 码中，当选择重要等级较高的窗口时，与该编码包相关联的数据包全部来自该窗口，重要等级相对较低的窗口所覆盖的数据包将不会参与该编码包，即当选取窗口重要等级 $W_i > W_j$ 时，重要等级较低的窗口 W_j 中的数据被选取的概率 $p_{wj}=0$，该编码方法在提高 MIB 信息可靠性的同时极大地降低了 LIB 信息的可靠性。SUEP-LT 码中，首先针对这个问题，采用编码符号单个选取的扩展窗编码方式编码，与编码包相关联的每个数据包在选取之前首先选取扩展窗口，选取与该编码包相关联的下一个数据包时，会重复该过程，该方式在提高 MIB 信息被挑选到概率的同时极大地保障了 LIB 信息的可靠性[8]。SUEP-LT 码编码示意图如图 8.23 所示，具体编码步骤如下。

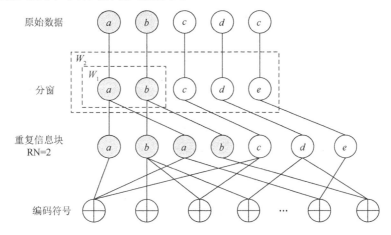

原始数据

分窗

重复信息块
RN=2

编码符号

图 8.23　SUEP-LT 码编码示意图

步骤 1：划分重要等级。假设原始输入符号个数为 k，将原始符号按照等级分为 MIB 数据的个数为 αk，其中 $0<\alpha<1$；LIB 数据个数为 $(1-\alpha)k$。

步骤 2：确定覆盖窗。选取窗 W_2 覆盖所有输入符号，选取窗 W_1 覆盖 MIB 信息符号，定义以概率 P 选取窗 W_1，则窗 W_2 的选取概率为 $1-P$，同时，每个窗函数可选择不同的度分布函数，这里选择鲁棒孤波分布[9]。

步骤 3：确定度值。按照一定的度分布函数，产生随机数，确定当前编码包度值 d，根据该度值，总共选取 d 个数据包参与编码。

步骤 4：选取覆盖窗。在 $(0,1)$ 范围内产生随机数 a，若 a 在窗 W_1 的覆盖范围内，则在 MIB 窗口随机选取一个编码包参与该编码包的编码，参与编码后登记已经参与编码的数据包的数量并跳转至步骤 6；若 a 不在窗 W_1 覆盖范围内，则进行步骤 5。

步骤 5：重复信息块。将窗 W_1 覆盖的 MIB 信息进行 RN 次信息重复，产生 $k+\text{RN}\cdot\alpha k$ 个虚拟中间符号，当 RN=1 时，MIB 数据未进行重复；在 $k+\text{RN}\cdot\alpha k$ 个虚拟中间符号中，随机选取一个编码包参与该编码包的编码，参与编码后登记已经参与编码的数据包数量并跳转至步骤 6。

步骤 6：参与编码数据包判定。统计已选取数据包数量，如果数据包数量小于该编码包度值 d，则跳转至步骤 4；如果已选取数据包数量为 d，则转至步骤 7。

步骤 7：产生编码包。将选取出的参与编码的 d 个数据包进行异或，产生一个编码包。

SUEP-LT 码符号选取过程中，W_1 窗中每个重要信息首先被选中的概率为

$$P_1 = P / (\alpha k) \tag{8.11}$$

式中，α 为 MIB 数据在原始数据中所占的比例；k 为原始数据包个数；P 为第一个

扩展窗被选取的概率。当首先以概率 $1-P$ 选取 W_2 窗口时，虚拟信息序列长度变为 $k+RN\cdot\alpha k$，此时 MIB 信息被选中的概率为

$$P_2 = (1-\alpha)\frac{RN\cdot\alpha k}{k+RN\cdot\alpha k} \tag{8.12}$$

式中，RN 为 MIB 信息进行重复的次数。窗 W_1 中每个符号单次被选中的概率为

$$P_{W1} = P_1 + P_2 \tag{8.13}$$

SUEP-LT 码单个编码包生成流程图如图 8.24 所示，在增加 W_1 窗口中 MIB 数

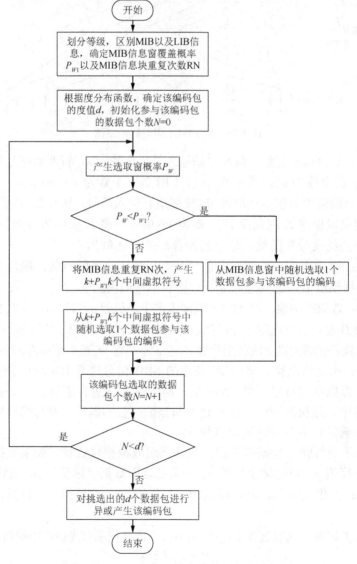

图 8.24   SUEP-LT 码单个编码包生成流程图

据选取概率的同时，由于采用编码符号单个选取的扩展窗编码方式，与编码包相关联的每个数据包选取之前都会首先确定窗函数，因此，LIB 数据的选取概率也得到了最大程度的保障[10]。保证以最小损失其他数据包传输可靠性的同时提高了 MIB 数据传输的可靠性和优先级。

8.3.3　仿真结果分析

仿真分析中，采用鲁棒孤波分布以及 BP 译码算法，在二进制删除信道中，鲁棒孤波分布参数 $c=0.2$，$\delta=0.3$，采用信源符号 $k=1024\text{bit}$，进行多次实验取平均值。假设收到编码包的数量为 N，定义译码开销 $\varepsilon=(N–k)/k$。

1. 改进型扩展窗函数法与重复信息块法仿真分析

这里主要对传统的 EWF-LT 码与单个选取的改进型扩展窗编码方式在不同窗函数覆盖概率下进行译码成功率对比，设定译码开销为 0.3，其仿真结果如图 8.25 所示。

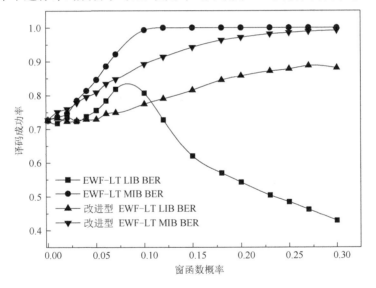

图 8.25　改进型 EWP-UEP-LT 码仿真结果

从图 8.25 可以看出，对于不同的窗函数概率，该译码开销下改进型 EWF 编码方式中，MIB 数据译码成功率略低于 EWF-LT 码中 MIB 数据的译码成功率；当窗函数概率高于 0.10 时，改进型 EWF 编码方式中 LIB 数据译码成功率明显高于 EWP 编码方式。由此可以看出，EWF-LT 码较大地牺牲 LIB 数据可靠性来换取 MIB 数据的高可靠性，而改进型 EWF-LT 码在提高 MIB 数据可靠性的同时，与 EWP 编码方式相比减小了 LIB 数据的损失。

为了确定 SUEP-LT 码中，重复信息块次数对编译码性能的影响，分别对重复信息块编码方式中不同译码开销和不同信息块重复次数对不同等级数据译码误码率的影响进行了仿真分析。仿真结果如图 8.26 所示，其中图 8.26（a）是在信息块重复次数为 2 时，不同译码开销对译码误码率的影响；图 8.26（b）是在译码开销为 0.4 时，不同 MIB 信息块重复次数对译码误码率的影响。

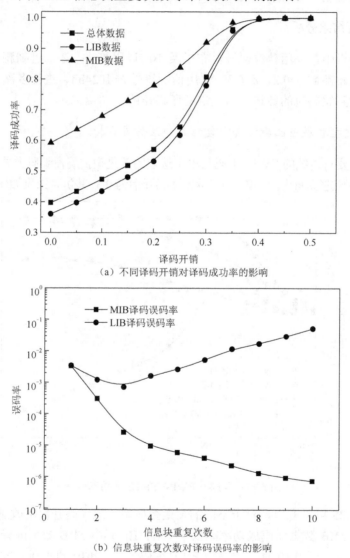

（a）不同译码开销对译码成功率的影响

（b）信息块重复次数对译码误码率的影响

图 8.26　不同译码开销和不同信息块重复次数对译码误码率的影响

　　从图 8.26（a）可以看出，当译码开销不断增加时，重复信息块编码方式的译码成功率不断提高，当译码开销增加到 0.4 时，基本完成了完全译码。由图 8.26（b）可以看出，随着 MIB 信息块重复次数的增加，MIB 信息的译码误码率不断降低，而 LIB 数据的译码误码率先降低后升高；该结果在对 SUEP-LT 码进行参数配置时具有一定的参考意义。

2. SUEP-LT 码与 EEP-LT 码性能对比

采用本节提出的 SUEP-LT 码与传统 EEP-LT 码进行译码误码率对比，SUEP-LT 码中，选取 MIB 窗覆盖概率为 0.05，MIB 信息块重复次数为 2，MIB 信息长度为 100，在不同译码开销下其译码误码率仿真结果如图 8.27 所示。

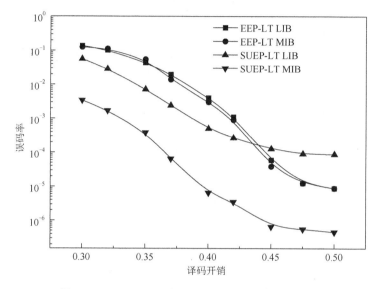

图 8.27　SUEP-LT 码与 EEP-LT 码译码误码率对比

由图 8.27 可以看出，EEP-LT 码编码方式中，MIB 数据和 LIB 数据处于相同级别的保护，译码误码率曲线几乎重合；而 SUEP-LT 码中，MIB 数据和 LIB 数据表现出明显的等级区别，MIB 数据保护等级明显高于 LIB 数据保护等级，相同译码开销下，MIB 数据译码误码率明显降低；译码开销低于 0.45 时，EEP-LT 码中所有数据译码误码率高于 SUEP-LT 码中 LIB 数据译码误码率；当译码开销高于 0.45 时，EEP-LT 码数据译码误码率低于非均等数据保护中 LIB 数据译码误码率。总体看来，SUEP-LT 码表现出了明显的非均等特性，为 MIB 数据提供了更高等级的保护。

3. SUEP-LT 码与重复信息块方法 UEP 性能对比

SUEP-LT 码和重复信息块编码方式中，MIB 信息块重复次数为 2，MIB 窗概率为 0.05，MIB 数据长度为 100，重复信息块编码方式整体数据重复次数 EF=1。图 8.28（a）为不同译码开销下对两种编码方式的译码误码率仿真对比，图 8.28（b）为译码开销为 0.3，不同 MIB 信息块重复次数时，两种编码方式 MIB 数据的译码误码率仿真对比。

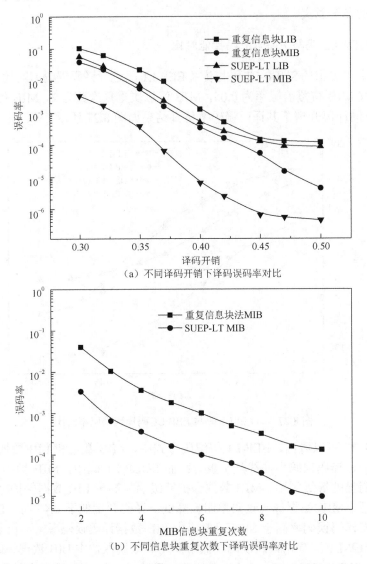

（a）不同译码开销下译码误码率对比

（b）不同信息块重复次数下译码误码率对比

图 8.28　SUEP-LT 码与重复信息块方法译码误码率对比

　　由图 8.28（a）可以看出，不同译码开销下，MIB 数据和 LIB 数据的译码误码率分别低于重复信息块方法中 MIB 数据和 LIB 数据的译码误码率，即 SUEP-LT 码在保证 MIB 数据高优先级和高可靠性的同时，尽量减小了其他数据的可靠性损失。由图 8.28（b）能够看出，SUEP-LT 码对 MIB 信息具有更强的可靠性保障。总体看来，相比于重复信息块编码方式，SUEP-LT 码更能够提高 MIB 数据的可靠性，同时牺牲了更低的其他数据的可靠性。

4. SUEP-LT 码与扩展窗函数法 UEP 性能对比

该部分仿真结果是不同译码开销时，SUEP-LT 码与 EWF-LT 码编码方式下，对 MIB 以及 LIB 数据的译码误码率进行对比及性能分析。同时，不同译码开销下重复信息块方法的编译码性能也同这两种编码方式进行了对比分析。仿真中，MIB 信息长度为 100，在 SUEP-LT 码和 EWF-LT 码中 MIB 窗概率为 0.05；SUEP-LT 码和重复信息块方法中 MIB 信息块重复次数设置为 2，仿真结果如图 8.29 所示。

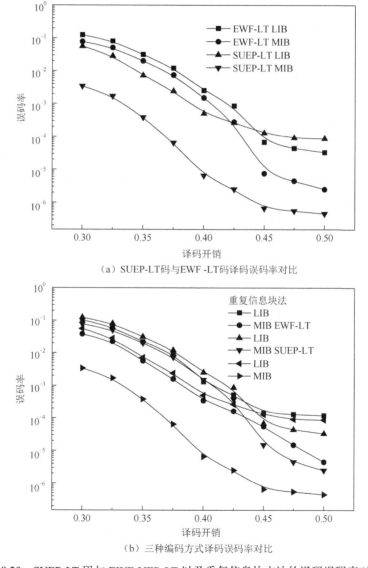

（a）SUEP-LT 码与 EWF -LT 码译码误码率对比

（b）三种编码方式译码误码率对比

图 8.29 SUEP-LT 码与 EWF-UEP-LT 以及重复信息块方法的译码误码率对比

由图 8.29（a）可以看出，当译码开销低于 0.45 时，SUEP-LT 码中 MIB 数据和 LIB 数据的译码误码率分别低于 EWF-LT 码中 MIB 数据和 LIB 数据译码误码率。从图 8.29（b）总体来看，三种编码方式均能体现出非均等特性，但本节提出的 SUEP-LT 码方法在保证 MIB 信息受保护级别最高的同时，降低了整体数据的译码误码率，比 EWF 和重复信息块方法具有更强的 UEP 特性，同时对其他数据可靠性的损失最小。

5. 随机删除信道中 SUEP-LT 码性能仿真分析

基于无线紫外光的直升机辅助起降通信过程中，由于降落场环境复杂多样，其通信过程中信道环境也复杂多变，如障碍物遮挡、是否在紫外光散射通信范围内等，对通信性能所产生的影响是不确定的。因此，在直升机搜寻信标过程中，根据其所处的位置不同，其丢包率是不断变化的。针对这一问题，在二进制删除信道中，首先在随机删除概率下，译码开销为 0.5，MIB 信息长度为 100bit，MIB 窗概率为 0.05，MIB 信息块重复次数为 2 时，对 SUEP-LT 码特性进行仿真分析，仿真结果如图 8.30 所示。

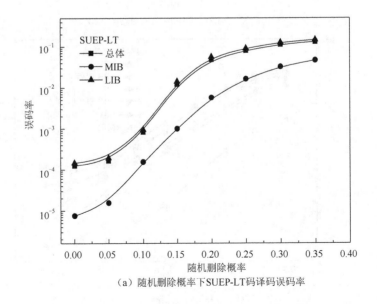

（a）随机删除概率下 SUEP-LT 码译码误码率

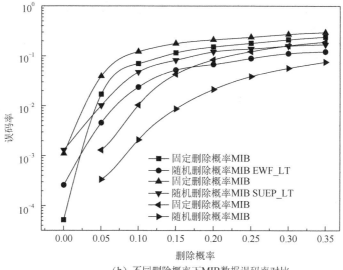

（b）不同删除概率下MIB数据误码率对比

图 8.30　不同删除概率下译码误码率对比

在仿真分析中，随机删除概率是以某一删除概率为上限的随机丢包。例如，当丢包率设置为 1 时，每个编码包传输的丢包率都为随机概率 p，且 $p \in [0,1]$；在译码开销为 0.4 时，针对三种不同编码方式，分别在固定删除概率和随机删除概率下对其 MIB 数据译码误码率进行对比。

图 8.30（a）表现出了随机删除概率下 SUEP-LT 码的特性，MIB 数据译码误码率明显低于 LIB 数据；图 8.30（b）通过三种编码方式在固定删除概率和随机删除概率下的对比可以看出，SUEP-LT 码对 MIB 数据的保护程度最高；在二进制删除信道中，SUEP-LT 码相比 EWF-LT 和重复信息块方法能够对 MIB 数据的传输提供更可靠的保障，更适合应用于直升机辅助起降无线紫外光通信中的 UEP 数据传输。

参 考 文 献

[1]　赵太飞, 吴鹏飞, 宋鹏. 无线紫外光直升机辅助起降通信技术研究[J]. 激光杂志, 2014, 35(10):9-13.

[2]　梁大为, 鲍振武. 无线光通信性能影响因素分析[J]. 电子测量技术, 2006, 29(2):21,22.

[3]　TSIFTSIS T A, SANDALIDIS H G, KARAGIANNIDIS G K, et al. Optical wireless links with spatial diversity over strong atmospheric turbulence channels[J]. IEEE Transactions on Wireless Communications, 2009, 8(2): 951-957.

[4]　柯熙政.紫外光自组织网络理论[M].北京:科学出版社, 2011: 33-43.

[5]　EL-SHIMY M A, HRANILOVIC S. Spatial-diversity imaging receivers for non-line-of-sight solar-blind UV communications[J]. Journal of Lightwave Technology, 2015, 33(11):2246-2255.

[6]   AHMAD S, HAMZAOUI R, AL-AKAIDI M. Unequal error protection using LT codes and block duplication[C]. Proc. Middle Eastern Multi Conference on Simulation and Modeling MESM, Tucson, 2008:1959-1964.

[7]   SEJDINOVIC D, VUKOBRATOVIC D, DOUFEXI A, et al. Expanding window fountain codes for unequal error protection[J]. IEEE Transactions on Communications, 2009, 57(9):2510-2516.

[8]   赵太飞, 刘雪, 娄俊鹏. 直升机起降中无线紫外光喷泉码引导方法研究[J]. 电子与信息学报, 2015, 37(10): 2452- 2459.

[9]   赵太飞, 刘一杰, 王秀峰. 直升机降落引导中无线紫外光通信性能分析[J]. 激光与光电子学进展, 2016, 53(6): 060602-1-060602-7.

[10] 赵太飞, 刘雪, 刘一杰. 直升机助降紫外光通信中分步式 UEP_LT 码研究[J]. 计算机工程, 2016,42(9):83-88.

第9章 装甲编队中无线紫外光隐秘组网通信技术

9.1 无线紫外光组网通信节点的设计

利用空分复用的原理，收发一体的紫外光移动自组网通信节点设计如图 9.1 所示。通信节点结构设计为四棱柱体，"X"表示发光装置，如紫外光 LED、LD 等，"○"表示紫外光的检测装置，如光电倍增管、光电管等。为了避免发射光源对自身检测装置的干扰，收发光装置呈 90°正交布局。通信节点的四棱柱收发装置的中心轴固定在伺服电机的转子上，由伺服电动机驱动。通常，装甲编队网络由一个主节点和多个从节点组成，主节点的四棱柱收发装置按顺时针转动，从节点的四棱柱收发装置按逆时针转动，并且两个节点的转速相同。主节点发光 LED 的发散角为 ϕ_1，从节点光电倍增管的视场角为 ϕ_2，当从节点的光电倍增管处于主节点的发散角范围内时，主节点和从节点可以实现主节点发、从节点收的单向紫外光直视通信，直视通信情况下收发之间的公共有效散射区域如图 9.1 中实线阴影区域所示。主节点发出的光子主要经直视链路到达从节点的接收端，此时通信距离较远，传输速率较高。

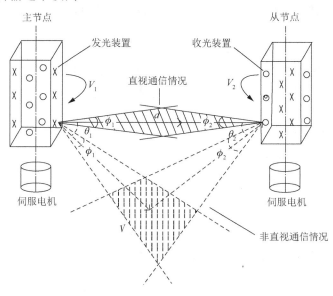

图9.1 收发一体的紫外光移动自组网通信节点设计

当紫外光移动自组网通信节点工作时，主节点以顺时针方向转动 θ_1 角度，从节点以逆时针方向转动 θ_2 角度，由于主节点和从节点的转速相同时 $\theta_1 = \theta_2$，收发光锥的公共有效散射体如图 9.1 中虚线阴影区域所示。主节点发出的光子主要经单次散射到达从节点的接收端，可以实现主节点发、从节点收的单向无线紫外光非直视通信，此时通信距离较近，传输速率较低，系统脉冲响应的展宽效应较强。当主节点和从节点继续按照各自方向转动都等于 90°时，从节点的发射装置和主节点的接收装置对准，从节点发出的光子经直视和单次散射可以到达主节点的接收端，实现从节点发信息与主节点收信息的半双工紫外光直视通信；当主节点和从节点按照各自方向继续转动 θ_1 和 θ_2 大于 90°时，可以实现从节点发信息、主节点收信息的半双工无线紫外光非直视通信。由以上分析可得，图 9.1 所示的收发一体的网络通信节点的设计，可以实现主节点和从节点的分时全双工通信。

9.2　无线紫外光节点定位通信实施方案

收发一体的紫外光移动自组网中定位通信方案如下，具体包括 5 个步骤。

步骤 1：布置收发装置。

将收发装置统一安装在所有作战移动设备车身最高处无障碍的相同位置；启动所有移动设备的收发装置，检查各个收发装置是否能正常工作，把不能正常工作的进行更换；所有收发装置都正常工作后，设定一辆移动设备为主移动设备，称为主节点，其他移动设备为从移动设备，称为从节点，每辆移动设备都设置固定编号。

步骤 2：主节点发送端发送信号。

主节点收发装置以恒定速度 v_1 顺时针旋转，一个周期内分 N 个时隙发送数据包，数据包中每个数据帧包括主节点发射功率、转速、与参考方向的夹角度数、编号及所要传输的数据、数据帧结构按上述依次排列，同时，主节点接收端不断搜索，等待接收从节点的信号。

步骤 3：从节点接收端接收信号。

步骤 3.1：从节点收发装置以恒定速度 v_2 顺时针方向旋转，声光设备及接收光强指示灯阵列开始工作，收发装置的接收端不断向四周搜索信号。在某一时刻接收到由主节点发出的信号后，此时主节点的发送端与从节点的接收端之间存在有效公共散射区域，从节点根据信号的接收能量计算出主节点与自身的距离，非直视紫外光单次散射链路的接收能量可由下式得出[1]：

$$P_{\text{r,NLOS}} = \frac{P_t A_r K_s P_s \phi_2 \phi_1^2 \sin(\theta_1 + \theta_2)}{32\pi^3 r \sin\theta_1 \left(1 - \cos\dfrac{\phi_1}{2}\right)} \exp^{\left[\frac{-K_e r(\sin\theta_1 + \sin\theta_2)}{\sin(\theta_1 + \theta_2)}\right]} \quad (9.1)$$

式中，ϕ_1 和 θ_1 分别为主节点发送端的发散角与发送仰角；ϕ_2 和 θ_2 则分别为从节点接收端的接收视场角与接收仰角；$P_{r,NLOS}$ 和 P_t 分别为接收能量和发射能量；P_s 是散射相函数；A_r 是接收端孔径面积；K_e 表示大气衰减（消光）系数，由大气散射系数 K_s 和大气吸收系数 K_a 组成，即 $K_e = K_s + K_a$；r 为主从节点之间的距离。

由式（9.1）可得主从节点之间的距离 r 为

$$r = \dfrac{\mathrm{lambertw}\left[\dfrac{P_t A_r K_s P_s \phi_2 \phi_1^2 K_e \sin(\theta_1 + \theta_2)}{32 P_r \pi^3 \sin\theta_1 \left(1 - \cos\dfrac{\phi_1}{2}\right)}\right]}{\dfrac{K_e(\sin\theta_1 + \sin\theta_2)}{\sin(\theta_1 + \theta_2)}} \tag{9.2}$$

步骤 3.2：图 9.2 为主从节点相对位置坐标图（图中主表示主节点，从表示从节点）。假设主节点所在位置为坐标原点（0，0），某时刻从节点接收到主节点发出的信号后，掌握主节点的发射功率、转速、与主节点参考方向的夹角度数 θ、编号等信息。把接收能量 P_r 代入式（9.2），便可估算出主节点与自身之间的距离 r。从图 9.2 中可以看出，主节点发送端发出的信息，被位于主节点 θ 方向的从节点 B 接收到，且从节点 B 与主节点之间的直线距离为 r。通过计算可知，从节点 B 此时的位置坐标为（$r\sin\theta$，$r\cos\theta$）。

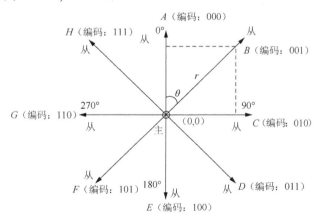

图 9.2　主从节点相对位置坐标图

步骤 3.3：从节点根据接收到的信息得知主节点的旋转速度，然后根据接收光强指示灯阵列调整自身速度，具体方案如下。如图 9.3 所示，观察接收光强指示灯阵列，若三个指示灯都亮，此时主从节点发送端与接收端已精确对准；当只有两个灯亮时，主从节点发送端与接收端接近对准，并不影响正常的通信；当只有一个灯亮时，主从节点间存在较小的公共散射体，接收到的信号较微弱，勉强能完成通信；当三个灯都不亮时，主从节点间不存在公共散射体，无法通信。根据接收光强指示灯阵列的亮灯情况，最后使从节点接收端与主节点发送端同步，即三个指示灯都亮，使主从节点以相同转速运行。

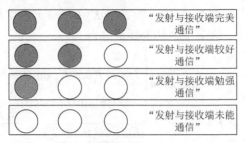

图 9.3　光强探测显示阵列图

步骤 4：从节点发送端将实时信息发送给主节点接收端。

在实现从节点对主节点位置坐标的定位后，从节点发送端发给主节点一个数据包，数据包的帧头包括以主节点为参考的从节点当前的相对位置、与自身参考方向的夹角度数、与主节点的距离、目标主节点的编号、自身编号及所要传输的数据，从节点接收端等待接收主节点信息。

步骤 5：当主节点接收端收到从节点发出的信息后，此时主从节点已建立通信链路，并最终实现主从节点位置坐标的相互定位。

图 9.4 为本系统采用的分集接收技术的模型图。在紫外光无线通信过程中，分集技术不会在接收端增加额外的复杂度和占用带宽，能最为有效的抵抗衰落引起的不良影响，因此采用该技术来提高通信链路的质量。

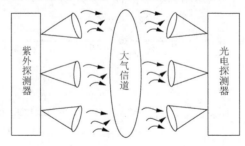

图 9.4　分集接收技术模型图

采用本方法设计的紫外光节点定位通信的有益效果如下。

（1）利用无线紫外光通信技术，具有隐蔽性好、宽视场接收、抗干扰能力强、窃听率低、无须捕获及对准和跟踪等优点，能够进行全天候工作。

（2）收发装置体积小，便于携带和安装，主从节点实现定位通信后，能相互保持一定间距，掌握对方情况并更好地作战，也防止主从节点在移动过程中发生碰撞。

（3）军事作战时，从节点与主节点可以进行隐蔽通信，便于战术协同。

9.3　组网节点间无线紫外光收发装置的捕获、对准和跟踪

9.3.1　捕获、对准和跟踪的定义

捕获的定义：从节点能收到主节点发送的数据，从而获得主节点的实时转速、相位等信息。

对准的定义：捕获到主节点的转速和实时相位信息后，单片机控制伺服电机，逐渐调整从节点的转速，最终让从节点的转速与主节点的转速一致，并且让从节点在特定的时间达到特定的相角，实现主从节点收发装置的紫外光直视通信。

跟踪的定义：移动自组网中通信节点运动会导致主从节点间相对位置的变化，进而可能导致主从节点不能很好对准。从节点要根据接收到的信号的强弱变化，对自身转速进行微调，从而保持主从节点收发装置较好对准。

只有实现了主从节点间的捕获、对准和跟踪，主从节点间才能实现无线紫外光的直视通信，并辅助以非直视通信，节点间的通信速率才可能达到一个较高的水平。

9.3.2　实现主从节点捕获、对准和跟踪的方法

1）捕获方法

主从节点完成捕获前的相对位置关系如图 9.5 所示，从节点可能从水平面的任意方向靠近主节点，此时主节点发光装置的初始相位和从节点收光装置的初始相位是任意的，因此二者的初相位差是 0°～360°随机分布。由图 9.5 还可以看出，主从节点完成捕获前，其二者的相对位置关系在水平面上也是随机的。完成捕获的主要要求是希望完成捕获的时间越短越好。

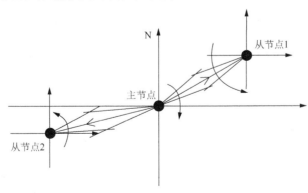

图 9.5　主从节点完成捕获前的相对位置关系

主从节点捕获的方法为：主节点转速固定，如 1 圈/秒，从节点转速以某一加速度线性增加，如转速加速度为 1 圈/秒，也就是从节点的转速以每秒 1 圈的速度增加。研究表明，在主从节点任意相对位置和任意初相位差条件下，主节点的发光装置能和从节点的收光装置在较短的时间对上，从节点将从主节点接收到信息，完成捕获。

由图 9.1 可知紫外光移动自组网通信节点的四棱柱收发装置的中心轴是固定在交流伺服电机的转子上，节点的转速由伺服电机控制。交流伺服电机可以实现转速控制、位置控制和转矩控制，控制精度高，控制性能可靠。交流伺服电机运转非常平稳，即使在低速时也不会出现振动现象，交流伺服电机还具有较强的过载能力。交流伺服驱动系统为闭环控制，驱动器可直接对电机编码器反馈信号进行采样，内部构成位置环和速度环，电机的控制精度由电机编码器的位数来决定。交流伺服电机的应用非常广泛，目前有多种成熟产品，通过单片机控制交流伺服电机的转速简单可行。

通信节点系统结构如图 9.6 所示。主控制器负责待传输信息的发射和光信号的接收、节点间通信距离的判定、路由链路的建立和维护等。主处理器把接收到的信号电平和相位信息传输给控制交流伺服电机转速的专设单片机，专设单片机进而通过差动驱动器和伺服电机驱动器控制交流伺服电机的转速，实现主从节点间的捕获。

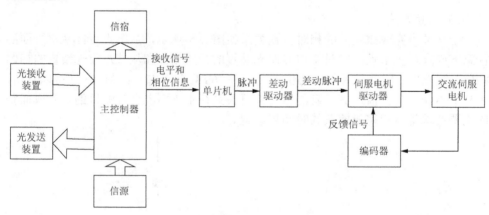

图 9.6　通信节点系统结构

主控单片机调整节点转速，实现主从节点捕获的流程如图 9.7 所示。从节点的转速是变化的，开始转动后转速逐渐增大，当转速达到 20 圈/秒时，从节点转速逐渐减小，直到从节点转速达到 1 圈/秒，然后从节点的转速再增加，如此循环，直到从节点的专设单片机从主处理器发来的接收电平信号中检测出接收电平信号的极大值和主节点发送端的相位信息，捕获完成。

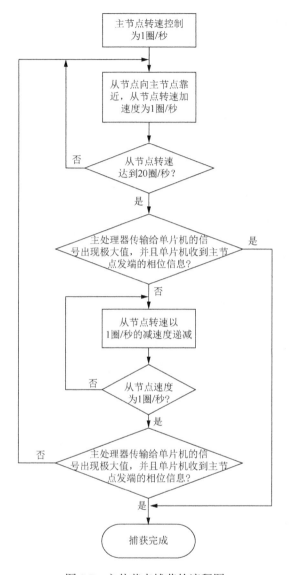

图 9.7　主从节点捕获的流程图

2）对准方法

主节点发送信息的帧结构如图 9.8 所示。每帧信息包括主节点编号、主节点发送端实时相位、所用路由扇区编号、要发送的信息等。当主从节点完成捕获时，从节点将收到主节点发送的信息，从节点对收到的信息进行对比分析，得出收到主节点信号电压最大值的时刻 t，并记录该时刻主节点发送端的相角 ϕ_1 和从节点收端的相角 ϕ_2，主节点的发送端将在主节点旋转一个周期后重新指向相角 ϕ_1，从节点据此调整转速，让转速与主节点转速相同，并且在主节点旋转一个或几个整周期后，从节点收端指向相角 ϕ_2，此时主从节点实现时分全双工通信，对准过程完成。

主节点编号	发端实时相位	路由扇区编号	信息	…	主节点编号

图 9.8　主节点发送信息的帧结构

3）跟踪方法

紫外光移动自组网的主从节点是运动的，因此主从节点的相对位置可能变化，进而导致主从节点的收发装置不能很好地对准。跟踪就是从节点微调其转速，使主从节点的收发装置始终保持一个动态的较好的对准状态。主从节点跟踪的流程如图 9.9 所示。主从节点已经完成捕获和对准，在从节点旋转的每个周期内，从节点接收装置的相位适度超前，如果检测到接收到的主节点信号幅度增大，相位就继续超前，直到从节点检测到接收到的主节点信号幅度减小。随后，从节点接收装置的相位适度滞后，直到从节点检测到接收到的主节点信号幅度又开始减小，如此循环，保证主从节点能较好对准。如果外部干扰太大，主从节点长时间不能对准，那么主从节点重新开始捕获、对准和跟踪过程。

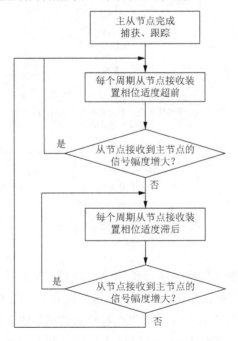

图 9.9　主从节点跟踪的流程图

9.3.3　捕获性能仿真分析

依据主从节点捕获方法思路对紫外光移动自组网捕获性能进行仿真，主从节点完成捕获所需时间与主从节点初始相差之间的关系如图 9.10 所示，主节点转速设定为 1 圈/秒，主节点发光装置初始相位为 0rad，从节点从静止状态开始起转，从节点收光装置的初始相位在 0～2π 内取值，当子节点转速每秒增加 0.5 圈时，针对不同的子节点初始相位，完成捕获的时间为 2～25s；当子节点转速每秒增加 2.5 圈时，针对不同的子节点初始相位，完成捕获的时间为 3～10s。由图 9.10 可见，随着子节点转速增加量的增大，完成捕获的最大时间和最小时间都逐渐减小。

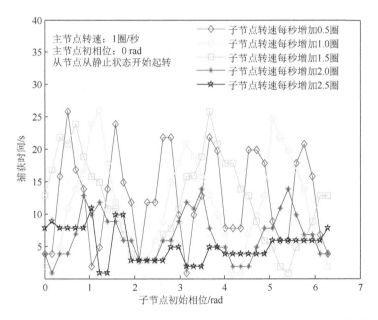

图 9.10　主从节点完成捕获所需时间与主从节点初始相差之间的关系

针对主从节点不同的初始相位差，主从节点完成捕获所需的平均时间与子节点转速增加量之间的关系如图 9.11 所示。当从节点转速增加量大于 0.8 圈/秒时，主从节点完成捕获所需的平均时间小于 10s。仿真结果表明，主从节点捕获思路可行，完成捕获所需时间较短。

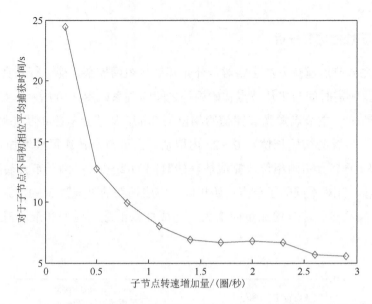

图 9.11　主从节点完成捕获所需的平均时间与子节点转速增加量之间的关系

9.4　无线紫外光移动自组网链路间的干扰

基于空分复用理论设计装甲编队的无线紫外光移动自组网方案，空分复用理论要求在同一时间、同一空间只能有一条光通信链路，而紫外光在大气空间中有较强的散射特性，经大气散射，改变光子的运动轨迹，一方面可以为自身正常通信链路提供非直视通信的可能，另一方面也会对其他通信链路形成干扰。本节研究紫外光组网通信中多条链路间的干扰问题。

9.4.1　多条链路间干扰模型

基于空分复用原理的紫外光组网通信中可以采用星形、环形、网状拓扑结构。无论采用哪种拓扑结构，同一个组网节点都有可能同时对多个组网节点发送和接收紫外光信号。为了分析紫外光通信中不同链路间的干扰，这里构建了一种典型的两发两收紫外光双链路通信模型。

文献[2]指出，合理地配置系统参数，紫外光收发装置可以位于同一节点上。两条紫外光通信链路模型如图 9.12 所示。由图 9.12 可见，发送端（Tx_1）和接收端（Rx_2）位于同一个节点上，发送端（Tx_1）和接收端（Rx_1）是正常的收发链路，是非直视紫外光共面通信，发送端（Tx_2）对接收端（Rx_1）的正常接收形成干扰，是非共面通信；发送端（Tx_2）和接收端（Rx_2）是另一条正常的收发链路，是共面通信，发送端（Tx_1）对接收端（Rx_2）的正常接收形成干扰，是非共面通信；

每一条正常的紫外光通信链路外部只有一个干扰源。两个发送端和两个接收端设置相同的几何参数，θ_t 和 Φ_t 分别是发送仰角和发散角，同样地，θ_r 和 Φ_r 分别是接收仰角和发散角。Tx_1 到 Rx_1 和 Tx_2 到 Rx_2 的通信距离都为 d，两条链路间的夹角为 ϕ。

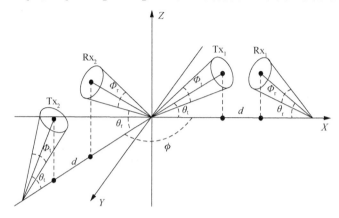

图 9.12　两条紫外光通信链路模型

1）信干比

用前面提出的蒙特卡罗光子轨迹指向概率法可以求得直视和非直视紫外光通信的路径损耗，已知发送端发射紫外光的功率，进而可以求得图 9.12 所示模型的信干比为[3]

$$SIR = 20\lg\left(\frac{P_t/L_T}{P_i/L_I}\right) \tag{9.3}$$

式中，P_t 是正常通信链路发送端发射功率；P_i 是干扰源的发射功率；L_T 是正常链路发送端到接收端的路径损耗；L_I 是干扰源到接收端的路径损耗。

2）误码率

误码率 P_e 是评价通信质量好坏最重要的指标之一。采用 OOK 调制方式，在一个码元间隔时间内，假设到达接收端的光子数服从泊松分布，那么无线紫外光通信系统的误码率可以计算为

$$P_e = \frac{1}{2}\sum_{k=0}^{m_T}\frac{(\lambda_s+\lambda_I)^k e^{-(\lambda_s+\lambda_I)}}{k!} + \frac{1}{2}\sum_{k=m_T+1}^{\infty}\frac{\lambda_I^k e^{-\lambda_I}}{k!} \tag{9.4}$$

式中，m_T 是最佳阈值；λ_s 是在每一个脉冲间隔时间内，正常通信的信源发出的光子到达接收端的平均数；λ_I 是干扰源发出的光子到达接收端的平均数。为了能较好地通信，误码率应该小于 10^{-5}，如果误码率在 10^{-3} 附近，通信也可以进行，但通信质量较差。三个参数 λ_s、λ_I、m_T 可以分别计算为

$$\lambda_s = \frac{\eta_1\eta_2 P_t}{L_T R_{bT} h\nu} \tag{9.5}$$

$$\lambda_{I} = \sum_{j=1}^{K} \frac{\eta_{1}\eta_{2}P_{Ij}}{L_{Ij}R_{bIj}h\nu} \tag{9.6}$$

$$m_{T} = \left[\frac{\lambda_{s}}{\ln(1+\lambda_{s}/\lambda_{I})}\right] \tag{9.7}$$

式中，η_{1} 是光电倍增管的检测效率；η_{2} 是光学滤波器的透过率；R_{bT} 是传输比特率，采用 OOK 调制方式，用不归零码型，$1/R_{bT}$ 与码元宽度相同；每一个光子携带的能量为 $h\nu$，其中 h 是布朗克常量，$\nu = c/\lambda$，λ 是波长，c 是光速；K 是干扰源的数量；P_{Ij} 是第 j 个干扰源发出的光功率；L_{Ij} 是第 j 个干扰源到接收端的路径损耗；R_{bIj} 是第 j 个干扰源的码速率。

如图 9.12 所示，每一个接收端只有一个干扰源，此时 λ_{I} 可被化简为

$$\lambda_{I} = \frac{\eta_{1}\eta_{2}P_{I}}{L_{I}R_{bI}h\nu} \tag{9.8}$$

如果不存在干扰源，接收端的误码率可以计算为[4]

$$P_{e} = \frac{1}{2}\exp(-\lambda_{s}) \tag{9.9}$$

基于空分复用原理，为了使多条链路都能够正常通信，链路间的夹角 ϕ 是一个很重要的参数，ϕ 的变化范围为 $[\phi_{\min}, 180°]$。由图 9.12 可见，考虑几何对称性，$\phi_{\min}$ 可以被计算为

$$\phi_{\min} > \frac{1}{2}(\varPhi_{t} + \varPhi_{r}) \tag{9.10}$$

9.4.2　仿真分析

Tx_{1}-Rx_{1} 和 Tx_{2}-Rx_{2} 两条链路设置相同的参数并且能够正常通信，用蒙特卡罗光子轨迹指向概率法计算两条链路的正常信道和干扰信道的路径损耗，进而计算误码率和收发仰角、发送端发散角、接收视场角、通信距离以及两条链路间夹角的关系。部分系统参数取值如表 3.1 所示。若不做特别说明，收发端几何参数如表 9.1 所示。

表 9.1　收发端几何参数和部分系统参数

参数	取值
发送端 Tx_{1}、Tx_{2} 仰角 θ_{t}	20°
发送端 Tx_{1}、Tx_{2} 发散角 ϕ_{t}	30°
接收端 Rx_{1}、Rx_{2} 仰角 θ_{r}	20°
接收端 Rx_{1}、Rx_{2} 视场角 ϕ_{r}	30°
传输距离 d	100m
链路间夹角 ϕ	135°
调制信号的比特率	64kbit/s
发送端光功率	100mW
光电倍增管检测效率 η_{1}	35%
滤光片效率 η_{2}	30%

1）收发仰角对通信链路性能的影响

收发仰角对通信链路性能的影响如图 9.13 所示，其中链路路径损耗与接收仰角之间的关系如图 9.13（a）所示。对于链路 Tx_1-Rx_1、Tx_2-Rx_2、Tx_2-Rx_1，接收仰角为 0°～15°时，随着接收仰角的增大，路径损耗逐渐减小。这是由于随着接收仰角的增大，公共散射体体积增大，而光子传输距离变化不大。接收仰角为 15°～90°时，随着接收仰角的增大，路径损耗逐渐增大，这是因为随着接收仰角的增大，虽然公共散射体的体积有所增大，而光子的传输距离快速增大，并且成为决定链路路径损耗最为重要的因素。Tx_1-Rx_2 链路的路径损耗随着接收仰角的增大在 122dB 上下波动，这是因为 Tx_1、Rx_2 之间没有紫外光单次散射链路，Tx_1 发出的光子经后向散射和多次散射到达接收端 Rx_2，Rx_2 收到的光子数较少，并且数量随机。当接收仰角等于 90°时，Tx_2-Rx_1 链路的通信距离远大于 Tx_1-Rx_2 链路的通信距离，因此 Tx_2-Rx_1 链路的路径损耗比 Tx_1-Rx_2 链路的路径损耗大。

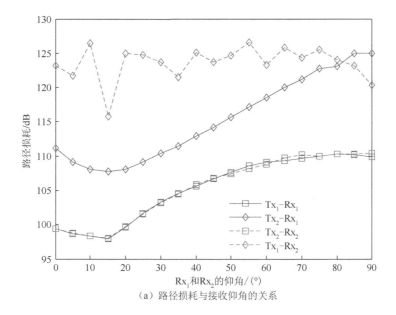

（a）路径损耗与接收仰角的关系

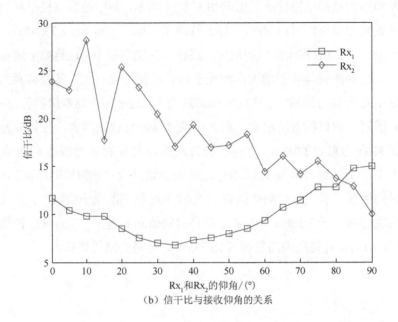

（b）信干比与接收仰角的关系

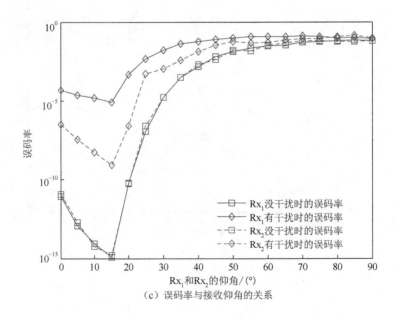

（c）误码率与接收仰角的关系

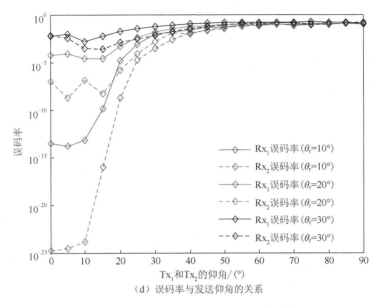

（d）误码率与发送仰角的关系

图 9.13　收发仰角对通信链路性能的影响

依据式（9.3），Rx_1 和 Rx_2 所接收信号的信干比与接收仰角之间的关系如图 9.13（b）所示。接收仰角等于 20°时，Rx_2 接收的信号较强，干扰信号最弱，Rx_2 接收信号的信干比最强。接收仰角大于 20°时，Rx_2 接收的信号逐渐减弱。由图 9.13（a）可知，干扰源到 Rx_2 的路径损耗在 122dB 上下波动，因此 Rx_2 接收信号的信干比逐渐波动地减小。接收仰角为 15°～35°时，随着接收仰角的增大，Rx_1 接收到的正常通信信号强度和干扰信号强度都逐渐减小，但正常通信信号的强度减小得更快，在接收仰角等于 35°时，Rx_1 的信干比取得最小值。接收仰角大于 35°时，随着接收仰角的增大，Rx_1 接收到的正常通信信号强度递减的速率小于 Rx_1 接收到的干扰信号强度递减的速率，Rx_1 的信干比逐渐增大，并且在接收仰角大于 78°后，Rx_1 的信干比大于 Rx_2 的信干比。

依据式（9.4），Rx_1 和 Rx_2 接收信号的误码率与接收仰角之间的关系如图 9.13（c）所示。由图 9.13（c）可见误码率的趋势与图 9.13（a）中路径损耗的趋势基本一致。当接收仰角小于 80°时，考虑干扰的条件下，由于 Rx_2 的信干比大于 Rx_1 的信干比，因此 Rx_1 的误码率大于 Rx_2 的误码率。当接收仰角等于 15°时，无论干扰存在与否，Rx_1 和 Rx_2 的误码率都最小，当接收仰角大于 15°时，误码率随着接收仰角的增大而快速增大。当接收仰角大于 30°时，Rx_1 和 Rx_2 的误码率都将大于 10^{-3}，通信将不能有效进行。从图 9.13（c）可以明显看出，Tx_2 对 Rx_1 的干扰大于 Tx_1 对 Rx_2 的干扰，这是由于 Tx_2 的发射锥体与 Rx_1 的视场锥体有公共散射体，光子可以通过单次散射传输，而 Tx_1 对 Rx_2 的干扰光子只能通过后向散射和多次散射传输。

　　考虑链路间干扰，接收仰角分别为 10°、20°、30°时，Rx_1 和 Rx_2 接收信号的误码率与发送端仰角之间的关系如图 9.13（d）所示。由图 9.13（d）可见，当接收仰角等于 10°时，发送仰角小于 20°，Tx_1-Rx_1 链路和 Tx_2-Rx_2 链路可以取得较好的通信效果。当接收仰角等于 20°时，发送仰角小于 20°，Tx_2-Rx_2 链路可以取得较好的通信效果，Tx_1-Rx_1 链路通信效果较差。当接收仰角等于 30°时，Tx_1-Rx_1 链路和 Tx_2-Rx_2 链路的误码率均较高，通信无法正常进行。

　　发射功率和通信距离对通信链路性能的影响如图 9.14 所示，其中误码率与发射功率之间的关系如图 9.14（a）所示。由图 9.14（a）可见，Rx_1 和 Rx_2 的误码率随着发射功率的增大，近似线性减小。考虑链路间干扰，当通信距离为 100m 时，发射功率为 20～80mW，Rx_1 和 Rx_2 的误码率均较大，通信无法正常进行，因此为增大有效通信距离，可以适当提高发射功率。文献[5]和文献[6]指出，通过多跳的方式既可以减少发射功率，又可以扩展紫外光通信的距离。

　　误码率与通信距离之间的关系如图 9.14（b）所示。由图 9.14（b）可见，Rx_1 和 Rx_2 的误码率随着通信距离的增大，以较小斜率近似线性增大。考虑链路间干扰，Tx_2-Rx_2 链路可以取得较好的通信效果，Tx_1-Rx_1 链路通信质量较差。当通信距离大于 200m 时，Rx_1 和 Rx_2 的误码率均较大，通信无法正常进行。

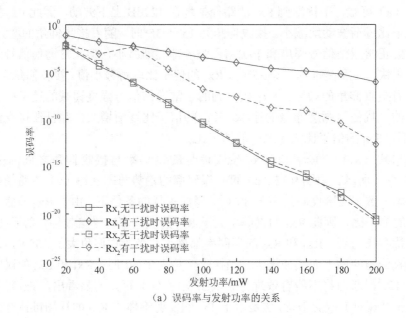

（a）误码率与发射功率的关系

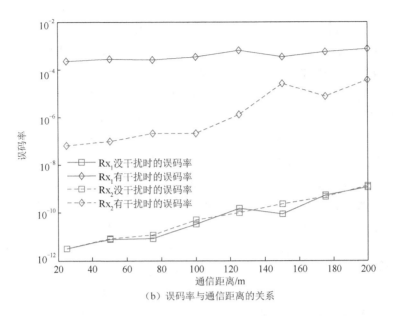

（b）误码率与通信距离的关系

图 9.14　发射功率和通信距离对通信链路性能的影响

误码率和发送端发散角之间的关系如图 9.15 所示。发散角从 0°增大到 60°，取点间隔为 6°。由图 9.15 可见，发散角从 0°增大到 42°，无论是否考虑链路间干扰，Rx_1 和 Rx_2 的误码率均变化较小，发散角从 42°增大到 60°时，Rx_1 和 Rx_2 的误码率以较快速度增大。这是因为收发仰角均为 20°，发散角从 0°增长到 30°的过程中，发送端发散角均小于接收视场角，发送端发射光锥洞穿接收视场锥体，随着

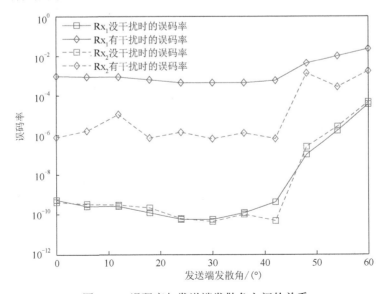

图 9.15　误码率与发送端发散角之间的关系

　　发散角的增大，到达接收端的光子数变化较小，Rx_1 和 Rx_2 的误码率也变化较小。当发散角大于 30°以后，接收视场锥体洞穿发射光锥，随着发散角的增大，到达接收端的光子数快速减小，Rx_1 和 Rx_2 的误码率也快速增大。

　　不考虑链路间干扰时，误码率和接收视场角的关系如图 9.16（a）所示，三组曲线分别代表发散角为 6°、18°和 30°的情况，接收视场角以 6°间隔从 6°增大到 60°。由图 9.16（a）可见，视场角从 6°增大到 60°，Rx_1 和 Rx_2 的误码率逐渐减小，这是因为随着接收视场角的增大，公共散射体也逐渐增大，到达接收端的光子数增大，导致误码率减小。当视场角小于 18°时，Rx_1 和 Rx_2 在发散角等于 6°时的误码率小于发散角等于 18°和 30°时的误码率。在这种情况下，视场锥体洞穿发射锥体，发散角越小，经单次散射传输的光子数越多，误码率越小。接收视场角等于 18°时，发散角等于 6°和 18°的误码率曲线相交，此时发射光锥都洞穿接收视场锥体，Rx_1 和 Rx_2 的误码率取值相等并小于发散角等于 30°时的误码率取值。接收视场角接近 30°时，三组误码率曲线相交于一点，三种情况下的视场角均大于发散角，此时发散角变化对接收端误码率影响不大。当接收视场角大于 30°时，发散角等于 30°的公共散射体最大，因此误码率最小。

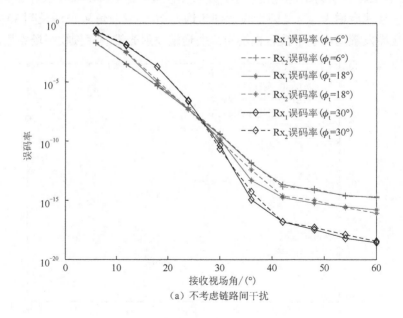

（a）不考虑链路间干扰

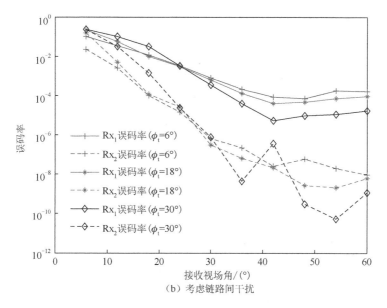

图 9.16　误码率与接收视场角之间的关系

　　考虑链路间干扰时，误码率和接收视场角的关系如图 9.16（b）所示，三组曲线分别代表发散角为 6°、18° 和 30° 时的情况，接收视场角从 6° 增大到 60°，取点间隔为 6°。由图 9.16（b）可见，视场角从 6° 增大到 42°，Rx_1 的误码率逐渐减小，这是因为随着接收视场角的增大，公共散射体也逐渐增大，到达接收端的光子数增大，导致误码率的减小。视场角从 42° 增大到 60° 时，Rx_1 的误码率几乎不变，这是因为发射光锥已经洞穿接收视场锥体，此时，视场角继续增大，公共散射体体积基本不变，因此误码率也基本不变。视场角从 6° 增大到 42°，Rx_2 的误码率也逐渐减小。视场角从 42° 增大到 60°，Rx_2 的误码率总体增大，但波动强烈，这是由于，此时视场角已经大于发散角，随着视场角的增大，Tx_2-Rx_2 链路公共散射体体积略有增大，Tx_2-Rx_2 链路到达 Rx_2 的光子数略有增大；Tx_1-Rx_2 链路，也就是干扰链路，Tx_1 发射的光子是通过后向散射经多次散射传输到达 Rx_2 端，因为是后向多次散射，到达 Rx_2 的光子数具有一定的随机性，因此误码率波动较大。

　　依据式（9.10），链路间夹角应该大于 30°，误码率和链路间夹角的关系如图 9.17 所示，链路间夹角从 30° 增大到 180°，取点间隔为 10°。由图 9.17 可见，为了取得良好的通信质量，链路间夹角应该设置为 60°～120°，如果链路间夹角等于 180°，Tx_2-Rx_1 链路将构成共面通信，不符合基于空分复用原理降低链路间干扰的基本原则，Rx_1 接收信号的误码率将较大，通信质量较差。

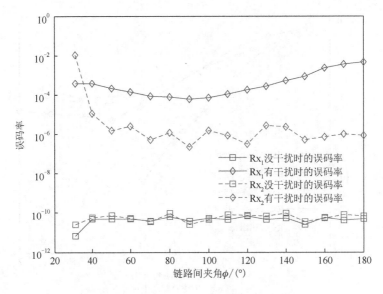

图 9.17　误码率与链路间夹角的关系

2）减小链路间干扰的策略

从对图 9.13～图 9.17 的仿真分析可见：为了规避紫外光组网通信中的链路间干扰，实现较好的通信质量，设计无线紫外光通信系统时，应该遵循以下原则。①为了减小干扰源发出的紫外光经多次散射形成的干扰，收发仰角应该小于或等于 20°。②发送端发射光功率越大，通信距离越远，对临近节点的干扰强度也会越大，因此发射功率的选择还应该考虑网络的拓扑控制策略。③接收端的视场角应该大于发送端的发散角。④链路间夹角应该大于发散角和视场角之和的一半，但也不是越大越好，综合考虑较好通信质量和较高空分复用利用率，链路间夹角设置为 60°～120°比较合适。

9.5　无线紫外光移动自组网节点间的定位方法

无线紫外光移动自组网能在提供无线通信的同时，还需要每个节点能显示网络中运动节点的实时相对位置信息，这将给网络应用者对相关节点的调度和指挥提供方便。此外，如果掌握网络中节点的相对位置信息和节点间通信的质量，将给路由协议的设计提供方便，降低处理路由协议的开销成本，缩短建立数据传输路径所花费的时间。本章拟采用距离矢量法确定节点间的相对位置。

1. 定位方法

主从节点间的位置关系如图 9.18 所示。假设主从节点已经实现了捕获、对准和跟踪，从节点在主节点的发光装置与正北方向成 α 角度时接收到最强光信号，主从节点间的距离为 d，如果角度 α 和距离 d 可以求得，主从节点间的相对位置关系就可以确定了。主节点的发光装置与正北方向的夹角 α 可以通过弱磁传感器获得，精度可以达到 1°。通过接收到的紫外光信号反演主从节点间的距离 d，成为节点定位的关键。

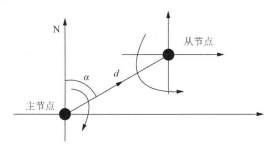

图 9.18　主从节点间的位置关系

2.　测距方法

根据文献[7]所述，对于紫外光直视链路，发送端发出的光子能量不但会经历自由空间路径衰减，还会因大气分子、气溶胶等的吸收和散射作用呈指数衰减。自由空间的路径损耗与 d^2 成正比，d 越大路径损耗越大，接收到的能量与 d^2 成反比，即 $\left(\dfrac{\lambda}{4\pi d}\right)^2$，大气指数衰减可以被表示为 $\mathrm{e}^{-K_e d}$，探测器的接收增益为 $\dfrac{4\pi A_\mathrm{r}}{\lambda^2}$。综合以上各因素，直视链路的接收光功率为[8,9]

$$P_{\mathrm{r,LOS}} = P_\mathrm{t} \times \left(\frac{\lambda}{4\pi d}\right)^2 \times \mathrm{e}^{-K_e d} \times \frac{4\pi A_\mathrm{r}}{\lambda^2} \tag{9.11}$$

经过化简，得到：

$$P_{\mathrm{r,LOS}} = P_\mathrm{t} \times \mathrm{e}^{-K_e d} \times \frac{A_\mathrm{r}}{4\pi d^2} \tag{9.12}$$

式中，P_t 为发射光功率；d 为发送端到接收端的距离；A_r 为接收端面积；K_e 为大气的消光系数。由式（9.12）可以看到：接收功率看似和光载波波长无关，其实它隐藏在消光系数 K_e 中，影响着接收功率，它们产生的作用在中长距离传输时才比较明显。当主从节点已经实现了捕获、对准和跟踪，从节点接收到来自主节点的最大信号功率即为主从节点通过直视方式传输的功率，进而通过对式（9.12）中距离 d 的求解可以推演出主从节点的通信距离。

3.　仿真结果

通过 MATLAB 进行仿真，实验参数设置如下。发射功率为 1W，发散角为 6°，视场角为 30°，收发仰角均为 0°，直视传输时收发偏转角均为 0°。在接收功率已

知的情况下，通过对式（9.12）中距离 d 的求解可得直视传输时的通信距离。通过
MATLAB 求解可能得到多个解，但只有一个解为正实数，其余解为负数或虚数，
选取正实数解。

直视传输时接收功率与通信距离的关系如图 9.19 所示，横坐标用线性坐标，
纵坐标用对数坐标。从图 9.19 可见，接收功率越小，通信距离越远。当接收功率
大于 10^{-7}W 时，收发通信节点的距离在 10m 以下，此时通信节点间距离太短，故
应重点研究接收功率小于 10^{-7}W 时接收功率与通信距离的关系，接收功率等于
10^{-12}W 时通信距离为 10^3m。

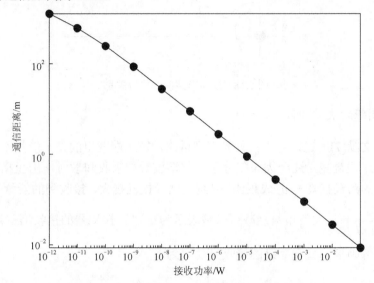

图 9.19　直视传输时接收功率与通信距离的关系

参 考 文 献

[1]　赵太飞, 金丹, 宋鹏. 无线紫外光非直视通信信道容量估算与分析[J]. 中国激光, 2015, (6):152-159.

[2]　WANG L, LI Y, XU Z, et al. Wireless ultraviolet network models and performance in noncoplanar geometry[C]. GLOBECOM Workshops, IEEE, 2011:1037-1041.

[3]　DROST R J, MOORE T J, SADLER B M. UV communications channel modeling incorporating multiple scattering interactions[J]. Journal of the Optical Society of America A Optics Image Science & Vision, 2011, 28(4): 686-695.

[4]　XU Z, DING H, SADLER B M, et al. Analytical performance study of solar blind non-line-of-sight ultraviolet short-range communication links[J]. Optics Letters, 2008, 33(16):1860-1862.

[5]　HE Q, XU Z, SADLER B M. Non-line-of-sight serial relayed link for optical wireless communications[C]. Military Communications Conference, 2010 - Milcom, IEEE, 2010:1588-1593.

[6]　VAVOULAS A, SANDALIDIS H G, VAROUTAS D. Node isolation probability for serial ultraviolet UV-C multi-hop networks[J]. Journal of Optical Communications & Networking, 2011, 3(9):750-757.

[7]　柯熙政. 紫外光自组织网络理论[M]. 北京: 科学出版社, 2011:44-47.

[8]　熊扬宇, 宋鹏, 王建余, 等. 紫外光通信网节点设计与性能分析[J]. 西安工程大学学报, 2016, 30(6):797-801.

[9]　宋鹏, 宋菲, 李云红, 等. 非直视紫外光通信组网多用户干扰问题[J]. 光子学报, 2016, 45(9):165-172.